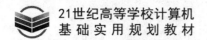

21世纪高等学校计算机
基础实用规划教材

# C语言程序设计
## （第4版）

◎ 张磊 编著

清华大学出版社
北京

## 内 容 简 介

本书是面向程序设计初学者的 C 语言基础教材,以培养大学生的逻辑思维能力和程序设计能力为编写指导思想,综合运用案例教学、比较教学、任务驱动等多种教学方法,系统介绍 C 语言程序设计的基本理论、基本方法和基本过程。本书内容组织注重基础,突出应用,兼顾提高,强化主干知识,弱化细枝末节;实例设置注重易学性、趣味性和系列化,易教易学。

全书共 10 章,内容包括程序设计概述、简单程序设计、选择结构程序设计、循环结构程序设计、数组程序设计、函数程序设计、指针程序设计、结构体程序设计、文件程序设计以及综合程序设计。

本书配有教学课件、例题及习题程序源代码等教学资源,并有辅导教材《C 语言程序设计(第 4 版)实验指导与习题解答》(ISBN9787302495932)。

本书适合作为高等院校"C 语言程序设计"课程的教材,也可用作程序设计从业人员及程序设计爱好者的自学参考书。

本书封面贴有清华大学出版社防伪标签,无标签者不得销售。
版权所有,侵权必究。举报:010-62782989,beiqinquan@tup.tsinghua.edu.cn。

**图书在版编目(CIP)数据**

C 语言程序设计/张磊编著. —4 版. —北京:清华大学出版社,2018(2022.12 重印)
(21 世纪高等学校计算机基础实用规划教材)
ISBN 978-7-302-49601-4

Ⅰ. ①C… Ⅱ. ①张… Ⅲ. ①C 语言—程序设计 Ⅳ. ①TP312.8

中国版本图书馆 CIP 数据核字(2018)第 028911 号

责任编辑:付弘宇　王冰飞
封面设计:刘　键
责任校对:焦丽丽
责任印制:宋　林

出版发行:清华大学出版社
　　网　　址:http://www.tup.com.cn,http://www.wqbook.com
　　地　　址:北京清华大学学研大厦 A 座　　邮　　编:100084
　　社　总　机:010-83470000　　邮　　购:010-62786544
　　投稿与读者服务:010-62776969,c-service@tup.tsinghua.edu.cn
　　质量反馈:010-62772015,zhiliang@tup.tsinghua.edu.cn
　　课件下载:http://www.tup.com.cn,010-83470236
印 装 者:三河市龙大印装有限公司
经　　销:全国新华书店
开　　本:185mm×260mm　　印　张:20　　字　数:484 千字
版　　次:2005 年 1 月第 1 版　　2018 年 8 月第 4 版　　印　次:2022 年 12 月第 11 次印刷
印　　数:19001～21500
定　　价:59.00 元

产品编号:078055-03

# 出版说明

随着我国改革开放的进一步深化,高等教育也得到了快速发展,各地高校紧密结合地方经济建设发展需要,科学运用市场调节机制,加大了使用信息科学等现代科学技术提升、改造传统学科专业的投入力度,通过教育改革合理调整和配置了教育资源,优化了传统学科专业,积极为地方经济建设输送人才,为我国经济社会的快速、健康和可持续发展以及高等教育自身的改革发展做出了巨大贡献。但是,高等教育质量还需要进一步提高以适应经济社会发展的需要,不少高校的专业设置和结构不尽合理,教师队伍整体素质亟待提高,人才培养模式、教学内容和方法需要进一步转变,学生的实践能力和创新精神亟待加强。

教育部一直十分重视高等教育质量工作。2007年1月,教育部下发了《关于实施高等学校本科教学质量与教学改革工程的意见》,计划实施"高等学校本科教学质量与教学改革工程(简称'质量工程')",通过专业结构调整、课程教材建设、实践教学改革、教学团队建设等多项内容,进一步深化高等学校教学改革,提高人才培养的能力和水平,更好地满足经济社会发展对高素质人才的需要。在贯彻和落实教育部"质量工程"的过程中,各地高校发挥师资力量强、办学经验丰富、教学资源充裕等优势,对其特色专业及特色课程(群)加以规划、整理和总结,更新教学内容、改革课程体系,建设了一大批内容新、体系新、方法新、手段新的特色课程。在此基础上,经教育部相关教学指导委员会专家的指导和建议,清华大学出版社在多个领域精选各高校的特色课程,分别规划出版系列教材,以配合"质量工程"的实施,满足各高校教学质量和教学改革的需要。

本系列教材立足于计算机公共课程领域,以公共基础课为主、专业基础课为辅,横向满足高校多层次教学的需要。在规划过程中体现了如下一些基本原则和特点。

(1) 面向多层次、多学科专业,强调计算机在各专业中的应用。教材内容坚持基本理论适度,反映各层次对基本理论和原理的需求,同时加强实践和应用环节。

(2) 反映教学需要,促进教学发展。教材要适应多样化的教学需要,正确把握教学内容和课程体系的改革方向,在选择教材内容和编写体系时注意体现素质教育、创新能力与实践能力的培养,为学生的知识、能力、素质协调发展创造条件。

(3) 实施精品战略,突出重点,保证质量。规划教材把重点放在公共基础课和专业基础课的教材建设上;特别注意选择并安排一部分原来基础比较好的优秀教材或讲义修订再版,逐步形成精品教材;提倡并鼓励编写体现教学质量和教学改革成果的教材。

(4) 主张一纲多本,合理配套。基础课和专业基础课教材配套,同一门课程有针对不同层次、面向不同专业的多本具有各自内容特点的教材。处理好教材统一性与多样化,基本教材与辅助教材、教学参考书,文字教材与软件教材的关系,实现教材系列资源配套。

（5）依靠专家，择优选用。在制定教材规划时依靠各课程专家在调查研究本课程教材建设现状的基础上提出规划选题。在落实主编人选时，要引入竞争机制，通过申报、评审确定主题。书稿完成后要认真实行审稿程序，确保出书质量。

繁荣教材出版事业，提高教材质量的关键是教师。建立一支高水平教材编写梯队才能保证教材的编写质量和建设力度，希望有志于教材建设的教师能够加入到我们的编写队伍中来。

**21世纪高等学校计算机基础实用规划教材**
联系人：魏江江 weijj@tup.tsinghua.edu.cn

# 前 言

承蒙广大师生的厚爱和清华大学出版社的支持,近几年来在清华大学出版社出版了多种版本的 C 语言程序设计教材,实验指导与习题解答的内容以简化版形式附在主教材中合并出版。本次应广大师生要求编写了辅导教材《C 语言程序设计(第 4 版)实验指导与习题解答》(ISBN9787302495932),并借此机会对《C 语言程序设计(第 3 版)》进行了改版,编写了本书。与前一版本相比,本书主要进行了以下改进。

第一,改正了原有教材中存在的错误和不当之处,力求概念准确,表达恰当。

第二,更新例题,优化代码。一是剔除了不易讲解的例题,更新了不够经典的老例题,充实了系列例题,更易于讲解;二是注重基础例题题目与提高题目相结合,适合不同层次、不同兴趣的学生学习;三是对原有部分例题的程序代码进行了优化,更简明易读。

第三,增加综合程序设计,强化应用能力培养。本书增加了"第 10 章 综合程序设计",该章以通讯录程序设计为实例,体现软件工程思想,针对 C 语言结构化程序设计的特点,详细介绍了 C 语言应用程序的设计方法与过程。

第四,以新颖性、趣味性和系列化为重点对课后习题进行了优化。一是对编程题目进行了较大幅度的更新,提高题目的趣味性和吸引力;二是提高练习题目的系列化程度,便于知识的连贯性学习和系统训练。例如,在第 5~9 章增加了 Josephus 环报数游戏程序设计系列习题,并作为实验必做题目列入了实验指导内容。

本书是面向程序设计初学者的 C 语言基础教材,突出 C 语言程序设计的应用性、实践性特点,突出主干知识教学,注重逻辑思维能力和基本程序设计能力的培养,适合程序设计初学者学习使用。

本书以实例引领教学内容,符合认知规律。凡是适合以程序实例开始的新知识均通过程序实例和程序说明予以引导,首先建立感性认识,然后进行相关知识的系统介绍。

本书注重理论实践相结合,讲解重点突出。通过大量设计性实例培养学生的程序设计能力,按照问题分析与算法设计、程序实现、程序说明及进一步讨论等内容进行系统讲解,注重算法设计、关键语句、关键程序段以及程序讨论的分析说明,重点、难点讲解透彻,而且富有启发性。

全书共 10 章,内容包括程序设计概述、简单程序设计、选择结构程序设计、循环结构程序设计、数组程序设计、函数程序设计、指针程序设计、结构体程序设计、文件程序设计以及综合程序设计。

本书有配套的教学课件、例题程序源代码、习题程序源代码以及《C 语言程序设计(第 4 版)实验指导与习题解答》等教学资源。

冯伟昌、王宗江、黄忠义、刘海慧、张莹、李竹健、张元国、王桂东、魏建国、王金才、张文、高永存、王涛、薛莹、徐英娟、马明祥、滕秀荣、张敏、魏军、徐兴敏、周金玲、彭玉忠、潘振昌、徐思杰等参与了本书的编写并做了大量素材整理、程序调试、书稿审校等工作,在此表示感谢!

清华大学出版社付弘宇编辑和她的同事们为本书的编辑、出版做了大量严谨细致的工作,在此一并致谢!

作者的联系邮箱为 Mail16300@163.com。

编　者

2018 年 3 月

# 目 录

第1章 程序设计概述 ········································································· 1
   1.1 程序设计语言 ········································································ 1
   1.2 算法 ···················································································· 2
      1.2.1 算法概念与算法描述 ······················································ 2
      1.2.2 算法的逻辑结构 ······························································ 4
      1.2.3 算法的特性 ···································································· 5
      1.2.4 算法评价 ········································································ 5
   1.3 程序设计与实现 ···································································· 6
      1.3.1 程序设计的基本过程 ······················································ 6
      1.3.2 编辑运行C语言程序 ······················································ 7
   1.4 C语言程序的基本结构 ·························································· 10
      1.4.1 程序的函数化结构 ·························································· 10
      1.4.2 标识符与保留字 ······························································ 12
      1.4.3 程序风格 ········································································ 13
   小结 ·························································································· 13
   习题一 ······················································································ 14

第2章 简单程序设计 ········································································· 17
   2.1 数据类型、常量与变量 ·························································· 17
      2.1.1 数据类型 ········································································ 17
      2.1.2 常量 ··············································································· 17
      2.1.3 变量 ··············································································· 19
   2.2 数据的输入与输出 ································································ 21
      2.2.1 用printf()函数输出数据 ·············································· 21
      2.2.2 用scanf()函数输入数据 ················································ 25
      2.2.3 字符的输入与输出 ·························································· 27
   2.3 简单运算 ·············································································· 30
      2.3.1 算术运算 ········································································ 30
      2.3.2 赋值运算 ········································································ 31

2.3.3　变量自增和自减运算 …………………………………………… 32
　　　2.3.4　逗号运算 …………………………………………………………… 32
　2.4　编译预处理命令简介 …………………………………………………………… 33
　2.5　简单程序设计举例 ……………………………………………………………… 37
　2.6　表达式中数据类型的转换 ……………………………………………………… 41
　*2.7　定义数据类型别名 ……………………………………………………………… 42
　*2.8　const 常量 ……………………………………………………………………… 42
　小结 ……………………………………………………………………………………… 43
　习题二 …………………………………………………………………………………… 44

## 第 3 章　选择结构程序设计 …………………………………………………………… 49

　3.1　if 选择结构 ……………………………………………………………………… 49
　　　3.1.1　if 选择结构程序示例 ………………………………………………… 49
　　　3.1.2　关系表达式 …………………………………………………………… 50
　　　3.1.3　逻辑表达式 …………………………………………………………… 51
　　　3.1.4　if 命令 ………………………………………………………………… 52
　　　3.1.5　条件运算 ……………………………………………………………… 59
　3.2　switch 选择结构 ………………………………………………………………… 61
　3.3　选择结构程序举例 ……………………………………………………………… 63
　小结 ……………………………………………………………………………………… 68
　习题三 …………………………………………………………………………………… 69

## 第 4 章　循环结构程序设计 …………………………………………………………… 73

　4.1　循环结构控制命令 ……………………………………………………………… 73
　　　4.1.1　while 命令 …………………………………………………………… 73
　　　4.1.2　do-while 命令 ………………………………………………………… 75
　　　4.1.3　for 命令 ……………………………………………………………… 76
　4.2　循环体中的控制命令 …………………………………………………………… 78
　　　4.2.1　break 命令 …………………………………………………………… 78
　　　4.2.2　continue 命令 ………………………………………………………… 80
　4.3　循环嵌套 ………………………………………………………………………… 81
　4.4　goto 命令 ………………………………………………………………………… 83
　4.5　循环结构程序举例 ……………………………………………………………… 84
　小结 ……………………………………………………………………………………… 95
　习题四 …………………………………………………………………………………… 95

## 第 5 章　数组程序设计 ………………………………………………………………… 101

　5.1　一维数组程序设计 ……………………………………………………………… 101

  5.1.1 一维数组程序示例 ………………………………………………… 101
  5.1.2 一维数组的定义及元素引用 …………………………………… 102
  5.1.3 数值型一维数组的输入和输出 ………………………………… 103
  5.1.4 数值型一维数组的初始化 ……………………………………… 105
  5.1.5 字符型一维数组的初始化 ……………………………………… 107
  5.1.6 一维数组的存储 ………………………………………………… 107
 5.2 字符串操作 ………………………………………………………………… 108
  5.2.1 字符串的输入和输出 …………………………………………… 108
  5.2.2 多字符串操作函数 ……………………………………………… 110
 5.3 二维数组程序设计 ………………………………………………………… 113
  5.3.1 二维数组的定义及元素引用 …………………………………… 113
  5.3.2 二维数组的输入和输出 ………………………………………… 114
  5.3.3 二维数组的初始化 ……………………………………………… 116
  5.3.4 二维数组的存储 ………………………………………………… 117
 5.4 数组应用程序举例 ………………………………………………………… 118
 小结 …………………………………………………………………………………… 128
 习题五 ………………………………………………………………………………… 129

## 第 6 章 函数程序设计 ……………………………………………………………… 134

 6.1 函数概述 …………………………………………………………………… 134
 6.2 函数定义及调用 …………………………………………………………… 136
  6.2.1 函数定义 ………………………………………………………… 136
  6.2.2 函数值和 return 命令 …………………………………………… 137
  6.2.3 函数调用 ………………………………………………………… 138
 6.3 函数嵌套和递归函数 ……………………………………………………… 144
  6.3.1 函数嵌套 ………………………………………………………… 144
  6.3.2 递归函数 ………………………………………………………… 145
 6.4 数组与函数 ………………………………………………………………… 149
  6.4.1 数组元素作函数参数 …………………………………………… 149
  6.4.2 一维数组名作函数参数 ………………………………………… 150
  6.4.3 二维数组与函数 ………………………………………………… 154
 6.5 函数应用程序举例 ………………………………………………………… 155
 6.6 变量的作用域和存储类型 ………………………………………………… 162
  6.6.1 变量的作用域 …………………………………………………… 162
  6.6.2 变量的存储类型 ………………………………………………… 164
*6.7 编译连接多个源文件的 C 程序 …………………………………………… 166
 小结 …………………………………………………………………………………… 169

习题六 ......170

## 第7章 指针程序设计 ......175

### 7.1 指针概述 ......175
### 7.2 指针变量的定义和使用 ......176
#### 7.2.1 指针变量程序示例 ......176
#### 7.2.2 定义指针变量 ......176
#### 7.2.3 使用指针变量 ......177
### 7.3 指针与数组 ......179
#### 7.3.1 指针与一维数组 ......180
#### 7.3.2 指针与二维数组 ......183
#### 7.3.3 指针与字符串 ......185
#### 7.3.4 指针数组 ......187
### 7.4 指针作函数参数 ......188
#### 7.4.1 简单变量指针作函数参数 ......188
#### 7.4.2 指向数组的指针作函数参数 ......190
#### 7.4.3 字符串指针作函数参数 ......191
#### 7.4.4 指针数组作函数参数 ......192
#### *7.4.5 使用带参数的main()函数 ......195
### 7.5 指针函数 ......196
### 7.6 指针应用程序举例 ......197
### 小结 ......199
### 习题七 ......200

## 第8章 结构体程序设计 ......207

### 8.1 结构体数据概述 ......207
### 8.2 结构体类型和结构体变量 ......207
#### 8.2.1 结构体程序示例 ......208
#### 8.2.2 定义结构体数据类型 ......208
#### 8.2.3 结构体变量的定义及使用 ......209
### 8.3 结构体数组 ......214
#### 8.3.1 结构体数组的定义及元素引用 ......214
#### 8.3.2 结构体数组的初始化 ......215
#### 8.3.3 结构体数组应用实例 ......215
### 8.4 结构体指针变量 ......216
#### 8.4.1 结构体指针变量的定义及使用 ......216
#### 8.4.2 结构体指针作函数的参数 ......218

  8.5 使用链表存储数据 ·········································································· 219
    8.5.1 使用链表存储数据示例 ························································· 219
    8.5.2 链表的特点 ·········································································· 220
    8.5.3 动态内存管理函数 ································································ 220
    8.5.4 定义链表结构 ······································································ 221
  8.6 链表的基本操作 ············································································· 223
    8.6.1 链表结点的插入 ··································································· 223
    8.6.2 链表结点的删除 ··································································· 226
    8.6.3 链表结点的查找 ··································································· 228
  8.7 结构体应用程序举例 ······································································· 231
  8.8 动态数组 ························································································ 237
  小结 ········································································································ 238
  习题八 ···································································································· 239

## 第 9 章 文件程序设计 ················································································ 245

  9.1 文件概述 ························································································ 245
    9.1.1 文件的概念 ·········································································· 245
    9.1.2 文件的分类 ·········································································· 246
    9.1.3 文件的一般操作过程 ···························································· 246
    9.1.4 文件类型指针 ······································································ 247
  9.2 文件的基本操作 ············································································· 247
    9.2.1 打开和关闭文件 ··································································· 247
    9.2.2 文件的字符读写 ··································································· 249
    9.2.3 文件结束状态测试 ································································ 251
    9.2.4 文件的数据块读写 ································································ 252
  9.3 文件的其他操作 ············································································· 255
    9.3.1 文件位置指针的定位 ···························································· 256
    9.3.2 文件的格式化读写 ································································ 259
    9.3.3 文件的字符串读写 ································································ 260
  9.4 文件应用程序举例 ·········································································· 261
  小结 ········································································································ 264
  习题九 ···································································································· 264

## 第 10 章 综合程序设计 ··············································································· 269

  10.1 软件开发流程 ················································································ 269
  10.2 通讯录程序设计 ············································································· 270
    10.2.1 通讯录程序需求分析 ··························································· 270
    10.2.2 通讯录程序功能设计 ··························································· 271
    10.2.3 通讯录程序数据设计 ··························································· 272
    10.2.4 通讯录程序函数设计 ··························································· 273

    10.2.5 函数编码及测试 ……………………………………………………… 274

**附录 A C 语言经典保留字** ……………………………………………………… 295

**附录 B 常用 C 语言库函数** ……………………………………………………… 296

**附录 C 字符与 ASCII 码对照表** ………………………………………………… 299

**附录 D C 语言的运算符** …………………………………………………………… 300

**附录 E "学生数据处理"系列例题(习题)简表** ………………………………… 302

**参考文献** ……………………………………………………………………………… 304

# 第 1 章　程序设计概述

C 语言于 1972 年问世,四十多年来影响广泛,是目前计算机素养教育和学习程序设计的首选语言。本章的内容组织既体现初学者的特点,又体现 C 语言的实践性,概要介绍程序设计的基本概念、高级语言的特点、C 语言的发展过程、简单程序设计方法等知识,结合实例介绍算法、编辑运行 C 语言程序的方法、简单 C 语言程序的结构特点等知识。

本章重点学习的内容是算法知识、使用 VC++ 6.0 编辑运行程序的方法和简单 C 语言程序的结构特点。

"算法"既是本章的核心概念,也是 C 语言程序设计自始至终的核心内容。程序＝数据结构＋算法,希望读者充分认识算法在程序设计中的重要性。

## 1.1　程序设计语言

程序设计语言是用来编写程序的计算机语言,它按照特定的规则组织计算机指令,使计算机能够自动进行各种操作处理。按照程序设计语言的规则组织起来的一组计算机指令称为计算机程序。不同的程序设计语言具有不同的指令和使用规则,因此编写的计算机程序也不同。

程序设计语言分为 3 种类型,即机器语言、汇编语言和高级语言。机器语言是一种二进制语言,它直接使用二进制代码描述指令,是唯一能够被计算机硬件直接识别、直接执行的程序设计语言。用机器语言编写的程序很不直观,并且难懂、难记、难以修改和维护。汇编语言用助记符代替了机器指令代码,而且助记符与指令代码一一对应,与机器语言相比,汇编语言比较直观、容易记忆,但它的通用性和机器语言一样都很差。高级语言是接近于自然语言的一种计算机语言,高级语言有很强的描述能力,能够方便地按照处理问题的步骤编写计算机程序。高级语言进一步分为面向过程的程序设计语言和面向对象的程序设计语言。典型的面向过程的程序设计语言有 PASCAL 语言、C 语言等,典型的面向对象的程序设计语言有 C++ 语言、Java 语言等。

用高级语言编写的程序要在计算机上运行必须依靠语言处理程序的支持。计算机语言处理程序将用高级语言编写的源程序转换为机器语言代码序列,然后由计算机加以执行。

学习程序设计语言必须要注意学习它的命令和使用规则,只有正确地使用命令和语言规则才可能编写出正确的计算机程序。

C 语言 1972 年由美国的 Dennis Ritchie 设计发明,并首次在 UNIX 操作系统的 DEC PDP-11 计算机上使用。它由早期的编程语言 BCPL(Basic Combined Programming Language)发展演变而来。1970 年,AT&T 贝尔实验室的 Ken Thompson 根据 BCPL 语言

设计出较先进的语言并取名为 B,最后 C 语言问世。1983 年,美国国家标准化协会(ANSI)根据 C 语言问世以来的各种版本对 C 的发展和扩充制定了 C 的标准,称为 ANSI C。1987 年 ANSI 又公布了新的标准——87 ANSI C,目前流行的 C 编译系统都是以它为基础的。

在 C 语言的基础上,1983 年贝尔实验室的 Bjarne Stroustrup 推出了 C++语言。C++语言作为 C 语言的继承和发展,不仅保留了 C 语言的高度灵活、高效率和易于理解等诸多优点,还包含了几乎所有面向对象的特征,成为一种面向对象的程序设计语言。C++语言所支持的面向对象的概念容易将问题空间直接映射到程序空间,为程序员提供了一种与传统的结构化程序设计不同的思维方式和编程方法。

下面是一个用 C 语言编写的计算机程序,它通过累加的方法计算 1~100 的所有自然数的和。

```
#include<stdio.h>
int main()
{
    int i=1,s=0;
    while(i<=100)              /*循环控制*/
    {
        s=s+i;                 /*数据累加*/
        i=i+1;                 /*生成下一个要累加的数*/
    }
    printf("sum = %d\n",s);    /*输出结果*/
    return 0;
}
```

当然,计算 1~100 的所有自然数的和还有其他更加高效的方法,例如等差数列求和法。如何选用和设计有效的算法解决问题是程序设计的重要内容。

## 1.2 算 法

瑞士科学家、Pascal 语言发明者 Niklaus Wirth 对计算机程序给出了一个著名的定义,即程序=数据结构+算法。该定义归结了计算机程序的两个核心问题,强调了算法在程序中的重要性。

### 1.2.1 算法概念与算法描述

**1. 算法的概念**

算法是为计算机处理问题所设计的具体步骤,算法的最终实现是计算机程序。程序设计人员只有将算法转变为计算机程序才能利用计算机解决问题。

算法的建立通常会经过由粗略到细化的过程,先把解决问题的基本过程表达出来,确立粗略的算法框架,然后添加必要的细节,形成解决问题的有效算法。

由于一个具体问题可以有不同的解决方法,自然就能设计出解决问题的不同算法。因此,即便使用同一种计算机语言,在解决同一个问题时也可能有多个不同的计算机程序,认识这一点对学习程序设计是非常重要的。

**2. 算法的描述方法**

算法的描述方法多种多样,可以使用自然语言描述,也可以使用专门的算法表达工具进行描述。为了使算法的表达更清晰,更容易实现程序编写,在进行程序设计时通常使用专门的算法表达工具对算法进行描述,例如流程图、N-S 图、PAD 图、伪代码等。以下是使用自然语言和流程图描述算法的实例说明。

1) 用自然语言描述算法

问题:计算 1~100 的所有自然数的和。

最直观的理解,计算 1~100 的所有自然数的和(以下称为"自然数累加"问题),就是求以下代数式的值:

$$1+2+3+4+\cdots+99+100$$

显然可以采用逐个自然数累加的方法求和。算法的粗略描述如下:

假如用 i 表示当前要加的数,i 开始取值为 1,每加一次,i 的值增加 1;用 s 表示已经累加取得的结果,开始取值为 0。那么,问题求解的过程就是不断地将 i 加到 s 中,直到 i 的值超过 100 时结束累加过程,并将累加的结果显示在计算机屏幕上。

上面一段文字对问题的求解方法进行了基本描述,但作为算法还不够完整,还需要更明确地表达出求解问题的步骤。下面是包含了执行步骤的算法描述,是用自然语言对算法进行描述的常见形式。

步骤① i 和 s 赋初值,使 i=1,s=0;

步骤② 判断 i 的值,若 i≤100,则执行步骤③,否则转步骤⑤;

步骤③ s 加上 i;

步骤④ i 加上 1,转步骤②;

步骤⑤ 输出 s 的值,结束。

按照上述算法确定的 5 个步骤即可求解"自然数累加"问题。若选用一种计算机语言正确描述该算法,就会得到求解"自然数累加"问题的计算机程序,执行程序,将得到"自然数累加"问题的计算结果。

2) 用流程图描述算法

流程图是人们经常使用的一种算法描述工具,其特点是绘制简单、结构清晰、逻辑性强、便于描述、容易理解。表 1-1 列出了常用的流程图符号及其功能。

表 1-1 常用的流程图符号及其功能

| 流程图符号 | 符号的功能 |
| --- | --- |
| ⬭ | 开始、结束 |
| ▭ | 处理 |
| ◇ | 判断 |
| ▱ | 输入、输出 |
| ↑↓→ | 流程方向 |

图 1-1 是利用流程图符号对"自然数累加"问题的算法进行表达的算法流程图。其中,1→i 表示使 i 的值为 1,s+i→s 表示将 s 的值加上 i。

### 1.2.2 算法的逻辑结构

顺序结构、选择结构和循环结构是算法的 3 种基本逻辑结构,这 3 种结构互相结合可以实现任何逻辑控制。

**1. 顺序结构**

顺序结构的算法,其各个步骤由前到后依次执行,每个步骤都被执行一次,其逻辑结构如图 1-2 所示。顺序结构的算法用程序实现后,程序中的每一个语句将按照排列顺序由前到后依次执行,直到最后一个语句被执行,程序结束。图 1-3 所示为顺序结构算法的一个实例,其中 s1、s2 表示一个学生的两门课程的成绩,(s1+s2)/2→ave 表示使 ave 的值为(s1+s2)/2。该算法实现的功能是输入一个学生的两门课程的成绩,计算并输出平均成绩。

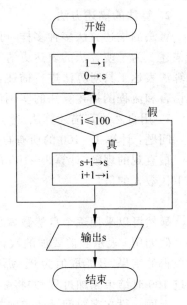

图 1-1 "自然数累加"问题的算法流程图

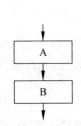

图 1-2 顺序结构逻辑图

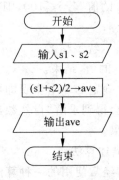

图 1-3 顺序结构算法实例

**2. 选择结构**

选择结构的算法的某些步骤是否能够执行要视当前的条件而定,在同一次处理中有的步骤可能执行不到,其逻辑结构如图 1-4 所示。这种算法用程序实现后,程序中的有些语句就会被有选择地执行。图 1-5 所示为选择结构算法的一个实例,其中 s1 和 s2 的含义与上相同。该算法的功能是输入一个学生的两门课程的成绩,若平均成绩不低于 90,则输出"优等生",否则输出"加油!"。

**3. 循环结构**

循环结构的算法中有些步骤会被有条件地重复执行,被重复执行的步骤每次处理的数据可能发生变化,其逻辑结构如图 1-6 所示,算法实例如图 1-1 所示。这种算法用程序实现后,程序中的有些语句就会被反复地执行。

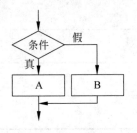

图 1-4 选择结构逻辑图

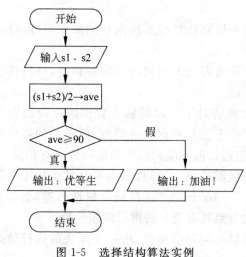

图 1-5　选择结构算法实例　　　图 1-6　循环结构逻辑图

用计算机语言实现一个具体的算法时,其中的选择结构和循环结构由专门的控制命令予以实现。当一个程序段既没有选择结构也没有循环结构时,该程序段的逻辑结构即为顺序结构。

### 1.2.3　算法的特性

算法具有如下特性:

(1) 有穷性。一个算法必须经过有限步骤之后结束,对应算法的实现程序,计算机能够在执行有限步骤后给出结果。但在实际应用中,所谓"有限步骤",既指步骤量有限,同时也要求步骤量合理。

(2) 确定性。一个算法通常由一系列求解步骤来完成,各操作步骤之间有严格的顺序关系,每一个步骤所规定的操作必须是确定的,不能有二义性。例如前面所讨论的"自然数累加"问题的算法,其步骤④是"i 加上 1,转步骤②",若将其描述为"i 加上 1,转其他步骤",那么该步骤就是不确定的。

(3) 有效性。一个算法中不能出现无效的步骤,每一个步骤描述的操作必须能够通过已经实现的基本运算有效地执行,并且得到确定的结果。例如,若某个步骤有除法算式 a/b,若不能保证执行该步骤时 b 的值不会为 0,那么该步骤就不是一个有效的步骤。

(4) 输入和输出特性。每个有意义的算法有零个或多个输入,并且提供一个或多个输出。所谓 0 个输入是指算法本身定义了初始条件,能够提供初始数据;而多个输入是指算法能够从外部获得处理数据。输出是指算法执行后能够产生输出信息,以反映数据处理结果,没有输出的算法是毫无意义的。

### 1.2.4　算法评价

算法评价涉及多个方面,例如算法的时间复杂性、空间复杂性、可读性、健壮性、通用性和正确性等,简要介绍如下:

(1) 时间复杂性。算法的时间复杂性是指算法执行时间与问题规模的关系,它是反映算法执行效率的一个指标。一个好的算法应该是当问题规模增大时执行算法所需时间的增加程度尽量趋于平缓。

(2) 空间复杂性。算法的空间复杂性是指算法对计算机内存的需求程度,应该对内存资源的需求越少越好。

(3) 可读性。算法的可读性是指一个算法可供人们阅读的容易程度,可读性强的算法易于程序实现,而且不易隐藏错误。

(4) 健壮性。算法的健壮性是指一个算法对不合理的输入数据的反应能力和处理能力,也称为容错性。例如,根据边长值计算一个三角形面积的问题,所设计的算法应该能够对边长值的有效性作出判断,当输入的一组边长值不能构成三角形时应该有相应的处理。

(5) 通用性。算法的通用性是指算法能够适应一类问题,而不是某个特定的问题。例如求解一元二次方程的算法应该能适应 $ax^2+bx+c=0$ 这样的一般性方程,而不是针对某个特定方程设计。具有广泛适应性的算法自然具有更好的推广应用价值。

(6) 正确性。算法的正确性是算法最根本的评价指标,指一个算法的执行结果应当满足预先规定的功能和性能要求。

## 1.3 程序设计与实现

程序设计是包括算法设计在内的一个综合过程,进行程序设计需要经过多个步骤,同时还需要相关语言环境的支持。

### 1.3.1 程序设计的基本过程

面向过程的程序设计主要有 4 个步骤,即问题分析、算法设计、编写程序、调试运行程序。程序设计的最终体现是编写调试计算机程序,它是在对算法进行正确描述的基础上进行的,是利用计算机语言实现算法的过程。

**1. 问题分析**

问题分析是程序设计的第 1 个环节,其任务是分析要处理问题涉及的各种概念、数据特点、已知条件、所求结果,以及已知条件与所求结果之间的关系等各方面的信息,确定解决问题的方案。这一过程也称为建立数学模型。

**2. 算法设计**

算法设计是在问题分析的基础上确定具体的算法,并选择合适的算法表达工具对算法进行描述。算法描述越具体、细致,编程实现越容易。

**3. 编写程序**

编写程序是使用程序设计语言表达算法的过程,即用程序设计语言的语句和命令实现算法的每一个步骤。编写程序的基本要求是既要保证语法的正确性,又要保证语义的正确性,这样程序才能被执行并得到正确结果。

**4. 调试运行程序**

调试运行程序是通过编辑和编译环境修正程序中的语法错误和语义错误的过程,这是保证程序正确性必不可少的步骤。程序中的语法错误在编译阶段会被编译系统检查出来,查错、纠错比较容易。对于一些复杂的程序,当存在语义错误时查找起来则比较困难。调试运行程序的一般过程如图 1-7 所示。

图 1-7　调试运行程序的一般过程

## 1.3.2　编辑运行 C 语言程序

编辑运行 C 语言程序需要相应的语言工具支持，早期常用的语言工具是 Turbo C，其中 Turbo C 2.0 版本的使用尤为普遍。它是一个集成的编辑编译环境，尽管它不是 Windows 应用程序，在编辑程序时并不方便，但由于其短小精练、安装方便，目前仍有人使用。另外一个常用的 C 语言工具是 Microsoft Visual C++ 6.0，它是针对 C++ 语言的一个可视化软件开发环境，同时也提供了对 C 语言的完全支持，由于它具有 Windows 界面，编辑 C 语言程序更加方便，是目前广泛使用的 C 语言程序设计工具。

图 1-8 是 Visual C++ 6.0 的初始界面，菜单栏中有 File、Edit、View、Insert、Project、Build、Tools、Window 和 Help 共 9 个菜单。一般情况下，使用其中的 File 和 Build 菜单就能实现 C 语言程序的编辑运行。

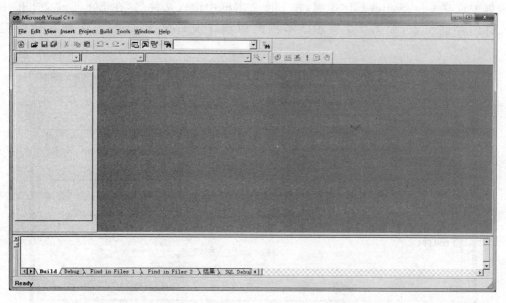

图 1-8　Visual C++ 6.0 的初始界面

使用 Visual C++ 6.0 编辑运行 C 语言程序的基本步骤有 4 个，即建立源程序文件、编译源程序、构建可执行文件、运行可执行文件。

**1. 建立源程序文件**

启动 VC++ 6.0 系统后，选择 File→New 命令，打开 VC++ 6.0 的程序编辑窗口，输入、编辑源程序，然后保存到指定位置。在编辑阶段生成的文件称为 C 语言的源文件，一般使用 .c 作为文件的扩展名。VC++ 6.0 系统默认的源文件扩展名是 .cpp。

### 2. 编译源程序

程序编辑完成后,选择 Build→Compile 命令对源程序进行编译,生成二进制目标代码文件。在编译阶段,编译程序首先对源程序进行自动分析,检查程序中存在的语法错误,给出编译报告,编程人员根据报告可以立即对源程序进行编辑修改。这个过程可能会反复多次,直到正常编译通过为止。

### 3. 构建可执行文件

程序通过编译后,选择 Build→Build 命令将编译阶段生成的目标文件和系统的库函数文件等连接起来,生成扩展名为.exe 的可执行文件。当连接发生错误时,连接程序会报告错误信息。

### 4. 运行可执行文件

成功构建.exe 文件后即可选择 Build→!Execute 命令运行程序,获得执行结果。当程序需要输入数据时,在运行阶段通过键盘等方式提供相应的数据。对于不需要输入数据的程序,运行之后会立即得到输出结果。

【例 1-1】 使用 VC++ 6.0 编辑运行 1.1 节中的"自然数累加"程序。

具体过程如下:

(1) 建立源程序文件。

① 启动 VC++ 6.0,选择 File→New 命令,打开 New 对话框。切换到 Files 选项卡,在列表框中选择 C++ Source File 选项,在 File 文本框中输入文件名,在 Location 文本框中指定文件的存储位置,如图 1-9 所示。本例的源程序文件名为 e1-1.c,文件存储位置为"E:\source"。

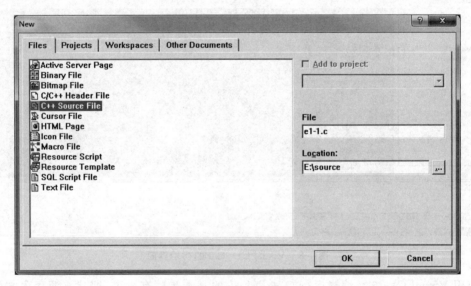

图 1-9 New 对话框

② 单击 OK 按钮,打开程序编辑窗口输入、编辑源程序,并及时存盘。图 1-10 为编辑完成 e1-1.c 文件后的窗口。

(2) 编译源程序。

编辑完成 e1-1.c 程序后,选择 Build→Compile e1-1.c 命令,系统显示如图 1-11 所示的

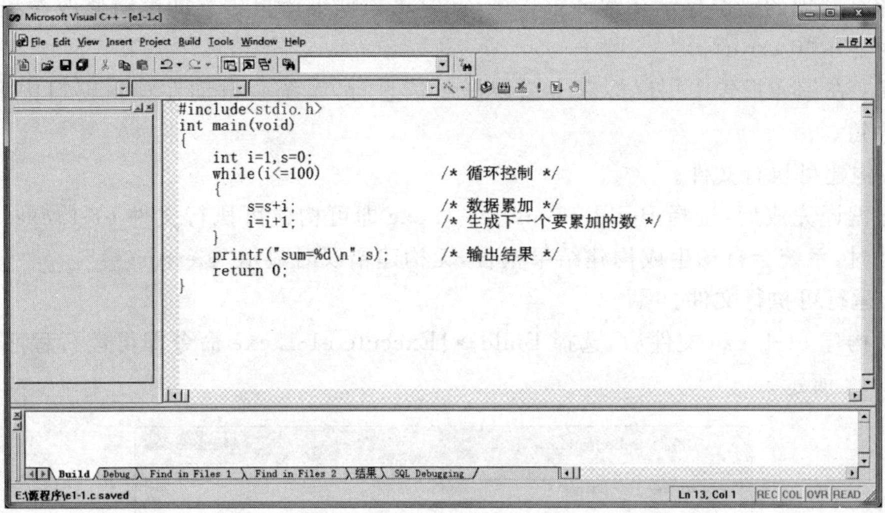

图 1-10　程序编辑窗口

提示信息,要求开辟一个供编译使用的活动空间,单击"是"按钮,系统开始编译程序,并在下方的窗口中显示编译报告。图 1-12 为完成编译后的窗口。

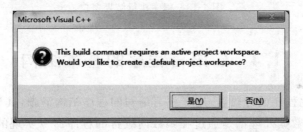

图 1-11　选择 Build→Compile e1-1.c 命令后的提示信息

图 1-12　完成编译后的窗口

编译时发现的错误显示在编译报告中,此时可根据编译报告立即编辑修改源程序,无编译错误时显示"0 error(s)"。

**提示**:在编译报告中用鼠标双击错误提示信息行,系统会自动在编辑窗口中定位存在错误的语句。

(3) 构建可执行文件。

程序编译完成后,选择 Build→Build e1-1.exe 即可构建可执行文件 e1-1.exe。构建可执行文件时,系统会自动生成构建结果报告,无构建错误时显示"0 error(s)"。

(4) 运行可执行文件。

成功构建 e1-1.exe 文件后,选择 Build→!Execute e1-1.exe 命令即可运行程序,执行结果如图 1-13 所示。

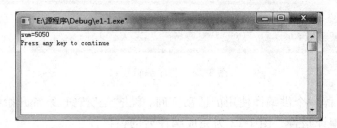

图 1-13 程序执行结果窗口

## 1.4 C 语言程序的基本结构

C 语言是结构化程序设计语言,用 C 语言编写的程序结构清晰,其显著特点是函数化结构,它所进行的任何数据处理都是通过在函数内编排的程序命令实现的。本节对 C 语言程序的基本结构及有关概念进行介绍。

### 1.4.1 程序的函数化结构

**1. 简单 C 语言程序的结构**

C 语言程序是由函数构成的,任何一个 C 语言程序都有一个称为主函数的 main() 函数。在 main() 函数中,大括号{}内的程序行称为 main() 的函数体,这些代码定义了 main() 函数的功能。当程序只由 main() 函数构成时,程序的功能由 main() 函数实现。以下是 main() 函数的基本结构:

```
int main()
{
    函数体
}
```

通常,函数体中的程序代码分为两个部分,前一部分是说明语句,用于对变量等进行必要的定义说明,也称为定义数据结构;后一部分是实现算法的执行语句,用于完成具体的操作。从操作的角度来说,程序的功能是由函数体中实现算法的执行语句完成的。

下面是一个更简单的 C 语言程序,在 main() 函数中只有两个程序语句,该程序执行后在屏幕上显示以下字符串：

Hello!

【例 1-2】 更简单的 C 程序。

程序如下：

```c
#include<stdio.h>
int main()
{
    printf("Hello!\n");
    return 0;
}
```

对于任何一个 C 语言程序，main()函数都是不可缺少的，若一个 C 语言程序只有一个函数模块，这个函数必然是 main()函数。

细心的读者可能已经注意到，对于前面的任何一个程序，在 int main()之前都有一行代码 #include<stdio.h>，它是一个最基本的编译预处理命令，是为了使用系统提供的标准输入输出函数而准备的。作为初学者，不妨先将其视为 C 语言程序的基本构成部分。

**2. C 语言程序的一般结构**

一个 C 语言程序在结构上不仅要有 main()函数，还可以包含其他独立的函数，一个函数可以在另一个函数中使用。下面是一个多函数的程序示例。

【例 1-3】 含有多个函数的程序示例。

程序如下：

```c
#include<stdio.h>
int main()                          /*主函数*/
{
    void p_s(void);
    p_s();                          /*调用 p_s(),输出 $$$$$#####$$$$$$ */
    p_s();                          /*调用 p_s(),输出 $$$$$#####$$$$$$ */
    p_s();                          /*调用 p_s(),输出 $$$$$#####$$$$$$ */
    return 0;
}
void p_s()                          /*该函数输出一行字符：$$$$$#####$$$$$$ */
{
    printf(" $$$$$#####$$$$$$ \n");
}
```

该程序由两个模块构成，一个是主函数 main()模块，另一个是 p_s()函数模块。p_s()函数的功能是输出一行字符"$$$$$#####$$$$$$"，它在 main()函数中被调用。程序从 main()函数开始执行，连续 3 次调用 p_s()函数，输出 3 行" $$$$$#####$$$$$$ "。下面是程序的执行结果：

```
$$$$$#####$$$$$$
$$$$$#####$$$$$$
$$$$$#####$$$$$$
```

在实际应用中，一个 C 语言源程序可分为若干个源文件，每个源文件可以有多个不同的函数。但一个源程序无论由多少个源文件构成，只能有且仅有一个 main()函数，即主函数。C语言源程序的一般结构如图1-14所示。

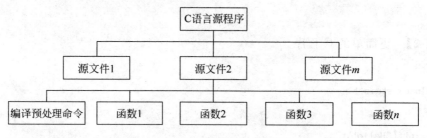

图1-14 C语言程序的一般结构

**3. C语言程序的基本特点**

C语言程序的基本特点体现在以下几个方面：

（1）C语言程序由函数构成，而且每个程序可以有多个函数。C语言程序的函数化结构使得C语言程序易于实现模块化，便于分解处理较大的问题，也为阅读和维护程序提供了方便。

（2）一个源程序不论由多少个函数组成，有且只能有一个main()函数，而且main()函数可以位于程序的任何位置。

（3）一个源程序无论由多少个函数构成，总是从main()函数开始执行程序，与main()函数在程序中的位置无关。main()函数是执行C语言程序的入口。

## 1.4.2 标识符与保留字

**1. 标识符**

在程序中使用的变量名、函数名等统称为标识符。C语言规定，任何一个标识符只能由字母(A～Z、a～z)、数字(0～9)和下画线"_"构成，其他符号不能出现在标识符中，并且标识符的第1个字符必须是字母或下画线。

以下是5个正确的标识符，它们严格按照标识符规则命名。

```
a    BOOK1    max    _add    num_1
```

表1-2中的标识符是不正确的，它们违反了标识符的命名规则。

表1-2 非法的标识符

| 示 例 | 错 误 原 因 |
| --- | --- |
| 3sum | 第一个字符使用了数字 |
| ab#cd | 使用了非法字符# |
| book－1 | 使用了非法字符－(减号) |

用户在使用标识符时还需要注意以下几点：

（1）若两个标识符中的字母相同而大小写形式不同，C语言认为是两个不同的标识符。例如例1-2中的printf不能写成Printf。

（2）标识符虽然可由程序员按规则任意定义，但标识符是用于标识某个量的符号，因此命名应尽量有相应的意义，以便阅读理解。例如用average表示平均值显然比用abc表示平均值更具可读性。

（3）C语言标识符的长度受各种版本的编译系统的限制，不同的版本对标识符的最大长度有不同的规定。建议初学者尽量使用较短且有意义的标识符，这样既便于上机训练，也会使程序更清晰。

**2. 保留字**

保留字（也称关键字）是由C语言规定的用于定义变量类型、命令字等具有特定意义的标识符。例如，int是专门用于定义数据类型的保留字、while是标识循环控制命令的保留字。以下是关于保留字的几点说明：

（1）C语言的保留字都具有一定的使用规则，必须按相应的规则使用保留字。

（2）在程序中定义的标识符不能与系统的保留字同名。

（3）按照C89标准（也习惯称为ANSI C），C语言使用的保留字共有32个。随着C语言标准的不断修订，在新标准中C语言的保留字稍有增加。关于C89标准中的保留字（有时称为C语言经典保留字）的说明详见附录A。

### 1.4.3 程序风格

为了从一开始就养成良好的编程习惯，写出清晰明了的程序，用户在编写程序时应注意以下事项：

（1）如果一行能够容下一个语句，那么就让这个语句独占一行。

（2）用{}括起来的部分通常表示程序的某一层次结构。{和}一般与该结构语句的第1个字母对齐，并单独占一行。

（3）低一层次的语句应比高一层次的语句缩进若干列，以使程序层次分明，便于阅读分析。

（4）要在程序的开始或者程序的关键位置使用注释，以提高程序的可读性。C语言程序的注释信息以/*和*/加以限定，可以单独成行，也可以出现在语句行之后。好的C语言程序往往有大量的注释。

需要说明的是，以上注意事项是为了让程序"看起来更好一些"，对程序的正确性没有任何影响。

## 小　　结

本章主要介绍了算法知识、程序设计与实现的一般过程、C语言程序的基本结构等内容，其中算法是本章的核心概念，也是C语言程序设计自始至终的核心内容。

（1）算法是计算机处理问题所需要的具体步骤。程序设计的核心问题是算法设计，初学者从一开始就要特别重视对算法设计的学习和实践。

（2）算法的描述方法有多种，例如自然语言描述法、流程图描述法、N-S图描述法、伪代码描述法、计算机语言描述法等，用计算机语言描述的算法就是计算机程序。

（3）顺序结构、选择结构和循环结构是算法的3种基本结构，这3种结构互相结合可以实现任何逻辑控制。

（4）程序设计是一个综合的过程，结构化程序设计包括问题分析、算法设计、编写程序、调试运行程序等多个步骤。调试运行程序通常是反复进行的过程。

(5) 编辑调试 C 语言程序需要相应的语言工具支持,VC++ 6.0 是目前广泛使用的 C 语言程序调试工具。使用 VC++ 6.0 实现 C 语言程序需要 4 个基本步骤,即建立源程序文件、编译源程序、构建可执行文件、运行可执行文件。

(6) 函数化结构是 C 语言程序的结构特点,C 语言程序可以由多个在结构上互相独立的函数构成,而 main() 函数是任何一个 C 语言源程序中必须具有的函数。对于 C 语言程序设计的初学者,可以按以下结构编写简单的 C 语言程序:

```
#include<stdio.h>
int main()
{
    函数体
}
```

(7) 在程序中使用的变量名、函数名等统称为标识符。标识符有一定的命名规则,标识符中字母的大小写形式是不等价的。

# 习 题 一

**一、选择题**

1. 以下是关于算法的叙述,不正确的是_____。
   A. 任何一个问题,它的实现算法都是唯一的
   B. 描述算法常用的工具有流程图、N-S 图、PAD 图、伪代码等
   C. 算法的最终实现是计算机程序
   D. 正确和清晰易读是一个好算法的基本条件

2. 以下是关于算法特性的叙述,正确的是_____。
   A. 算法具有可读性、可行性、正确性
   B. 算法具有多样性、通用性、正确性
   C. 算法的每个步骤必须具有确定性、有效性,而且算法必须具有输出步骤
   D. 算法具有可移植性、可描述性、可实现性

3. 以下是关于算法的叙述,正确的是_____。
   A. 计算机程序能够有效地描述算法
   B. 算法的伪代码描述和实现该算法的计算机程序完全相同
   C. 用伪代码表达算法要遵守严格的语法
   D. 描述算法的最简洁的工具是数学公式

4. 以下叙述不正确的是_____。
   A. C 程序的书写格式规定一行内只能写一个语句
   B. main() 函数后面有一对大括号,大括号内的部分称为函数体
   C. 一个 C 程序必须有 main() 函数
   D. C 规定函数内的每个语句以分号结束

5. 以下各标识符中,合法的用户标识符是_____。
   A. A#C        B. mystery        C. main        D. ab*

6. C语言中的标识符只能由字母、数字和下画线3种字符组成,而且第1个字符_____。
   A. 必须为字母
   B. 必须为字母或下画线
   C. 必须为下画线
   D. 可以是字母、数字和下画线中的任意一种字符

7. 一个C语言程序可以包括多个函数,程序总是按照_____描述的方式执行当前的程序。
   A. 从本程序的main()函数开始到本程序文件的最后一个函数结束
   B. 从本程序文件的第1个函数开始到本程序文件的最后一个函数结束
   C. 从main()函数开始到main()函数结束
   D. 从本程序文件的第1个函数开始到本程序的main()函数结束

8. 以下叙述正确的是_____。
   A. 在C程序中main()函数必须位于程序的最前面
   B. 在C程序的每行中只能写一条语句
   C. 在对一个C程序进行编译的过程中可以发现注释中的拼写错误
   D. C语言程序是由函数构成的

9. 以下叙述不正确的是_____。
   A. 良好的程序风格对于编辑阅读程序十分有益
   B. 程序中的注释信息与程序算法无关
   C. C程序的主函数既可以使用main(),也可以使用Main()
   D. 编辑C语言程序时,一般使用.c作为源程序文件的扩展名

10. 以下叙述不正确的是_____。
    A. 程序=数据结构+算法
    B. 算法的逻辑结构有顺序结构、选择结构、循环结构,由C语言实现的程序也有相应的3种逻辑结构
    C. 程序中的while是一个保留字,它用于程序的循环控制
    D. 编辑完成的C语言程序可以在任意环境中直接运行

## 二、简答题

1. 什么是算法?根据自己的理解说明算法与数学公式的区别。
2. 算法的表示方法有哪几种?
3. 程序的语法错误和逻辑错误有什么不同?
4. 简述C语言程序的特点。

## 三、算法设计题

设计求解下列问题的算法,用流程图将算法表达出来。

1. 计算直角三角形的面积。设直角三角形的两个直角边分别为a、b,具体数据通过键盘输入。
2. 从键盘输入a、b、c几个数,输出其中的最大数。
3. 按照货物重量计算运费并输出结果。某物流公司按照货物重量分段计费,计费标准

如下：

货物重量不超过 50 吨时运费为 80 元/吨,货物重量超过 50 吨但不超过 100 吨时超出部分运费为 75 元/吨,货物重量超过 100 吨时超出部分运费为 70 元/吨。

4. 计算下面表达式的值。

$$1^2+2^2+3^2+\cdots+10^2$$

## 四、算法分析题

1. 已知求解某问题的算法如下,指出该算法实现的功能。

(1) 输入 a、b、c 几个数。

(2) 将 a 和 b 比较,较大者放在 a 中,较小者放在 b 中。

(3) 将 a 和 c 比较,较大者放在 a 中,较小者放在 c 中。

(4) 将 b 和 c 比较,较大者放在 b 中,较小者放在 c 中。

(5) 依次输出 a、b、c。

2. 已知求解某问题的算法如下：

步骤①输入 x;

步骤②若 x<0,执行步骤③,否则执行步骤④;

步骤③$x^2+1 \to y$,转步骤⑦;

步骤④若 x=0,执行步骤⑤,否则执行⑥;

步骤⑤$0 \to y$,转步骤⑦;

步骤⑥$x^2-1 \to y$;

步骤⑦输出 y,结束。

根据上述算法描述给出以下两个问题的答案：

(1) 用算式把算法的功能表达出来。

(2) 用流程图描述该算法。

# 第 2 章　简单程序设计

本章内容是 C 语言程序设计最基本的入门知识，其特点是概念多、格式多、规定多，结合程序学知识是本章的重要学习方法。读者学习时一是要注意把握主干知识，避免纠缠细枝末节；二是要注重对例题程序的阅读理解，以读懂程序、学会编写简单程序为目的。

## 2.1　数据类型、常量与变量

数据类型、常量与变量是 C 语言程序设计的基本内容，在之前讨论的几个简单 C 语言程序中已有所涉及，本节对相关知识进行简要介绍。

### 2.1.1　数据类型

数据是计算机程序处理的所有信息的总称，例如整数、实数、一个字母、一个单词、一段文章、一个班级的学生信息等都是数据。通常，程序设计语言将各种数据分为不同的类型进行处理。对于不同类型的数据，计算机为其分配的内存空间大小不同，而且所能施加的运算也不同。

C 语言共有 9 种数据类型，分别是整数型、实数型（浮点型）、字符型、枚举型、数组类型、指针类型、结构体类型、共用体类型和空类型。其中，整数型、实数型和字符型是 C 语言最基本的数据类型。图 2-1 所示为 9 种数据类型的分类情况。

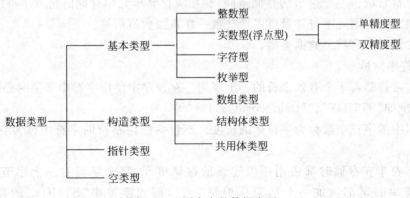

图 2-1　C 语言中的数据类型

### 2.1.2　常量

C 语言中，每种数据类型（空类型除外）都有相应的常量数据，其中整数常量、实数常量、字符常量和字符串常量是最基本的常量数据。

**1. 整数常量**

整数常量即整数，C语言中的整数可以使用3种数制表示，即十进制、八进制和十六进制。为了对不同数制的整数加以区别，C语言规定八进制整数以0引导，十六进制整数以0x或0X引导，十进制整数为日常所用的整数形式。

下面是不同数制的整数实例。

十进制整数：220、−560。

八进制整数：06、0106、0677。

十六进制整数：0x123、0x4e、0X0D、0XFF。

38A、0578、0x29FG 则是一些不合法的常数形式，请读者分析其原因。

整数常量属于整数型数据类型。

**2. 实数常量**

实数常量即实数，它只有十进制这一种数制，但有两种不同的表示形式。

1) 一般形式

一般形式的实数由数字、小数点以及必要时的正负号组成，例如 29.56、−56.33、0.056、.056、0.0 等。

2) 指数形式

实数的指数形式是将形如 $a \times 10^b$ 的数值表示成以下形式：

$$aEb \quad 或 \quad aeb$$

其中，a、E(或 e)、b 的任何一部分都不允许省略，例如 2.956E3、−0.789e8、.792e-6 等都是正确的实数表示形式，而 e-6、2.365E 等表示形式则是错误的。

实数常量属于实数型数据类型。

**3. 字符常量**

字符常量是指一个有效字符。在程序中使用字符常量时必须用单引号加以限定，例如'a'、'9'、'Z'、'％'等。

一个字符常量占一个字节的存储空间，在相应存储单元中存储的是该字符的ASCII码值，即一个整数值，因此字符常量可以像整数一样参加数值运算。

字符常量属于字符型数据类型。

**4. 字符串常量**

字符串常量是若干个有效字符的一个序列。在程序中使用字符串常量时必须用双引号加以限定，例如"STUDY"、"Hello world"、"121"等。

字符串中的字符个数称为字符串的长度。不包括任何字符的字符串称为空字符串，其长度为0。

每个字符串在存储时都占用一段连续的存储单元，每个字符占一个字节，系统自动在每个字符串的尾部增加一个结束标识符'\0'，例如字符串"STUDY"的存储形式如图2-2所示。

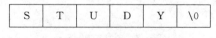

图2-2 字符串的存储

由于字符串存储时在尾部增加了一个结束标识符'\0',故字符串的存储长度为字符串长度加1。

**说明:** 字符串结束标识符'\0'称为转义字符常量,其ASCII码值为0。关于转义字符的知识,在后续内容中有详细介绍。

字符串常量属于字符型数据类型。

## 2.1.3 变量

程序中的变量是用来存储数据的,在程序执行过程中它的值可以改变。就本质而言,变量是计算机内存中某个存储空间的标识。将数据存储到某个变量中,就是将数据存储到由该变量标识的那个内存空间中。

C语言中的变量分为不同的数据类型,以存储不同类型的数据。例如使用整数型变量存储整数,使用实数型变量存储实数,使用字符型变量存储字符。

C语言规定,任何类型的变量在存储数据之前都要首先进行变量定义,说明变量的名称以及它要存储的数据类型。

**1. 简单变量及类型标识**

C语言中的简单变量是指数据类型是整数型、实数型和字符型的基本变量,这3类变量的基本数据类型标识符分别是 int、float 和 char。

1) 整数型变量

整数型变量分为基本整数型、短整数型和长整数型3种,分别用 int、short int 和 long int 作为类型标识符,不同类型的整数型变量占用的内存空间长度不同,因此能够存储的数值的范围也不同。

按存储时最高位的性质,整数型变量又分为有符号整数型变量和无符号整数型变量两类,分别用 signed 和 unsigned 说明。有符号整数在存储时,其存储空间的最高一个 bit 位是符号位,其他位是数值位;无符号整数在存储时所有 bit 位都表示数值。

任何一个整数型变量都既可以是有符号量,也可以是无符号量,因此整数型变量有6种数据类型,详细情况如表2-1所示。关于该表中的信息,读者只需要概念性了解即可,不必深究。

表2-1 整数型变量分类表

| 类型标识符 | | 类型名称 | 是否常用 |
| --- | --- | --- | --- |
| 完整形式 | 简化形式 | | |
| signed int | int | 有符号基本整数型 | 是 |
| signed short int | short | 有符号短整数型 | 否 |
| signed long int | long | 有符号长整数型 | 是 |
| unsigned int | unsigned int | 无符号基本整数型 | 否 |
| unsigned short int | unsigned short | 无符号短整数型 | 否 |
| unsigned long int | unsigned long | 无符号长整数型 | 否 |

6种类型的整数型变量中使用最多的是有符号基本整数型 int 和有符号长整数型 long。

2) 实数型变量

实数型变量主要有单精度型和双精度型两种,分别用 float 和 double 作为类型标识符。

不同类型的实数型变量占用的存储空间长度不同,表示的数值精度和数值范围也不同。当数据精度要求较高时应使用 double 型变量。

C 语言程序中,实数常量的默认数据类型为 double 型。

3) 字符型变量

字符型变量的数据类型标识符是 char,每个字符型变量只能存储一个字符,占用一个字节,在这一位置存储的是字符的 ASCII 编码。例如,当某个字符型变量存储字符 A 时实际存储的是 A 的 ASCII 码值 65。因此,C 语言允许 char 型量与整数型量进行算术运算。

**2. 简单变量的定义**

所谓变量定义,是指在使用变量之前对变量名称和变量要存储的数据类型进行说明。编译系统根据变量定义为每个变量分配存储空间,变量的值即存储在该存储空间中。以下是简单变量的一般定义格式。

数据类型标识符 变量名表;

当"变量名表"中包括多个变量时,各变量之间用英文逗号","分隔。变量定义实例如表 2-2 所示。

表 2-2 变量定义实例

| 变 量 定 义 | 说　　明 |
| --- | --- |
| int a; | 定义变量 a,存储 int 型数据 |
| float x,y; | 定义变量 x、y,存储 float 型数据 |
| char ch1,ch2,ch3; | 定义变量 ch1、ch2、ch3,存储 char 型数据 |
| long m; | 定义变量 m,存储 long int 型数据 |
| double x1,x2; | 定义变量 x1、x2,存储 double 型数据 |

**3. 简单变量的赋值**

在程序中常用两种方法为变量赋值,一是在定义变量时为变量赋初值;二是先定义变量,然后为变量赋值。

1) 在定义变量时为变量赋初值

例如:

float x = 29.6;

该语句定义了 float 型变量 x,同时将其值初始化为 29.6。

2) 先定义变量,然后为变量赋值

例如:

int sum,i;
sum = 10;

该程序段先定义了 int 型变量 sum 和 i,然后使用 sum=10 将整数值 10 赋给变量 sum。这里的 = 称为赋值运算符,其功能是把右侧的值赋给左侧的变量。

变量赋值的一般格式如下:

变量名 = 表达式

例如：

y = x + 6.9;

**注意**：=并非指两侧相等，而是包含了计算和赋值两个过程。首先计算表达式的值，然后将计算的结果保存到=左侧的变量中。

**说明**：C语言默认实数常量的数据类型为double型，所以当在程序中用一个实数值为float型变量赋值时编译系统会给出一个警告信息，提示数位丢失。

## 2.2 数据的输入与输出

C语言通过函数实现数据的输入与输出功能，并为此提供了多种多样的输入与输出函数，例如由键盘输入数据函数、由显示器输出数据函数、磁盘文件读写函数、硬件端口数据读写函数等。本节仅介绍最基本的输入与输出函数，即格式化输出函数 printf()、格式化输入函数 scanf()、字符输入函数 getchar()以及字符输出函数 putchar()，每一个函数都有特定的使用格式，希望读者注意学习。

本节介绍的输入与输出函数均为标准库函数，对应的头文件为 stdio.h。

### 2.2.1 用 printf()函数输出数据

使用 printf()函数实现数据的输出是C语言程序最基本的数据输出方式，也是C语言程序设计最基础的内容。

**1. printf()函数示例**

【例 2-1】 printf()函数示例程序。

该示例程序的功能是实现两个特定整数的加法运算，而不是一个通用的加法程序，本例旨在说明 printf()函数的简单用法。

1) 程序

```
#include<stdio.h>
int main()
{
    int a,b,c;              /*定义变量*/
    a = 8;                  /*为变量赋值*/
    b = 2000;               /*为变量赋值*/
    c = a + b;              /*计算并赋值*/
    printf("%d\n",c);       /*用printf()函数输出c的值*/
    return 0;
}
```

2) 程序解析

该程序对变量a和变量b作加法运算，先将结果存储在变量c中，然后由 printf("%d\n",c)函数将变量c的值输出。程序结果如下：

2008

printf()函数的具体输出内容由其参数决定。在该程序中 printf()函数的参数由两个部分构成，第 1 部分是"％d\n"，称为输出格式控制串，它规定 printf() 函数输出结果的具体形式；第 2 部分是变量 c，称为输出表达式，它是要输出的具体数据。格式控制串中的％d可以理解为占位符，表示在该位置输出一个整数，实际数值由被输出的表达式 c 确定。格式控制串中的\n 是换行控制符，它使得输出 c 之后自动完成换行操作，随后的输出信息将显示在下一行位置。该程序不需要输入数据，变量 a、b 的值在程序中通过赋值获得。

**2. printf() 函数的一般格式**

printf() 函数是 C 语言的格式化输出函数，用于向标准输出设备（通常为显示器）按给定格式输出信息，是程序中使用最多的标准函数之一。

printf() 函数的一般格式如下：

printf("格式控制字符串",表达式表)

说明：

(1)"表达式表"是要输出的一系列表达式，例如例 2-1 中的 c。当有多个表达式时，各表达式之间用逗号","分隔。

(2) 格式控制字符串用于描述所输出信息的格式，包括两类内容，一类是以％开始的格式控制符，它规定要输出数据的类型及格式，例如例 2-1 中的％d，它规定在该位置输出一个整数；另一类是普通字符或转义字符，普通字符按原样输出，转义字符输出的是其转义后的结果，例如例 2-1 中的\n，它是一个转义字符，产生一个换行操作。printf() 函数的格式控制符及其功能见表 2-3，在 printf() 函数中使用的转义字符及其功能见表 2-4。

表 2-3 printf() 函数的格式控制符及其功能

| 格式控制符 | 功 能 | 是否常用 |
| --- | --- | --- |
| ％d | 输出一个 int 型数据 | 是 |
| ％f | 输出一个 float 型数据 | 是 |
| ％c | 输出一个 char 型数据 | 是 |
| ％ld | 输出一个 long int 型数据 | 是 |
| ％s | 输出一个字符串 | 是 |
| ％u | 输出一个十进制无符号整数 | 否 |
| ％e | 输出一个指数形式的浮点数 | 否 |
| ％x 或％X | 输出一个以十六进制表示的无符号整数 | 否 |
| ％O | 输出一个以八进制表示的无符号整数 | 否 |
| ％g | 自动选择％f 或％e 格式中输出宽度较短的一种形式 | 否 |

表 2-4 在 printf() 函数中使用的转义字符及其功能

| 字符形式 | 功 能 | 是否常用 |
| --- | --- | --- |
| \n | 换行，将当前位置移到下一行开头 | 是 |
| \t | 水平跳格，跳到下一个 Tab 位置 | 一般 |
| \b | 退格，将当前位置移到前一列 | 否 |
| \r | 回车，将当前位置移到本行开头 | 否 |
| \\ | 反斜杠字符\ | 否 |

续表

| 字符形式 | 功　能 | 是否常用 |
| --- | --- | --- |
| \' | 单引号字符' | 否 |
| \" | 双引号字符" | 否 |
| \ddd | 八进制数表示的对应 ASCII 码字符 | 一般 |
| \xhh | 十六进制数表示的对应 ASCII 码字符 | 一般 |

printf()函数被执行后,其输出结果的形式完全由格式控制字符串决定,计算机按照格式控制字符串中的控制序列由前到后生成输出结果。在输出结果时,若遇非格式控制符,则将该字符输出;若遇格式控制符,则按顺序在表达式表中找到对应的表达式,并按照格式控制符规定的格式将表达式的计算结果输出到该格式符所在的位置上。格式控制字符串中的格式控制符与表达式表中的表达式按照位置一一对应,即第 1 个格式控制符使用第 1 个表达式,第 2 个格式控制符使用第 2 个表达式,以此类推。

【例 2-2】　输出格式控制举例一。

程序如下:

```
#include<stdio.h>
int main()
{
    int a,b;                        /*将变量a、b定义为整数型变量*/
    a = 8;                          /*使a的值为8*/
    b = 2000;                       /*使b的值为2000*/
    printf("%d + %d = %d\n",a,b,a+b);   /*输出结果*/
    return 0;
}
```

在该程序的 printf()函数中,表达式表位置有 3 个输出项,分别是 a、b 和 a+b;格式控制字符串中有 3 个"%d"格式控制符,控制每一个输出项按整数形式输出;格式控制字符串中的字符"+"和"="是格式控制符之外的普通字符,"\n"是转义字符。

上述 printf 语句按以下描述输出结果:

在格式控制字符串的第 1 个"%d"位置输出 a 变量的值,然后输出"+"字符;在第 2 个"%d"位置输出 b 变量的值,然后输出"="字符;在第 3 个"%d"位置输出表达式 a+b 的值,然后输出转义字符"\n",产生换行操作。下面是程序的执行结果:

8 + 2000 = 2008

由于格式控制字符串的最后是转义字符"\n",因此在输出上面的结果后光标被定位在下一个输出行上。

(3) 被输出的表达式的个数必须与格式控制字符串中格式控制符的个数相同,而且顺序要和格式控制字符串中要求输出的内容对应一致,否则会产生意想不到的错误。例如:

printf("integer:%d real:%f character:%c\n",5,12.6,'A');

在该语句中格式控制符有 3 个,分别是整数控制符"%d"、实数控制符"%f"和字符控制符"%c",它们对应的表达式分别是整数 5、实数 12.6 和字符'A'。下面是该语句执行后的结果：

integer:5 real:12.600000 character:A

以下是一个错误的用法，它把要输出内容的顺序颠倒了。

printf("integer:%d real:%f character:%c\n",5,'A',12.6);

该语句执行后得到下面的结果：

integer:5 real:0.000000 character:)

显然这不是要求的一个结果。

(4) 用户可以在格式控制符"%"和其他符号之间插入数字，以限定输出项的域宽（指定输出项所占用的列数）。

例如：

%3d 表示输出一个整数，域宽为 3，当输出的整数不足 3 位时按右对齐显示。

%05d 表示输出一个整数，域宽为 5，当输出的整数不足 5 位时在高位用 0 补充。

%9.2f 表示输出一个实数，域宽为 9，保留两位小数，整体长度不足 9 位时按右对齐显示。

%8s 表示输出一个字符串，域宽为 8，不足 8 个字符时按右对齐显示。

当输出数据的实际位数超过域宽定义时按实际位数输出。在使用%f 格式符时，如果不限制小数位数，则输出数据的小数位数由系统的默认设置确定。

【例 2-3】 输出格式控制举例二。

程序如下：

```
#include<stdio.h>
int main()
{
    float r=5.7693,s;          /*定义实数型变量 r 和 s，并且使 r 的值为 5.7693*/
    s=3.1416*r*r;              /*计算表达式 3.1416*r*r 的值，并赋给变量 s*/
    printf("R=%10.3f,S=%10.3f\n",r,s);   /*输出结果*/
    return 0;
}
```

程序执行结果：

R=     5.769,S=   104.568

在该程序中，printf()函数的格式控制字符串为"R=%10.3f,S=%10.3f\n"，其中的%10.3f 是带有域宽限定的格式控制符，它规定被输出的实数占用 10 列的域宽，保留 3 位小数，右对齐显示。希望读者注意观察该输出结果中的各项内容与程序中 printf()函数的各控制项的对应关系，以及域宽限定对输出结果的影响。

(5) 在格式符"%"之后插入"—"字符（减号），则对应输出项在指定域宽内左对齐。

【例 2-4】 输出格式控制举例三。

程序如下：

```
#include<stdio.h>
```

```
int main()
{
    float r = 5.7693,s;                       /*定义变量*/
    s = 3.1416 * r * r;                        /*计算并赋值*/
    printf("R = %-10.3f,S = %-10.3f\n",r,s);   /*输出结果*/
    return 0;
}
```

程序执行结果：

R = 5.769     , S = 104.568

该程序在 printf() 函数的格式控制字符串中使用了左对齐控制符"-"，输出结果在指定的输出域实现了左对齐。希望读者将其与例 2-3 的执行结果进行比较，观察二者的区别。

## 2.2.2 用 scanf() 函数输入数据

使用 scanf() 函数实现数据的输入是 C 语言程序最基本的数据输入方式，也是 C 语言程序设计最基础的内容。

**1. scanf() 函数示例**

下面是在例 2-2 程序的基础上改进的一个加法程序，该程序使用 scanf() 函数为变量 a、b 输入数据，可以实现有限范围内的任意两个整数的加法运算。

【例 2-5】 一个改进的加法程序。

程序如下：

```
#include<stdio.h>
int main()
{
    int a,b;                          /*定义 int 型变量 a,b*/
    printf("Input a,b:");             /*输出提示信息*/
    scanf("%d%d",&a,&b);              /*用 scanf()函数输入数据*/
    printf("%d + %d = %d\n",a,b,a+b); /*输出计算结果*/
    return 0;
}
```

该程序的数据输入功能由"scanf("%d%d",&a,&b);"语句实现，计算机执行该语句后即进入数据等待状态，当从键盘输入数据并按 Enter 键后再依次执行其下的各个语句，完成加法运算，并输出结果。

以下是程序的一个执行结果：

Input a,b: 8 2000 ↵(8 和 2000 之间用空格分隔)
8 + 2000 = 2008

执行结果中第 1 行的"Input a,b:"是执行"printf("Input a,b:");"语句后显示的提示信息，其后的 8 和 2000 是执行"scanf("%d%d",&a,&b);"语句时通过键盘输入的两个数据，它们之间以空格分隔，符号"↵"表示按 Enter 键。执行结果中的第 2 行是由语句"printf("%d+%d=%d\n",a,b,a+b);"实现的输出结果。

该程序中 scanf() 函数的参数由""%d%d""和"&a,&b"两部分构成，""%d%d""规定输入数据的格式,每个"%d"指定输入一个整数,因此本程序要求输入两个整数;"&a,&b"表示接收数据的变量分别是 a 和 b。

**2. scanf()函数的一般格式**

scanf()函数是格式化输入函数,它要求从标准输入设备(键盘)为变量输入数据,该函数也是程序中使用最多的一个标准函数。

scanf()函数的一般格式如下:

scanf("格式控制字符串",变量地址表);

说明:

(1) 格式控制字符串用于说明输入数据的类型和数据格式,所用的格式控制符与 printf()函数相同。例如用"%d"指定输入整数,用"%c"指定输入字符,用"%f"指定输入实数。另外,对于整数型变量和实数型变量也可加长度修正符 l,例如"%ld""%lf",说明输入数据类型是长整数型(long int)或双精度实数型(double 型)。

(2) 变量地址表是接收数据的变量地址,它们之间用逗号","分隔。当接收数据的变量是简单变量时,变量地址的表示形式如下:

&简单变量名

其中的 & 是取变量地址运算符,当需要为变量输入数据时必须使用它的地址形式,例如例 2-5 程序中的 &a 和 &b。

在 scanf()函数中,使用变量的地址形式为变量输入数据是 C 语言规定的格式。如果在 scanf()函数中只使用简单变量名,将无法为指定的变量输入数据。例如,若将例 2-5 程序中的"scanf("%d%d",&a,&b)"改为"scanf("%d%d",a,b)",则不能为 a、b 输入数据。

(3) 格式控制字符串中格式控制符的个数必须与变量的个数一致。例如 scanf("%d%d",&a,&b)是正确的,而 scanf("%d%d%d",&a,&b)是错误的。

(4) 格式控制字符串中的格式控制符允许使用其他符号分隔,经常使用的分隔符为逗号分隔符。当无任何分隔符时,输入的各数据之间可以使用空格符分隔,也可以使用回车符(按 Enter 键)分隔;当使用逗号分隔符时,输入的各数据之间也必须使用逗号分隔。

【例 2-6】 使用逗号分隔数据示例。

程序如下:

```
# include<stdio.h>
int main()
{
    int a,b;
    printf("Input a,b:");
    scanf("%d,%d",&a,&b);                    /* %d 之间用逗号分隔 */
    printf("%d + %d = %d\n",a,b,a+b);
    return 0;
}
```

程序执行结果:

Input a,b: 8,2000 ↲(8 和 2000 之间用逗号分隔)
8 + 2000 = 2008

若在输入数据时使用空格符分隔两个数据,则会产生错误的结果,具体情况希望读者上机验证。

## 2.2.3 字符的输入与输出

**1. 使用 getchar()和 putchar()函数输入与输出字符数据**

为方便对字符数据的处理,C 语言特别设置了 getchar()函数和 putchar()函数,用于输入和输出字符数据。

1)使用 getchar()函数输入字符

getchar()函数的功能是从键盘输入的字符串中读入一个字符。其调用格式如下:

getchar()

**说明**:从键盘输入的字符存储在键盘输入缓冲区中,在执行 getchar()函数时,若该缓冲区中有未读字符,则 getchar()函数将读取当前的字符,当前字符的 ASCII 码值即为 getchar()函数的值;若键盘缓冲区中无可读字符,getchar()函数即请求输入数据,计算机进入等待状态,直到从键盘输入字符串并按 Enter 键,getchar()函数读取所输入字符串中的第 1 个字符,该字符的 ASCII 码值即为 getchar()函数的值。此时若再一次执行 getchar(),则 getchar()读取所输入字符串中的第 2 个字符。

由 getchar()函数读入的字符既可以存储在 char 型变量中,也可以存储在 int 型变量中。对于初学者而言,可能更习惯使用 char 型变量存储 getchar()函数的值。

2)使用 putchar()函数输出字符

putchar()函数的功能是向标准输出设备输出一个字符。其调用格式如下:

putchar(ch)

**说明**:ch 可以是一个 char 型变量名或字符常量,也可以是一个字符的 ASCII 码值。putchar(ch)函数被执行后即将 ch 所表达的字符输出。

**【例 2-7】** 从键盘输入一个字符,然后显示出来。

程序如下:

```
/*program e2-7-1.c*/
#include<stdio.h>
int main()
{
    char ch;                          /*定义字符型变量 ch*/
    ch=getchar();                     /*使用 getchar()函数输入字符数据*/
    putchar(ch);                      /*使用 putchar()函数输出字符数据*/
    return 0;
}
```

程序执行结果:

ABCDE ↵
A

该程序的执行过程如下:

(1) 执行"ch=getchar();"语句。首先执行 getchar()函数,计算机扫描输入缓冲区,当有可供读取的字符信息时便自动获取一个字符,否则计算机进入等待状态,直到输入数据并按 Enter 键后 getchar()函数获取输入的第 1 个字符作为函数值,然后赋值给变量 ch。

(2) 执行"putchar(ch);"语句,putchar()函数将 ch 所表达的字符输出。

getchar()函数也可以直接作为 putchar()函数的参数使用。以下程序与上面程序的功能完全相同,当执行"putchar(getchar());"语句时首先执行 getchar()函数,获取一个输入字符,然后通过 putchar()函数将该字符输出。

```
/* program e2-7-2.c */
#include<stdio.h>
int main()
{
    putchar(getchar());
    return 0;
}
```

**2. 使用 scanf()和 printf()函数输入与输出字符数据**

使用格式化输入与输出函数 scanf()、printf()和格式控制符"%c"也可以实现字符的输入与输出。

**【例 2-8】** 使用 scanf()和 printf()函数输入与输出字符示例。

程序如下:

```
#include<stdio.h>
int main()
{
    char ch;                    /*定义字符型变量 ch*/
    scanf(" %c",&ch);           /*使用 scanf()函数输入字符数据*/
    printf(" %c\n",ch);         /*使用 printf()函数输出字符数据*/
    return 0;
}
```

程序执行结果:

ABCDE ↵
A

● **拓展知识**

字符型变量可以和整数进行算术运算。

**【例 2-9】** 字符型变量和整数运算示例程序。

程序如下:

```
#include<stdio.h>
int main()
{
    char ch1 = 'A',ch2;                 /*定义字符型变量 ch1、ch2*/
    ch2 = ch1 + 5;                      /*计算并赋值*/
    printf(" %c, %d\n",ch1,ch1);        /*输出结果*/
```

```
        printf(" %c, %d\n",ch2,ch2);                    /* 输出结果 */
        return 0;
}
```

该程序中的表达式 ch1+5 是一个数学表达式,其值为 70(字符 A 的 ASCII 码值+5),该值作为一个字符的 ASCII 码值存储在字符型变量 ch2 中。

程序执行结果:

A,65
F,70

其中,第 1 行是执行语句"printf("％c,％d\n",ch1,ch1);"后的输出信息,是用"％c"和"％d"输出 ch1 的结果;第 2 行是执行语句"printf("％c,％d\n",ch2,ch2);"后的输出信息,是用"％c"和"％d"输出 ch2 的结果。

【例 2-10】 字母转换。从键盘输入一个大写英文字母,然后在屏幕上输出它的小写形式。

1) 问题分析

(1) 英文字母是以 ASCII 码的方式存储的,同一个字母的大小写形式的 ASCII 码值有以下对应关系:

小写字母的 ASCII 码值 = 大写字母的 ASCII 码值 + 32

(2) 按照以上对应关系,若将输入的大写字母用变量 ch 存储,则 ch+32 即可表示其对应的小写字母的 ASCII 码值。用"％c"格式输出表达式 ch+32,即显示相应的小写字母。

2) 算法设计

(1) 输入大写字母存储到变量 ch 中。

(2) 输出 ASCII 码值为 ch+32 的字符。

3) 实现程序

程序如下:

```
# include<stdio.h>
int main()
{
    char ch;                            /* 定义存储字符的变量 ch */
    printf("Input: ");                  /* 输出提示信息 */
    ch = getchar();                     /* 用 getchar()获取字符,并存储到 ch 中 */
    printf("Output: %c\n",ch+32);       /* 输出 ch+32 对应的字符 */
    return 0;
}
```

程序执行结果:

Input: T↵
Output: t

程序中"printf("Output:％c\n",ch+32);"语句的功能是输出转化后的字符。当输入大写字母时,ch+32 即为对应的小写字母的 ASCII 码值,该值由格式控制符"％c"转化成相应的字母输出。

读者需要注意,该程序未对输入数据作任何限定,在执行程序后,任何字符都可以输入到程序中,可能是大写字母、小写字母、数字以及其他符号等。若输入的是大写字母以外的数据,则程序执行结果就与要求大相径庭了。

● **问题思考**

执行上面的程序,输入一个非大写字母,查看输出结果,并进行分析。

## 2.3 简 单 运 算

C语言的运算极为丰富,有算术运算、赋值运算、变量自增和自减运算、逗号运算、关系运算、逻辑运算、位运算以及其他运算等,每一种运算均有其相应的运算符和运算规则。本节仅对前4种简单运算作介绍。

### 2.3.1 算术运算

**1. 算术运算符**

C语言共有5种算术运算符,分别是加法运算符"＋"、减法运算符"－"、乘法运算符"＊"、除法运算符"/"和求余运算符"％"。其中,前4种运算符表示数学上的四则运算,有的符号与数学中的表示形式不同,这是因为键盘上没有对应的符号。

**2. 算术表达式**

由算术运算符和运算对象构成的表达式称为算术表达式。圆括号"()"允许出现在任何表达式中。例如:

```
(s1＋s2)/2
a％b
sqrt(b＊b－4＊a＊c)
```

其中,sqrt()是C语言的一个库函数,用于求平方根运算。

**说明:**

(1) 求余运算"％"只适用于int型数据,运算结果是两个整数相除的余数。例如26％8的结果是2,6％19的结果是6。在判断一个整数是否为另一个整数的整倍数时通常使用求余运算。求余运算又称为模运算。

(2) 当两个整数进行除法运算时结果为"商"的值,即只保留除法结果的整数位。例如38/10,其结果是3。

**3. 算术运算符的优先级和结合性**

运算符的优先级是指不同运算符在表达式中的运算顺序。算术运算的优先顺序是负号运算符(－)最高,其次是乘法(＊)、除法(/)、求余(％)运算,最后是加法(＋)、减法(－)运算。当有括号"()"时,括号的优先级别最高。

运算符在表达式中不仅存在优先级问题,还存在结合性问题,即在表达式中,当一个运算量的两侧有两个相同优先级别的运算符时,该运算量先和哪个运算符进行结合运算的问题。显然有两个结合方向,一个是与左边的运算符结合运算,简称左结合;另一个是与右边的运算符结合运算,简称右结合。例如表达式3＊5％6,其中运算量5前后是优先级别相同的两个运算符,不同的结合使表达式具有不同的值,可见运算符的结合性是很重要的。

算术运算符＋、－、＊、/、％的结合性是左结合，表达式 3＊5％6 的值是 3。

特别提示：括号运算符在表达式中具有最高优先级，因此合理地使用括号运算符能避免关于运算符优先级和结合性的一些麻烦问题。

## 2.3.2 赋值运算

**1. 赋值运算符**

赋值运算分为两类，一类为简单赋值运算，运算符为＝，在前面关于变量的赋值中已经有所介绍；另一类为复合赋值运算，是赋值运算符与其他运算符的复合使用形式。

常用的复合赋值运算符有 5 种，即＋＝、－＝、＊＝、/＝和％＝。表 2-5 是关于这 5 种复合赋值运算符的说明和实例。

表 2-5 常用的复合赋值运算符

| 运算符 | 名称 | 复合赋值运算实例 | 展开形式 |
| --- | --- | --- | --- |
| ＋＝ | 复合加赋值 | a＋＝b | a＝a＋b |
| －＝ | 复合减赋值 | a－＝b | a＝a－b |
| ＊＝ | 复合乘赋值 | a＊＝b | a＝a＊b |
| /＝ | 复合除赋值 | a/＝b | a＝a/b |
| ％＝ | 复合模赋值 | a％＝b | a＝a％b |

能够用复合赋值运算表示的赋值运算必须符合以下形式：

变量 = 变量 op 表达式

其中：

(1) ＝两侧的变量必须是同名变量。

(2) op 代表运算符。

以下是使用复合赋值运算的表示形式：

变量 op = 表达式

在上述表示形式中，表达式不管多么复杂，总是作为一个整体与 op 左侧的变量进行 op 运算。例如 a＊＝b＋20 的对应展开形式是 a＝a＊(b＋20)，而不是 a＝a＊b＋20，因为 b＋20 是一个表达式整体。

**2. 赋值运算符的优先级和结合性**

(1) 赋值运算符的优先级高于逗号运算符（关于逗号运算符的知识将在 2.3.4 节介绍），而低于其他所有的运算符。

(2) 赋值运算符的结合性是右结合。

**3. 赋值表达式**

由赋值运算符将一个变量和一个表达式连接起来的式子称为赋值表达式。最基本的赋值表达式的一般形式如下：

变量 = 表达式

例如，a＝b＋5 是一个赋值表达式。

上述一般形式的赋值表达式的求值过程如下：
（1）计算赋值运算符右侧的表达式的值，并赋给左侧的变量。
（2）赋值表达式的值是最后被赋值的变量的值。
上述一般形式的赋值表达式中的表达式又可以是一个赋值表达式。例如：

a = b = 5

由于赋值运算符具有右结合性，因此表达式 a＝b＝5 与 a＝(b＝5)等价，在求值时先求 b＝5 的值，然后赋给 a。最终变量 a 的值是 5，整个赋值表达式的值也是 5。

### 2.3.3 变量自增和自减运算

变量自增运算符是＋＋，变量自减运算符是－－，其功能是对参加运算的整数型变量进行加 1 或减 1 操作。自增和自减运算的一般用法及其功能如表 2-6 所示。

表 2-6 自增和自减运算的用法及功能

| 用 法 | 功 能 |
| --- | --- |
| ＋＋变量名 | 变量先自增，然后再使用 |
| －－变量名 | 变量先自减，然后再使用 |
| 变量名＋＋ | 变量先使用，然后再自增 |
| 变量名－－ | 变量先使用，然后再自减 |

自增、自减运算的用法实例如表 2-7 所示，其中 x 为 int 型变量，且每一个表达式中的变量 x 的初始值均为 5。

表 2-7 自增、自减运算的用法实例

| 用 法 | 功 能 | 表达式 | 表达式的值 | 表达式求值后 x 的值 |
| --- | --- | --- | --- | --- |
| ＋＋x | x 先增 1，然后再使用 | ＋＋x＋5 | 11 | 6 |
| －－x | x 先减 1，然后再使用 | －－x＋5 | 9 | 4 |
| x＋＋ | 先使用 x，然后 x 增 1 | 5＋x＋＋ | 10 | 6 |
| x－－ | 先使用 x，然后 x 减 1 | 5＋x－－ | 10 | 4 |

对于整数变量 i，使用＋＋运算，可以将 i＝i＋1 简化为 i＋＋；同样，使用－－运算，可以将 i＝i－1 简化为 i－－。作为初学者，只需掌握此类用法即可。

### 2.3.4 逗号运算

逗号运算的运算符为","，用逗号运算符","将表达式连接起来构成的式子称为逗号表达式。

逗号表达式的一般形式如下：

表达式 1,表达式 2,表达式 3,…,表达式 n

逗号表达式按以下规则求值：

先求解表达式 1，再求解表达式 2，以此类推，最后求解表达式 n。整个逗号表达式的值是表达式 n 的值。

逗号运算符的优先级在所有运算符中级别最低。

其实,逗号表达式无非是把若干个表达式串联起来。在许多情况下,使用逗号表达式的目的只是要分别得到各个表达式的值,而并非一定要使用整个逗号表达式的值。

读者需要注意,在 C 语言程序中并不是在任何位置出现的逗号都是逗号运算符。例如函数中的参数是用逗号","分隔的,但这些逗号并不是逗号运算符,下面是一个实例。

printf("%d,%d,%d",a,b,c);

在该实例中,"a,b,c"并不是一个逗号表达式,它是 printf()函数的 3 个参数,各个参数之间用逗号进行分隔。

## 2.4　编译预处理命令简介

编译预处理是 C 语言程序编译的前期操作,它由 C 语言系统的编译预处理程序完成。在对一个源文件进行编译时,系统首先启动编译预处理程序对源程序中的编译预处理命令作处理,然后自动进行源程序的编译操作。

C 语言提供了多种编译预处理命令,例如宏定义命令、文件包含命令、条件编译命令等,合理地使用编译预处理命令编写的程序便于阅读、修改、移植和调试,也有利于模块化程序设计。本节仅对常用的编译预处理命令 include 和 define 作简要介绍。

**1. include 命令**

include 命令是编译预处理的文件包含命令,其功能是把指定的文件包含到当前程序中,成为当前程序的一部分,这样在被包含文件中所定义的变量、常量以及所声明的函数等就可以在当前程序中直接使用了。

C 语言系统提供了功能强大的库函数,例如输入与输出函数、数学运算函数、图形处理函数、文件操作函数等,这些库函数的说明信息分门别类地放在不同的头文件中,如表 2-8 所示(更多的库函数详见附录 B)。在程序中使用库函数时,一般要在程序开始使用 include 命令包含相关的头文件。

表 2-8　库函数及头文件简表

| 序号 | 函 数 类 别 | 函 数 举 例 | 头文件名称 |
| --- | --- | --- | --- |
| 1 | 输入与输出函数 | 输入函数 scanf()、输出函数 printf() | stdio.h |
| 2 | 数学运算函数 | 平方根函数 sqrt()、正弦函数 sin() | math.h |
| 3 | 字符串操作函数 | 字符串长度函数 strlen() | stdlib.h、string.h |
| 4 | 字符判别函数 | 判别字母函数 isalpha() | ctype.h |
| 5 | 文件操作函数 | 打开文件函数 fopen()、关闭文件函数 fclose() | stdio.h |
| 6 | 内存管理函数 | 释放内存函数 free() | stdlib.h、alloc.h |
| 7 | 图形处理函数 | 画圆函数 circle() | graphics.h |

include 命令的一般使用形式如下:

#include <文件名>

或者:

```
#include "文件名"
```

使用双引号表示首先在当前源文件目录中查找要包含的文件,若未找到该文件,则到包含文件目录中查找;使用尖括号表示在包含文件目录中查找,而不是在源文件目录中查找。在进行程序设计时,用户可视具体情况选用一种命令形式。

**【例 2-11】** 计算表达式 $\sqrt{x^2+y^2}$ 的值。

程序如下:

```c
#include <stdio.h>                /*使用输入与输出函数时要使用该命令*/
#include <math.h>                 /*使用数学函数时要使用该命令*/
int main()
{
    float x,y;
    printf("Data: ");
    scanf("%f%f",&x,&y);
    printf("Result: %f\n",sqrt(x*x+y*y));  /*sqrt()是数学函数*/
    return 0;
}
```

程序执行结果:

```
Data: 10.5 20.5 ↵
Result: 23.032586
```

如果要在一个源程序中使用其他的用户文件代码,也可以使用 include 命令把要使用的文件包含进来。

**【例 2-12】** 单独创建一个源文件 userdef.h,并在一个 C 程序中使用它。

以下是用户创建的宏包含命令程序文件,文件名为 userdef.h,其内容主要由两条 include 命令组成。

```c
/*用户头文件 userdef.h*/
#include <stdio.h>
#include <math.h>
```

以下是另一个程序文件,文件名为 e2-12.c,在其中使用源文件 userdef.h。

```c
/*程序文件 e2-12.c*/
#include "userdef.h"              /*使用源文件 userdef.h*/
int main()
{
    float x,y;
    printf("Data: ");
    scanf("%f%f",&x,&y);
    printf("Result: %f\n",sqrt(x*x+y*y));  /*sqrt()是数学函数*/
    return 0;
}
```

程序 e2-12.c 中使用了宏包含命令"#include "userdef.h"",其作用是在编译预处理时将文件 userdef.h 的内容插入到该命令所在的位置,然后再进行程序编译。

在较大规模的程序设计中,常用文件包含命令定义程序的公用量。一个大的程序可以分为多个模块,由多个程序员分别编程。有些公用量或宏定义可单独组成一个头文件,当在程序中要使用这些公用量或宏定义时,只需要在程序开头用 include 命令包含相关的头文件即可。

**2. define 命令**

define 命令称为编译预处理的宏定义命令,其最常见的应用是把一个字符串定义成一个标识符,这样在其后的程序中就可以使用该标识符代替所表示的字符串,为程序员编写程序和维护程序提供了方便,同时也提高了程序的可读性。上述标识符称为宏名,字符串称为宏体。

宏分为带参数的宏和不带参数的宏两类,下面分别予以介绍。

1) 不带参数的宏

不带参数的宏是用一个标识符代替一个字符串。其一般定义形式如下:

＃define 标识符 字符串

其最常见的功能是定义符号常量。例如:

＃define M 200

定义了符号常量 M,它表示常数 200。

在程序设计中有时需要多次用到某些常量,或者有些常量在程序中特别关键,此时就可以将这些常量定义为符号常量,这样在编写和修改程序时会更加方便。符号常量一般在程序的开头进行定义,习惯上使用大写标识符表示。

使用宏定义后,在编译预处理阶段系统把程序中的宏名替换为宏体,这一替换过程称为宏替换,宏替换是对宏体字符串的原样照搬。

【例 2-13】 使用符号常量的程序。

程序如下:

```
＃include<stdio.h>
＃define PI 3.14159                    /*定义符号常量 PI*/
int main()
{
    float r,l,s;
    printf("r = ");
    scanf("%f",&r);                    /*为变量 r 输入数据*/
    l = 2.0 * PI * r;                  /*使用符号常量 PI*/
    s = PI * r * r;                    /*使用符号常量 PI*/
    printf("%f, %f\n",l,s);            /*输出 l、s 的值*/
    return 0;
}
```

程序执行结果:

r = 16.7 ↵
104.929108,   876.158115

本例在 main()函数之外使用宏命令"＃define PI 3.14159"定义符号常量 PI,这样在程序中就可以使用标识符 PI(宏名)代替数值 3.14159(宏体)。在预编译时,系统将源程序中出现的宏名 PI 替换为 3.14159。

关于宏定义的说明：

(1) 由于在 C 语言程序中习惯使用小写形式的变量名，为了有所区别，宏名一般使用大写形式。但用户需要明确，使用大写形式的宏名仅仅是一种习惯。

(2) 宏定义是用宏名来表示一个字符串，在宏替换时又以该字符串取代宏名，这只是一种简单的替换，预处理程序对它不作任何检查。如有错误，只能在编译宏替换后的源程序时发现。

(3) 宏定义不是 C 语句，后面不能有分号。如果加入分号，则加入的分号将作为宏体的一部分。例如：

```
#define PI 3.14159;
area = PI * r * r;
```

在宏替换后成为：

```
area = 3.14159; * r * r;
```

显然，这样的替换结果不符合预期目标。

(4) 通常把 #define 命令放在一个文件的开头使用。

2) 带参数的宏

与不带参数的宏相比，带参数的宏在形式上要复杂一些，宏替换时也复杂一些。它在宏替换时不仅要进行字符串替换，而且要进行相应的参数替换。带参数宏定义的一般形式如下：

```
#define 宏名(参数表) 字符串
```

例如：

```
#define ␣m(x)␣x*x*x*x          /*␣代表一个空格符*/
```

该宏命令定义了带参数的宏 m，x 是它的参数。在程序中使用 m(x) 可以取代形如 $x^4$ 的表达式。

说明：

(1) 宏名后的参数表可以是一个参数，也可以是多个参数，当有多个参数时各参数之间用逗号分隔。

(2) 作为宏体的字符串部分要包括参数表中的参数。

带参数的宏通常在程序中取代一些表达式。

【例 2-14】 计算表达式 $a^4 + b^4$ 的值。

程序如下：

```
#include <stdio.h>
#define m(x) x*x*x*x          /*右括号")"与 x 之间有一个空格符*/
int main()
{
    int a,b,s;
    printf("Input a,b: ");
```

```
    scanf(" %d, %d",&a,&b);
    s = m(a) + m(b);                    /* 使用带参数的宏 */
    printf("Result: %d\n",s);
    return 0;
}
```

编译该程序时,编译预处理将把程序中的 m(a) 和 m(b) 分别替换为 a\*a\*a\*a 和 b\*b\*b\*b,然后再进行程序编译。该程序与下面的程序完全等价:

```
#include<stdio.h>
int main()
{
    int a,b,s;
    printf("Input a,b: ");
    scanf(" %d, %d",&a,&b);
    s = a*a*a*a+b*b*b*b;
    printf("Result: %d\n",s);
    return 0;
}
```

从程序的可读性和可维护性评价,前一个程序显然要优于后一个程序。

使用带参数宏的注意事项:

(1) 在带参数的宏定义中,宏的参数不分配内存单元,也不存在类型定义问题。宏调用中的实参有具体的值,要用它们去替换宏的参数,因此必须首先进行类型说明。例如上例中在定义宏 m 时,它的参数 x 不存在类型说明问题,但是在函数体中使用宏 m 时,它的参数 a、b 是函数体中的具体变量,需要进行类型说明。

(2) 在带参数的宏定义中,宏名和形参表之间不能有空格出现,一旦出现了空格,就变成了不带参数的宏定义。例如,以下是两个似乎近似的宏定义命令,但其实质差异巨大。

宏定义命令1:

#define␣m(x)␣x\*x\*x\*x

宏定义命令2:

#define␣m␣(x) x\*x\*x\*x

在第 2 个宏定义命令中,m 与 (x) 之间加入了空格符,那么预处理程序将认为这是一个无参数宏定义,宏名是 m,宏体是 (x) x\*x\*x\*x。在例 2-14 的程序中,若其中的宏定义命令错误地写为该形式,则宏调用 m(a) 将被替换为以下形式:

(x)x\*x\*x\*x(a)

这显然是错误的。

## 2.5 简单程序设计举例

本节介绍顺序结构程序设计的几个典型例子,每个举例均包括 6 个方面内容,即问题分析、算法设计、实现程序、程序执行结果、程序完善讨论以及问题思考,其中算法设计与实现程序是重点内容。

**【例2-15】** 计算三角形面积。设三角形的边长为a、b、c,计算其面积s。

1) 问题分析

(1) 三角形面积s的计算公式如下：
$$s=\sqrt{p(p-a)(p-b)(p-c)}, \quad 其中\ p=(a+b+c)/2$$

(2) 该问题的输入量有3个,即a、b、c,输出量是s。

2) 算法设计

数据输入、数据计算和结果输出是处理该问题的3个基本过程,即首先输入三角形各边长的数据,然后根据公式进行计算,最后输出计算的结果。以下是算法的具体步骤：

(1) 输入a、b、c的值；

(2) $(a+b+c)/2 \to p$；

(3) $sqrt(p*(p-a)*(p-b)*(p-c)) \to s$；

(4) 输出s。

3) 实现程序

在计算三角形面积s时调用了平方根运算函数sqrt( ),因此在程序开始要使用#include<math.h>命令。

程序如下：

```c
#include<stdio.h>
#include<math.h>
int main()
{
    float a,b,c,p,s;
    printf("a,b,c: ");
    scanf("%f,%f,%f",&a,&b,&c);              /*输入a、b、c*/
    p=(a+b+c)/2.0;
    s=sqrt(p*(p-a)*(p-b)*(p-c));             /*计算三角形面积*/
    printf("a=%7.2f, b=%7.2f, c=%7.2f\n",a,b,c);   /*输出各边长值*/
    printf("s=%7.2f\n",s);                   /*输出面积值*/
    return 0;
}
```

4) 程序执行结果

假定三角形的3个边长为17.8、21、32.167,则程序的执行结果如下。

```
a,b,c: 17.8,21,32.167 ↵
a=  17.80,b=  21.00,c=  32.17
s=  173.61
```

执行结果共有3行,具体说明如下。

第1行："a,b,c:"是执行"printf("a,b,c: ");"语句后显示的提示信息；"17.8,21,32.167"是执行"scanf("%f,%f,%f",&a,&b,&c);"语句时输入的3个数据,分别由变量a、b、c存储。

第2行：执行"printf("a=%7.2f, b=%7.2f, c=%7.2f\n",a,b,c);"语句后的输出

结果,显示每个边长的值,即变量 a、b、c 的值。每个变量的输出格式均由格式控制参数%7.2f 设置,域宽为 7 列,保留两位小数。

第 3 行:执行"printf("s=％7.2f\n",s);"语句后的输出结果,显示三角形面积,即变量 s 的值。

5) 程序完善讨论

当输入的边长数据合法有效时,该程序无疑会获得正确的计算结果。但有时在输入数据时难免会有错误,例如有可能输入的数据并不满足构成三角形的条件,也可能输入了一个负数边长等。由于该程序没有对输入数据的合法性进行检查,即程序本身并没有考虑类似的无效数据问题,在执行程序时这种情况一旦发生,将会出现意想不到的无效结果。例如,输入数据 8、16.26、5.1 时程序将出现以下执行结果:

a = ␣␣␣8.00,b = ␣␣16.26,c = ␣␣␣5.10
s = ␣␣ -1.#J

由于执行程序时输入的是一组非法的数据,这组数据并不能构成一个三角形,导致使用三角形面积公式计算面积时发生了错误。解决这类问题的办法是对问题进行仔细全面分析,把有可能发生的情况考虑在算法中,不断调试完善程序。

6) 问题思考

希望读者根据上述提示性说明进一步完善计算三角形面积的算法,并绘制程序的流程图。

【例 2-16】 编写程序,求解鸡兔同笼问题。

1) 问题分析

(1) 鸡兔同笼是一个经典的数学问题,即鸡兔同笼,数头 36 个,数脚 96 只,问笼子中的鸡和兔各多少只?

求解该问题有多种方法,这里利用二元一次方程组求解。

二元一次方程组的一般形式如下:

$$\begin{cases} a_1 x + b_1 y = c_1 \\ a_2 x + b_2 y = c_2 \end{cases}$$

若 $a_1 b_2 - a_2 b_1 \neq 0$,方程组的唯一解为:

$$x = \frac{c_1 b_2 - c_2 b_1}{a_1 b_2 - a_2 b_1}, \quad y = \frac{a_1 c_2 - a_2 c_1}{a_1 b_2 - a_2 b_1}$$

由此可以编写求解二元一次方程组的通用程序。

(2) 设有鸡 x 只,有兔 y 只,得鸡兔同笼方程组:

$$\begin{cases} x + y = 36 \\ 2x + 4y = 96 \end{cases}$$

相应系数值:$a_1 = 1, b_1 = 1, c_1 = 36$;$a_2 = 2, b_2 = 4, c_2 = 96$。

执行程序时输入上面的系数值,即可求解鸡兔同笼问题。

2) 算法设计

(1) 输入方程式的系数 a1、b1、c1;
(2) 输入方程式的系数 a2、b2、c2;
(3) 利用公式计算 x;

(4) 利用公式计算 y；

(5) 输出 x、y 的值。

3) 实现程序

下面是求解二元一次方程组的通用程序：

```c
#include<stdio.h>
int main()
{
    float a1,b1,c1,a2,b2,c2;
    float x,y;
    printf("a1,b1,c1: ");
    scanf("%f,%f,%f",&a1,&b1,&c1);      /*输入第1个方程式的系数*/
    printf("a2,b2,c2: ");
    scanf("%f,%f,%f",&a2,&b2,&c2);      /*输入第2个方程式的系数*/
    x = (c1*b2-c2*b1)/(a1*b2-a2*b1);    /*计算x*/
    y = (a1*c2-a2*c1)/(a1*b2-a2*b1);    /*计算y*/
    printf(" x=%2.0f\n y=%2.0f\n",x,y); /*输出计算结果*/
    return 0;
}
```

4) 程序执行结果

执行程序后分别输入鸡兔同笼方程组中各个方程的系数值，获得求解结果。

```
a1,b1,c1: 1,1,36 ↵
a2,b2,c2: 2,4,96 ↵
x= 24
y= 12
```

在程序结果中，第 1 行的"a1,b1,c1: "是程序执行后显示的提示信息，"1,1,36"是输入的第 1 个方程的系数；第 2 行的"a2,b2,c2: "是输入第 1 组系数后程序自动显示的第 2 个提示信息，"2,4,96"是输入的第 2 个方程的系数；第 3、4 行是方程求解的结果。

5) 程序完善讨论

在上面的程序中并没有考虑 $a_1b_2-a_2b_1=0$ 的情况，这种情况一旦发生就会出现无效运算，这说明程序的算法是有缺陷的。希望读者完善算法，当出现 $a_1b_2-a_2b_1=0$ 的情况时不再求解方程组。

6) 问题思考

(1) 试设计一个满足 $a_1b_2-a_2b_1=0$ 的方程组，然后执行上面的程序求解该方程组，观察并分析程序的执行结果。

(2) 试执行上面的程序，求解以下方程组。

$$\begin{cases} 2x+3y=9 \\ 5x+7y=11 \end{cases}$$

在以上程序实例中不仅给出了程序设计的基本过程，还对程序的不完善之处进行了讨论，目的是告诉读者要编写出满足要求的程序，需要考虑的因素很多，需要使用多种数据反复测试，需要不断修改完善程序。

## 2.6 表达式中数据类型的转换

C语言允许在一个表达式中出现多种数据类型,在执行表达式时,不同类型的数据首先进行类型转换,然后进行运算。数据类型的转换分为两种情况,即数据类型的自动转换和数据类型的强制转换。

**1. 数据类型的自动转换**

数据类型的自动转换按以下规则进行:

(1) 若参与运算量的类型不同,则先转换成同一类型,然后进行运算。

(2) 转换按数据长度增加的方向进行,以保证精度不降低。例如进行 int 型和 long 型运算时先把 int 量转成 long 型再进行运算。

(3) 所有的实数运算都是以双精度进行的,即使是仅含 float 单精度量运算的表达式也要先转换成 double 型,再作运算。

(4) char 型和 short 型参与运算时先转换成 int 型。

(5) 在赋值运算中,当赋值号两侧量的数据类型不同时,赋值号右侧量的类型将转换为左侧变量的类型,当右侧量的数据类型长度比左侧变量的数据类型长度大时会降低精度。图 2-3 所示为数据类型自动转换示意图。

图中横向向右的箭头表示必定的转换:char 型、short 型在运算时一律先转换成 int 型;float 型在运算时一律先转换成 double 型,以提高运算精度。

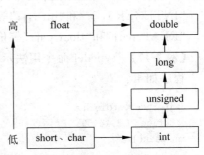

图 2-3 数据类型自动转换

纵向的箭头表示当运算对象为不同类型时转换的方向。例如 int 型与 double 型数据进行运算,先将 int 型的数据转换成 double 型,然后进行两个同类型(double 型)数据的运算,结果为 double 型。注意箭头方向只表示数据类型级别的高低,由低向高转换,并非表示逐级转换,切勿理解为 int 型先转成 unsigned 型,再转成 long 型,再转成 double 型。

表达式自动数据类型转换的结果是将表达式最终转换为表达式中占用存储长度最大的那种数据类型,目的是减少运算中的精度损失。

**2. 数据类型的强制转换**

数据类型的强制转换通过类型转换运算来实现。一般形式如下:

(类型说明符)(表达式)

其功能是把"表达式"的运算结果强制转换成"类型说明符"所表示的数据类型。例如 (float) a 把表达式 a 的结果强制转化为 float 型;(int)(x+y) 把表达式 x+y 的结果强制转换为 int 型。

关于数据类型转换还应注意以下问题:

(1) 进行强制类型转换时,"类型说明符"和"表达式"必须以括号"()"限定("表达式"为单个变量或常数值时,其括号可以省略),否则类型转换仅在局部进行。例如 (int)x+y,在运算时只会对 x 进行类型转换,而不会对 x+y 进行类型转换。

(2) 无论是强制类型转换还是自动类型转换,都是为了本次运算的需要而进行的临时性转换,相关变量的数据类型不会被改变。

## *2.7  定义数据类型别名

C 语言允许对已有的数据类型定义别名,目的是增强程序的可读性。定义数据类型别名的命令是 typedef,它以 C 语句的形式出现在程序中。

typedef 的一般形式如下:

typedef 已有类型名　新类型名;

例如:

typedef int INTEGER;
typedef float REAL;

上述两个语句指定用 INTEGER 代表 int 类型,用 REAL 代表 float 类型,这里可以将 INTEGER 看作与 int 具有同样意义的类型说明符,将 REAL 看作与 float 具有同样意义的类型说明符。在具有上述 typedef 语句的程序中下列语句是等价的:

"INTEGER i, j;"和"int i,j;"等价;

"REAL pai;"和"float pai;"等价。

【例 2-17】 typedef 命令用法示例。

程序如下:

```
#include <stdio.h>
#define PI 3.14159
int main()
{
    typedef float REAL;              /* 使 REAL 与 float 等效 */
    REAL s,r;                        /* 定义 float 型变量 s、r */
    printf("r = ");
    scanf("%f",&r);
    s = PI * r * r;
    printf("Result: %f\n",s);
    return 0;
}
```

注意,typedef 命令只能对已有的数据类型定义别名,而不能产生新的数据类型。在程序中只有恰当地使用 typedef 说明数据类型别名才可能增强程序的可读性,否则不仅达不到预期的效果,反而会降低程序的可读性。

## *2.8  const 常量

在 C 语言系统中,const 是一个保留字(关键字),它常用于变量定义语句中,对所定义的变量进行修饰。由 const 修饰的变量在程序中不能被重新赋值,因此,这一类变量常称为

const 常量。

以下是 const 常量的定义示例：

const int a = 20;

该语句将 a 定义为 const 常量，其数据类型为 int 型。如果在程序中试图对 a 重新赋值，编译系统将给出错误提示。例如，在"const int a＝20；"语句之后，若有"a＝30；"语句，那么在 VC++6.0 环境中编译程序时，将显示错误信息"error C2166：l-value specifies const object"，表明禁止为常对象 a 进行赋值。

**【例 2-18】** 使用 const 常量的程序。

程序如下：

```
#include<stdio.h>
const double pi = 3.14159;         /*定义const常量pi*/
int main()
{
    double r,l,s;
    printf("r = ");
    scanf("%lf",&r);               /*为变量r输入数据*/
    l = 2.0 * pi * r;              /*使用const常量pi*/
    s = pi * r * r;                /*使用const常量pi*/
    printf("%lf, %lf\n",l,s);      /*输出l、s的值*/
    return 0;
}
```

程序执行结果：

r = 16.7 ↵
104.929106, 876.158035

该程序中，使用"const double pi＝3.14159；"语句定义了 const 常量 pi，其数据类型为 double，其值为 3.14159。

关于 const 常量的说明：

（1）const 常量在定义时必须初始化，否则不能再为其赋值。

（2）const 常量可以表示任何类型的数据，例如结构体数据（关于结构体的知识在第 8 章介绍），用 #define 定义的符号常量做不到这一点。

在编写某个 C 语言程序时，究竟是使用符号常量，还是使用 const 常量，由程序员视具体情况而定。

# 小　　结

本章内容是 C 语言程序设计的入门知识，概括为 3 个方面，一是数据类型、常量和变量、简单运算等语言知识；二是数据的输出与输入方法；三是顺序结构程序设计的一般过程。

（1）C 语言的数据分为多种类型，基本数据类型为 int、float、char。每种数据类型都有其常量数据,例如整数常量、实数常量、字符常量等。一种特殊的字符常量是转义字符。

(2) 变量用于存储具体的数据值,任何一个变量只有在经过定义之后才能使用。变量定义的一般形式如下:

数据类型 变量名表;

(3) 数据的输出与输入通过函数实现,基本实现函数是 printf()、scanf()、putchar()和 getchar()。printf()和 scanf()是格式化输出与输入函数,可以实现任何类型数据的输出与输入;putchar()和 getchar()是专门的字符输出与输入函数,只能实现字符数据的输出与输入。使用 scanf()为变量输入数据时需要使用变量的地址形式。

(4) 编译预处理是 C 语言的基本技术,它是在源程序正式编译前由预处理程序完成的。本章介绍了宏定义命令 define 和宏包含命令 include,它们是 C 程序中最常用的编译预处理命令。

(5) C 语言具有丰富的运算符,读者应注意学习运算符的基本用法,切勿纠缠于某些复杂的表达式游戏中。程序设计员是从来不使用苦涩难懂的表达式的。

(6) 本章介绍了顺序结构程序设计的几个典型例子,其中的算法设计与程序实现是读者重点把握的学习内容。

# 习　题　二

一、选择题

1. 以下程序的输出结果是_____。

```
int main()
{
    int k = 8765;
    printf(" * % - 06d * \n",k);
    return 0;
}
```

　　A. 输出格式描述符不合法　　　　　　B. *008765*
　　C. *8765▯▯*　　　　　　　　　　　　D. *-08765*

2. 有如下程序段:

```
char str1,str2;
str1 = getchar();
str2 = getchar();
```

以下输入方式中,能将字符 M、N 分别输入给变量 str1、str2 的是_____。

　　A. M↵N↵　　　　　　　　　　　　　B. MNOPGR↵
　　C. M␣N↵　　　　　　　　　　　　　D. M,N↵

3. 已知 a 是 int 型变量,b 是 float 型变量,下列输入语句正确的是_____。

　　A. scanf("%f,%d",&b,&a);　　　　　B. scanf("%f,%d",&a,&b);
　　C. scanf("%f,%d",b,a);　　　　　　D. scanf("%f,%d",a,b);

4. C语言中的实数可以写成不同的表示形式,下列表示形式中正确的是_____。
   A. 5.4321　　　　B. 5.43E2.1　　　　C. e5.4321　　　　D. e6
5. 当程序中有语句_____时,必须在程序开始使用宏命令#include<math.h>。
   A. printf("Result:%f\n",sqrt(a));
   B. printf("Result:sqrt(a)%f\n", a);
   C. printf(" sqrt(% f)\n", a);
   D. printf(" Result:sqrt(% f)\n", a);
6. 有宏定义如下:

#define M 100

则下列语句中正确的是_____。
   A. printf("%d\n",M++);　　　　B. scanf("%d",&M);
   C. printf("%d\n",M*M);　　　　D. scanf("%d",M);
7. 在C语言库函数中,可以输出 double 型变量 x 值的函数是_____。
   A. getchar()　　B. scanf()　　C. putchar()　　D. printf()
8. 程序段如下:

int a,b;
scanf("%d%d",&a,&b);

在输入 a、b 的值时不能作为输入数据分隔符的是_____。
   A. ,　　　　B. 空格　　　　C. 回车　　　　D. [Tab]
9. 已知字母 A 的 ASCII 码为十进制数 65,且 ch 为字符型,则执行语句"ch='A'+25;"后以下说法正确的是_____。
   A. ch 的值不确定
   B. ch 的值是字母 A 的 ASCII 码
   C. ch 的值是 90
   D. ch='A'+25 是一个错误的表达式,不可能执行
10. 已知字母 A 的 ASCII 码为十进制数 65,下面程序的输出结果是_____。

#include<stdio.h>
int main()
{
    char ch1,ch2;
    ch1 = 'A' + '5' - '3';
    ch2 = 'A' + '6' - '3';
    printf("%d, %c\n",ch1,ch2);
    return 0;
}

   A. C,D　　　　　　　　　　　B. B,C
   C. 67,D　　　　　　　　　　 D. 不确定的值

二、简答题

1. C语言的基本输入与输出函数有哪几个? 各自的功能是什么?

2. 使用 printf() 函数和 scanf() 函数时变量的使用区别在哪里？

3. 字符常量和字符串常量的区别是什么？符号常量和变量的区别是什么？

4. 把以下表示形式中不合法的常量找出来，并说明原因。

239   0196   0xfk   076L   0x3AL   61f   2.653e
"as678\0"    '\678'   PI    'as'    ""

5. 整数型变量存储一个整数值，字符型变量存储一个字符。C 语言允许整数型变量与字符型变量进行加减运算，试说明运算的原理，并计算表达式 'A'+'8'-10 的值。

### 三、程序分析题

1. 下面的程序存在多处错误：

```c
#include<stdio.h>
int main()
{
    double a,b,c,d,e,f;
    printf("Input a,b,c:\n");
    scanf("%d, %d, %d",a,b,c);
    e = a * b;
    f = a * b * c;
    printf("%d %d %d",a,b,c);
    printf("e = % f\n,f = % f\n",&e,&f);
    return 0;
}
```

修改该程序，要求能够按照以下形式为变量 a、b、c 输入数据：

Input a,b,c: 2.0 ␣3.0 ␣5.0 ↵

输入数据后，程序能按照以下形式输出结果：

a = 2.000000,b = 3.000000,c = 5.000000
e = 6.000000,f = 30.000000

2. 有如下定义：

int x,y;
char a,b,c;

并按以下形式输入数据：

1 ␣2 ↵
ABC ↵

请在以下程序段中找出能实现如下赋值的程序段：
x 赋整数 1，y 赋整数 2，a 赋字符 'A'，b 赋字符 'B'，c 赋字符 'C'。

程序段一：scanf ("x = %d y = %d", &x,&y);
          a = getchar();
          b = getchar();
          c = getchar();

程序段二：scanf ("%d %d", &x,&y);
            a = getchar();
            b = getchar();
            c = getchar();
程序段三：scanf ("%d%d%c%c%c",&x,&y,&a,&b,&c);
程序段四：scanf ("%d%d%c%c%c%c ",&x,&y,&a,&a,&b,&c);

3. 下列程序执行后的结果是_____。

```
#include<stdio.h>
int main()
{
    int x = 'f';
    printf("%c\n",'A' - 'a' + x));
    return 0;
}
```

4. 分析下面的程序，写出程序的运行结果。

```
#include<stdio.h>
int main()
{
    char c1 = 'a',c2 = 'b',c3 = 'c',c4 = '\110',c5;
    c5 = c4 + 1;
    printf("a%c b%c c%c\tabc\n",c1,c2,c3);
    printf(" %c %c\n",c4,c5);
    return 0;
}
```

5. 分析以下程序的功能。

```
#include<stdio.h>
int main()
{
    char ch;
    scanf(" %c",&ch);
    printf(" %c %c %c\n",ch-1,ch,ch+1);
    return 0;
}
```

## 四、编程题

1. 某学生有两门考试课程，实行百分制考核。编写程序，输入这两门课程的成绩，计算其平均成绩。

2. 某项自行车比赛以秒计时（只保留整数）。试编写一个程序，从键盘输入一个选手的比赛成绩，然后转化成"x 分 x 秒"的表示形式。以下是程序执行示例：

157 ↵（这是输入数据，选手以秒计时的比赛成绩）
2 分 37 秒（这是转化后的输出结果）

3. 编写程序，将摄氏温度（C）转换为华氏温度（F），转换公式为 $F=\dfrac{9C}{5}+32$。

4. 编写一个程序,根据本金 a、存款年数 n 和年利率 p 计算到期利息 i。利息的计算公式为 $i = a \times (1+p)^n - a$。

**提示**：C 语言标准库函数提供了计算 $x^y$ 的数学函数 pow(),用法为 pow(x,y),因此利息公式中的 $(1+p)^n$ 可用函数 pow(1+p,n) 求值。

5. 输入一个 100～999 的整数,然后反序显示这个数,例如输入 123,则输出 321。

# 第 3 章　选择结构程序设计

选择结构是程序的 3 种逻辑结构之一,在 C 语言程序中使用 if 命令和 switch 命令实现选择结构。本章系统介绍选择结构程序设计知识,主要内容包括用于表示条件的关系表达式和逻辑表达式、if 命令和 switch 命令的结构及执行过程、选择结构程序设计的基本方法等。

任何选择处理都是有条件的,合理、正确地表达和使用选择条件是选择结构程序设计的重要内容。

## 3.1　if 选择结构

在第 1 章关于选择结构算法的知识中讨论了判定"优等生"问题的选择结构算法(算法流程图见图 1-5),其中分支选择的条件是 ave≥90(ave 表示平均成绩),该条件成立时显示"优等生",否则显示"加油!"。本节从此算法的实现程序开始逐步介绍 if 选择结构的相关知识。

### 3.1.1　if 选择结构程序示例

【例 3-1】 输入一个学生的两门课程的成绩,若平均成绩不低于 90,则显示"优等生",否则显示"加油!"。

程序如下:

```
#include<stdio.h>
int main()
{
    int s1,s2,ave;                       /*s1、s2 为课程成绩,ave 为平均成绩*/
    printf("输入两门课程的成绩: ");
    scanf(" %d, %d",&s1,&s2);            /*输入课程成绩 s1,s2*/
    ave = (s1 + s2)/2;                   /*计算平均成绩 ave*/
    if(ave > = 90)                       /*选择控制*/
        printf("优等生\n");              /*ave 不低于 90 时执行该语句*/
    else
        printf("加油!\n");               /*ave 不足 90 时执行该语句*/
    return 0;
}
```

程序解析:

该程序中的 if-else 命令用于实现选择控制,选择条件是 ave>=90。当 ave>=90 成立时执行语句"printf("优等生\n");",输出字符串"优等生";否则执行语句"printf("加油!\n");",输出字符串"加油!"。本例中决定分支的条件 ave>=90 称为关系表达式。

以下是程序的执行实例,希望读者根据具体数据分析程序的选择控制过程。

程序第 1 次执行结果:

输入两门课程的成绩:88,96 ↵(此时表达式 ave>=90 成立)
优等生

程序第 2 次执行结果:

输入两门课程的成绩:77,85 ↵(此时表达式 ave>=90 不成立)
加油!

### 3.1.2 关系表达式

关系表达式是由关系运算符连接运算对象而构成的表达式。在选择结构中,进行分支选择的条件常使用关系表达式。例如,在上述示例程序中使用 ave>=90 作为选择控制条件,其中的>=符号称为关系运算符。

**1. 关系运算符**

C 语言有 6 种关系运算,分别表示两个对象进行大小比较的 6 种情况,即大于、大于或等于、小于、小于或等于、等于、不等于,其运算符及含义如表 3-1 所示。

表 3-1 关系运算符及其含义

| 关系运算符 | 含 义 | 实 例 |
| --- | --- | --- |
| > | 大于 | ave>90 |
| >= | 大于或等于 | ave>=90 |
| < | 小于 | ave<90 |
| <= | 小于或等于 | ave<=90 |
| == | 等于 | ave==90 |
| != | 不等于 | ave!=90 |

**2. 关系表达式的值**

关系表达式只有两个取值,或者是 1,或者是 0。当关系表达式所表示的"关系"成立时,其值为 1;否则其值为 0。例如在上述程序中,第 1 次执行程序时变量 ave 的值为 92,关系表达式 ave>=90 成立,则其值为 1;第 2 次执行程序时变量 ave 的值为 81,关系表达式 ave>=90 不成立,则其值为 0。

**3. 关系运算的优先级**

(1) 关系运算>、>=、<以及<=的优先级相同,关系运算==和!=的优先级相同,前面一组运算符的优先级高于后面一组运算符的优先级。

(2) 关系运算的优先级低于算术运算的优先级。

(3) 关系运算的优先级高于赋值运算的优先级。

**4. 关系运算的结合性**

6 种关系运算都是左结合的。例如关系表达式 a<5>b 与(a<5)>b 等价,若 a=-2、

b=2,则其值为0。

## 3.1.3 逻辑表达式

逻辑表达式是由逻辑运算符连接运算对象而构成的表达式,它在程序中常用于表示复杂条件。例如上述"优等生"问题,如果要求每门课程的成绩都不低于90时判定为"优等生",那么程序中判断优等生的条件就要发生变化,满足优等生的条件是关系表达式s1>=90与s2>=90都要成立。以下是该复杂条件的逻辑表达式,其中&&称为逻辑与运算。

s1>=90&&s2>=90

**1. 逻辑运算符**

C语言的逻辑符有3个,分别为逻辑与运算符"&&"、逻辑或运算符"||"以及逻辑非运算符"!"。

当两个条件为"并且"关系时,使用与运算"&&"表示。实例如上。

当两个条件为"或者"关系时,使用或运算"||"表示。例如关于上述优等生问题,若任意一门课程的成绩不低于90,即判定为"优等生",则判定"优等生"的逻辑表达式如下。

s1>=90||s2>=90

当对某个条件进行否定时使用非运算"!"表示。例如,表达式s1>=90可用如下"!"运算表示。

!(s1<90)

**2. 逻辑表达式的值**

逻辑表达式只有1和0两个取值。当逻辑表达式所表示的条件成立时(条件为"真"),其值为1;否则(条件为"假")其值为0。设a、b为表示条件的表达式,则对应于a、b的各种取值时,逻辑表达式!a、a&&b和a||b的结果值如表3-2所示。该表称为逻辑运算真值表,它清楚地描述了逻辑运算&&、||、!的功能。

表3-2 逻辑运算真值表

| a | b | !a | a&&b | a\|\|b |
| --- | --- | --- | --- | --- |
| 1(真) | 1(真) | 0(假) | 1(真) | 1(真) |
| 1(真) | 0(假) | 0(假) | 0(假) | 1(真) |
| 0(假) | 1(真) | 1(真) | 0(假) | 1(真) |
| 0(假) | 0(假) | 1(真) | 0(假) | 0(假) |

【例3-2】 将数学关系式 $20<x\leq100$ 用逻辑表达式表示,并计算 x=50 时逻辑表达式的值。

求解:

(1) 将数学关系式表示为逻辑表达式。

数学关系式 $20<x\leq100$ 表示变量x的取值范围为x>20,而且x≤100,使用逻辑与运算&&可描述x的取值关系如下:

x>20&&x<=100

(2) 逻辑表达式求值。

当 x=50 时,表达式 x>20 为 1、表达式 x<=100 为 1,则逻辑表达式 x>20&&x<=100 的值为 1。

**3. 逻辑运算符的优先级和结合性**

(1) 优先级:"!"高于"&&","&&"高于"||"。

(2) 优先级:"!"高于算术运算符,"&&""||"低于关系运算符。

(3) 结合性:"&&""||"是左结合的,"!"是右结合的。

**4. 逻辑运算的特点**

(1) 由与运算"&&"构成的逻辑表达式自左至右求值,若运算符"&&"前端表达式的值为 0,则对其后端不再运算,整个与运算表达式的值为 0。例如对逻辑表达式 a&&b 求值,若 a 为 0,则表达式的值为 0,对 b 不再求值;若 a 为非 0,则要计算 b 的值。

(2) 由或运算"||"构成的逻辑表达式自左至右求值,若运算符"||"前端表达式的值为 1,则对其后端不再运算,整个或运算表达式的值为 1。例如对逻辑表达式 a||b 求值,若 a 为 1,则表达式的值为 1,对 b 不再求值;若 a 为 0,则要计算 b 的值。

### 3.1.4 if 命令

if 命令是最基本的分支控制命令,在具体应用中有多种不同的使用形式,但不管何种形式,都要首先判断给定的条件,然后决定下一步要执行程序的哪些语句。

**1. 双分支 if 命令**

双分支 if 命令的一般形式如下:

```
if(表达式)
    {语句组 1}
else
    {语句组 2}
```

其中,"表达式"是 if 命令进行分支处理的条件;"语句组"是若干个 C 语句,当它只有一个语句时大括号"{}"可以省略。

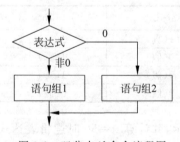

图 3-1 双分支 if 命令流程图

双分支 if 命令的执行过程如下:

首先对"表达式"求值,然后进行分支判断。若"表达式"为非 0 值(即条件成立),则执行{语句组 1},然后执行紧接{语句组 2}之后的语句;否则(即条件不成立)执行{语句组 2},然后继续向下执行其他语句。分支控制过程的流程图如图 3-1 所示。

【例 3-3】 计算下面分段函数的值(关系表达式作为选择条件)。

$$y = \begin{cases} x+25 & (x>0) \\ x-25 & (x\leq 0) \end{cases}$$

1) 算法设计

用流程图描述算法,如图 3-2 所示。

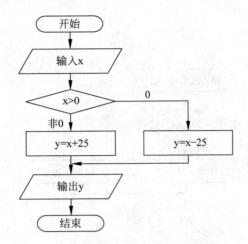

图 3-2 例 3-3 算法流程图

2) 实现程序

程序如下：

```c
#include<stdio.h>
int main()
{
    int x,y;
    printf("x = ");
    scanf(" %d",&x);            /* 输入 x 的值 */
    if(x > 0)                   /* 判断 x > 0 是否成立 */
        y = x + 25;             /* x > 0 成立时 */
    else
        y = x - 25;             /* x > 0 不成立时 */
    printf("y = %d\n",y);       /* 输出 y 的值 */
    return 0;
}
```

【例 3-4】 输入一个学生的两门课程的成绩,若每门课程的成绩都不低于 90,则显示"优等生",否则显示"加油!"(逻辑表达式作为选择条件)。

程序如下：

```c
#include<stdio.h>
int main()
{
    int s1,s2;
    printf("输入课程成绩: ");
    scanf(" %d, %d",&s1,&s2);
    if(s1 >= 90&&s2 >= 90)
        printf("优等生\n");      /* 每门课程的成绩都不低于 90 */
    else
        printf("加油!\n");       /* 至少有一门课程的成绩不足 90 */
    return 0;
}
```

在该程序中,逻辑表达式 s1>=90&&s2>=90 作为 if 命令的选择条件,只有该条件成立时才会显示"优等生"。程序的算法流程图如图 3-3 所示。

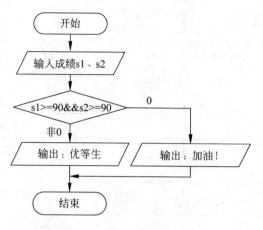

图 3-3 例 3-4 算法流程图

以下是程序的执行实例,希望读者根据具体数据,对 if 命令的分支控制过程进行分析。
第 1 次执行结果:

输入课程成绩:88,96 ↵(此时表达式 s1>=90&&s2>=90 不成立)
加油!

第 2 次执行结果:

输入课程成绩:95,90 ↵(此时表达式 s1>=90&&s2>=90 成立)
优等生

【例 3-5】 从键盘输入一个字符,若其为大写英文字母,则在屏幕上输出它的小写形式,否则原样输出该字符。

1) 问题分析

(1) 输入字符后首先要判断它是否为大写字母。设输入量为 ch,则下面的逻辑表达式成立(其值为 1)时 ch 为大写字母:

ch>='A'&&ch<='Z'

(2) 当 ch 为大写字母时,其对应的小写字母的 ASCII 码值为 ch+32,以%c 格式输出该表达式,即显示为小写字母。

2) 算法设计

(1) 输入字符并存储到 ch 中。
(2) 判断逻辑表达式 ch>='A'&&ch<='Z',若其成立,则以%c 格式输出 ch+32,否则输出 ch。

3) 实现程序

程序如下:

```c
#include<stdio.h>
int main()
{
    char ch;
    printf("Input: ");
```

```
    ch = getchar();                /* 输入字符 */
    printf("Output: ");
    if(ch >= 'A'&&ch <= 'Z')       /* 判断 ch 是否为大写字母 */
        printf(" %c\n",ch + 32);   /* ch 为大写字母时输出其小写形式 */
    else
        printf(" %c\n",ch);        /* ch 不是大写字母时原样输出 */
    return 0;
}
```

下面是程序两次运行的结果：

Input: T ↵
Output: t
Input:example ↵
Output:e

● 问题思考

在上面的运行结果中，当输入字符串 example 时输出结果为 e。为什么在输入一个字符串时只对其第 1 个字符进行输出处理？

**2. 单分支 if 命令**

单分支 if 命令是双分支 if 命令的一种简化结构，其一般形式如下：

if(表达式)
　　{语句组}

其中，"表达式"和"语句组"的含义与在双分支 if 命令中的含义相同。

单分支 if 命令被执行后，首先对"表达式"求值，若表达式的值为非 0（即条件成立），则执行{语句组}，然后继续向下执行其他语句；否则不执行{语句组}，而直接执行{语句组}之下的语句。简而言之，该 if 命令的功能是根据条件表达式的值决定是否执行{语句组}，其控制过程的流程图如图 3-4 所示。

【例 3-6】 输入一个学生的两门课程的成绩，若平均成绩不低于 90，则显示"优等生"。

1）算法设计

这是例 3-1 的一个简化问题，算法流程图如图 3-5 所示。

2）实现程序

程序如下：

```
#include <stdio.h>
int main()
{
    int s1,s2,ave;
    printf("输入两门课程的成绩：");
    scanf(" %d, %d",&s1,&s2);      /* 输入课程成绩 s1、s2 */
    ave = (s1 + s2)/2;             /* 计算平均成绩 ave */
    if(ave >= 90)                  /* 判断 ave >= 90 是否成立 */
        printf("优等生\n");        /* ave >= 90 成立时执行该语句 */
    return 0;
}
```

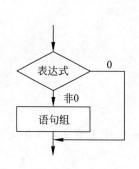

图 3-4 单分支 if 命令流程图

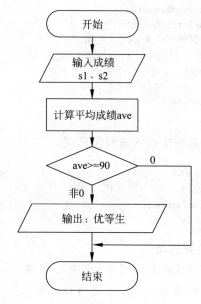

图 3-5 例 3-6 算法流程图

执行程序时,若输入的成绩数据满足优等生的条件,则显示"优等生",否则立即结束,不会显示任何信息。

**3. if 命令的嵌套结构**

当一个 if 命令的{语句组}内又使用了 if 命令时就形成了 if 命令的嵌套结构,这种结构用于多重条件判断的情况。图 3-6 是 if 命令嵌套结构示意图,该图只表示了嵌套的两种情况。

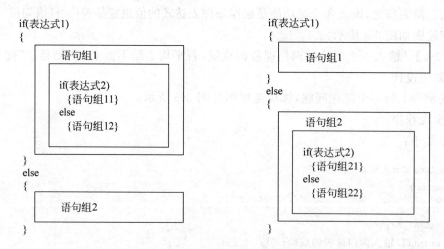

图 3-6 if 命令嵌套结构示意图

【**例 3-7**】 输入一个学生的两门课程的成绩,若平均成绩小于 0,则显示"数据错误!";否则,若平均成绩不低于 90,显示"优等生",低于 90 则显示"加油!"。

1) 算法设计

根据平均成绩的计算结果,问题处理将有以下两个大的分支。

分支一：平均成绩小于0，显示"数据错误！"；

分支二：平均成绩不小于0，进一步进行小分支处理。

算法流程图如图3-7所示。对照流程图，先给出具体的实现程序，然后对if命令的嵌套情况进行说明。希望读者能够借助程序流程图加深对if命令嵌套结构的认识。

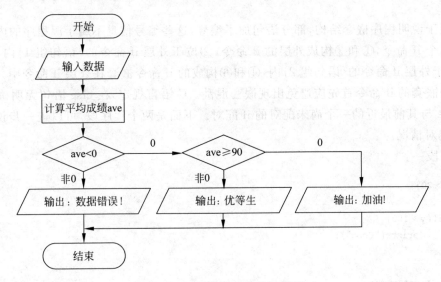

图 3-7　if命令的嵌套结构举例

2）实现程序

程序如下：

```
# include < stdio.h >
int main()
{
    int s1,s2,ave;
    printf("输入两门课程的成绩：");
    scanf(" %d,%d",&s1,&s2);         /*输入两门课程的成绩*/
    ave = (s1 + s2)/2;               /*计算平均成绩,存储到变量ave中*/
①   if(ave < 0)                      /*外层if*/
②       printf("数据错误!\n");
③   else                             /*与外层if配对*/
④       if(ave > = 90)               /*内层if*/
⑤           printf("优等生\n");
⑥       else                         /*与内层if配对*/
⑦           printf("加油!\n");
    return 0;
}
```

执行结果：

输入两门课程的成绩：70,-90 ↵
数据错误！

再次执行：

输入两门课程的成绩：90,95 ↵

优等生

再次执行：

输入两门课程的成绩：70,65 ↵
加油！

为便于说明程序嵌套结构,部分语句加了编号,这些编号信息不属于源程序的内容。程序中有两个 if 命令,①和③构成外层的 if 命令,②位于外层 if 命令的{语句组 1}内,④、⑤、⑥、⑦位于外层 if 命令的{语句组 2}内,④和⑥构成的 if 命令嵌套在外层 if 命令中。

使用嵌套的 if 命令首先应避免出现嵌套混乱。C 语言规定,在 else 语句无明确配对结构时,else 与其前最近的一个尚未配对的 if 配对。下面是两个程序段,可以进一步说明 else 和 if 的配对情况。

程序段一：

```
if(x>20)
{
    if(y>100)
        printf("Good");
}
else
    printf("Bad");
```

程序段二：

```
if(x>20)
    if(y>100)
        printf("Good");
    else
        printf("Bad");
```

程序段一整体上是一个 if-else 的结构,else 与第 1 个 if 配对。程序段二整体上是一个单分支 if 语句,else 与第 2 个 if 配对,共同作为第 1 个 if 命令的语句体。对于这两个程序段的执行结果,希望读者分析并进行验证。

### 4. if-else if 结构

if-else if 结构属于 if-else 结构的嵌套形式,它的一般结构如下：

```
if(表达式 1)
    {语句组 1}
else if(表达式 2)
    {语句组 2}
else if(表达式 3)
    {语句组 3}
        ⋮
else if(表达式 n)
    {语句组 n}
else
    {语句组 n+1}
```

该结构中的每一个"表达式"都是一个"条件",该结构的功能是根据表达式的值决定是否执行它所属的语句组。if-else if 结构的具体执行过程为从上到下逐个对条件进行判断,一旦条件满足就执行与它有关的语句组,其下的所有条件都不再判断,当然它们的语句组也不被执行;当任何一个条件都不满足时执行{语句组 n+1}。图 3-8 所示为 4 层 if 结构的流程图。

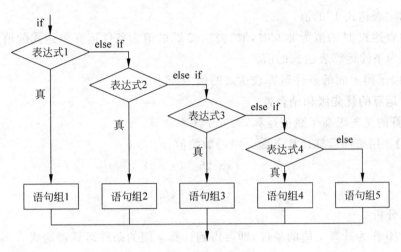

图 3-8 if-else if 语句的逻辑结构

【例 3-8】 用 if-else if 结构改写例 3-7 的程序。

程序如下:

```
#include<stdio.h>
int main()
{
    int s1,s2,ave;
    printf("输入两门课程的成绩: ");
    scanf(" %d, %d",&s1,&s2);
    ave = (s1 + s2)/2;
    if(ave<0)
        printf("数据错误!\n");           /* ave<0 成立时 */
    else if(ave>=90)
        printf("优等生\n");              /* ave<0 不成立,而 ave>=90 成立时 */
    else
        printf("加油!\n");               /* ave<0 不成立,ave>=90 也不成立时 */
    return 0;
}
```

希望读者对照例 3-7 的程序,通过具体数据分析该程序的执行过程。

## 3.1.5 条件运算

条件运算是 C 语言中唯一的一个三目运算,运算符由"?"和":"构成,它根据条件从两个表达式中选择一个进行计算取值。有些简单的 if-else 结构可通过条件运算实现。

**1. 条件运算表达式**

由条件运算符构成的表达式称为条件运算表达式,其一般形式如下。

表达式1?表达式2:表达式3

例如：

5?19 + 6:21

条件运算表达式按以下过程求值：
(1) 计算"表达式1"的值；
(2) 当"表达式1"的值为非0时，取"表达式2"的值为条件运算表达式的值，否则取"表达式3"的值为条件运算表达式的值。

由此可以求得上面的条件运算表达式的值为25。

**2. 条件运算的优先级和结合性**

条件运算的优先级高于赋值运算，而低于关系运算。

**【例3-9】** 用条件运算计算下面分段函数的值。

$$y = \begin{cases} x+25 & (x>0) \\ x-25 & (x\leqslant 0) \end{cases}$$

1) 问题分析

使用 x>0 作为计算 y 值的条件，即可得到计算 y 值的条件运算表达式。

y = (x>0)?(x+25):(x-25)

或者：

y = x>0?x+25:x-25

当然，也可以使用 x≤0 作为计算 y 值的条件，具体表达式由读者分析给出。

2) 算法设计

(1) 输入 x；
(2) 计算表达式(x>0)?(x+25):(x-25)的值，并存储在 y 变量中；
(3) 输出 y。

3) 实现程序

程序如下：

```c
#include<stdio.h>
int main()
{
    int x,y;
    printf("x = ");
    scanf(" %d",&x);                    /*输入 x*/
    y = (x>0)?(x+25):(x-25);            /*计算(x>0)?(x+25):(x-25),存储在 y 中*/
    printf("y = %d\n",y);               /*输出 y*/
    return 0;
}
```

本节例3-3中，该分段函数的求值是通过 if 命令判断来实现的，希望读者注意比较这两个程序的异同。

## 3.2　switch 选择结构

switch 选择结构是多分支选择的常见形式,由 switch 命令实现,具有结构清晰的特点。switch 命令的一般格式如下:

```
switch(表达式)
{
    case 常量 1:
        语句组 1
    case 常量 2:
        语句组 2
        ⋮
    case 常量 n:
        语句组 n
    default:
        语句组 n+1
}
```

switch 命令的执行过程如下:

首先计算 switch 表达式的值,然后从第 1 个 case 行开始,由上至下依次扫描 case 行,比较 case 行中的常量值与 switch 表达式的值是否相同,一旦遇到相同的情况,即停止扫描过程,并从该 case 行的语句组开始,依次向下执行各语句组,直至遇到强制中断命令 break 或执行完最后一个语句组为止。当所有 case 都不符合要求时执行 default 下的语句组。

在扫描 case 行时,case 的语句组不起任何作用;开始执行语句后,其下的所有 case 行以及 default 行都被忽略掉,不再有任何作用。图 3-9 所示为 switch 命令执行过程的示意图。

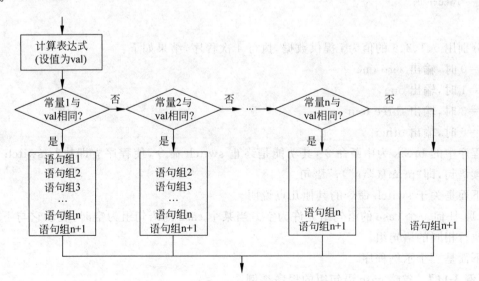

图 3-9　switch 命令执行过程示意图

使用 switch 命令时允许省略 default:及其语句组。

**【例 3-10】** switch 执行过程示例程序。

程序如下：

```c
#include<stdio.h>
int main()
{
    int i;
    scanf("%d",&i);                /* 为变量 i 输入数据 */
    switch(i)
    {
        case 0:
            printf("zero ");       /* i 为 0 时输出 */
        case 1:
            printf("one ");        /* i 为 0 或 1 时输出 */
            break;                 /* 终止 switch 语句 */
        case 2:
            printf("two ");        /* i 为 2 时输出 */
        case 3:
            printf("three ");      /* i 为 2 或 3 时输出 */
        case 4:
            printf("four ");       /* i 为 2、3 或 4 时输出 */
            break;                 /* 终止 switch 语句 */
        default:
            printf("other ");      /* i 不为 0、1、2、3、4 时输出 */
    }
    printf("\n");
    return 0;
}
```

分别用 0、1、3、6 的值为 i 提供数据，执行 4 次程序，结果如下：

i＝0 时，输出 zero one

i＝1 时，输出 one

i＝3 时，输出 three four

i＝6 时，输出 other

程序中的 break 为中断命令，其功能是终止 switch 命令，使程序立即执行 switch 命令的后续语句，即 "printf("\n");" 语句。

下面是关于 switch 命令的其他几点说明。

(1) 任何一个 case 的语句组允许为空。当某个 case 的语句组为空时，表示它与下面的 case 执行相同的语句组。

下面是一个示例程序。

**【例 3-11】** 省略 case 语句组的程序举例。

程序如下：

```c
#include<stdio.h>
```

```
int main()
{
    char result;
    scanf (" %c",&result);            /* 为变量 result 输入字符 */
    switch(result)
    {
        case 'A':
        case 'B':
        case 'C':
        printf ("Good!\n");            /* result 为 A、B 或 C 时执行该语句 */
            break;                     /* 终止 switch 语句 */
        case 'D':
        case 'E':
        printf ("Bad!\n");             /* result 为 D 或 E 时执行该语句 */
            break;                     /* 终止 switch 语句 */
        default:
            printf ("Error!\n");       /* result 不是 A、B、C、D、E 时执行该语句 */
    }
    return 0;
}
```

该程序执行后，输入 A 或 B 或 C 时显示"Good!"；输入 D 或 E 时显示"Bad!"；其他输入则显示"Error!"。

（2）switch 命令的"表达式"通常为整数型值或字符型值，case 中常量的类型应与之相应。

（3）case 中的"常量"位置允许是常数表达式，但不允许是变量表达式。

以下用法是正确的：

case 5 + 8:
case 'a' + 6:

以下用法是错误的：

case a + 5:

（4）switch 命令允许嵌套，即在 case 的语句组中允许使用 switch 命令。

## 3.3 选择结构程序举例

【例 3-12】 编写一个程序，根据公历历法的闰年规律判定某个年份是否为闰年。

1）问题分析与算法设计

闰年是为了弥补因人为历法造成的年度天数与地球实际公转周期的时间差而设立的，补上时间差的年份即为闰年。地球绕太阳运行的周期约为 365.242 19 天，即一回归年。公历的平年只有 365 天，比回归年约短 0.242 19 天，每四年累计约一天，把这一天加于 2 月末（2 月 29 日），使当年延长为 366 天，这一年就为闰年。

按照每四年一个闰年计算，平均每年就要多算出 0.0078 天，经过四百年就会多出大约

3天,因此每四百年中要减少3个闰年。所以规定公历年份是整百数的,必须是400的倍数才是闰年,不是400的倍数的就是平年。例如1700年、1800年和1900年为平年,2000年为闰年。

简而言之,公历历法闰年的遵循规律为四年一闰,百年不闰,四百年再闰。

(1) 设用变量 year 表示年份,写出满足闰年条件的逻辑表达式。

当 year 是 400 的整倍数时为闰年,条件表示为:

year % 400 == 0

当 year 是 4 的整倍数,但不是 100 的整倍数时为闰年,条件表示为:

year % 4 == 0&&year % 100!= 0

对于年份 year,满足上述任何一个条件均为闰年。因此,满足闰年条件的逻辑表达式如下:

year % 400 == 0 ‖ year % 4 == 0&&year % 100!= 0

当上述表达式成立时即为闰年。

(2) 输入 year,根据上述逻辑表达式的值即可得到 year 是否为闰年的结论。

其算法流程图如图 3-10 所示。

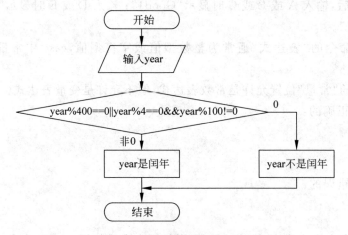

图 3-10 闰年问题算法流程图

2) 实现程序

程序如下:

```
#include<stdio.h>
int main()
{
    int year;                                    /*定义存储年份值的变量*/
    printf("Input year: ");
    scanf(" %d",&year);                          /*输入年份值*/
    if(year % 400 == 0 ‖ year % 4 == 0&&year % 100!= 0)  /*判断闰年*/
        printf(" %d is a leap year.\n",year);    /*是闰年时*/
    else
```

```
        printf("%d is not a leap year.\n",year);        /*不是闰年时*/
        return 0;
}
```

执行结果：

```
Input year: 1995 ↵
1995 is not a leap year.
```

再次运行

```
Input year: 2000 ↵
2000 is a leap year.
```

该程序主要是学习在 if 语句中使用综合条件的方法，将多种条件组合成逻辑表达式可以简化程序设计。

● 问题思考

下面的程序也能对闰年年份进行判断，功能与上面的程序相同，但程序更简洁，它将 printf() 函数和条件运算结合起来，巧妙地解决了闰年判断问题。希望读者运行程序，并结合程序执行结果对程序进行解读分析。

```
#include<stdio.h>
int main()
{
    int year;
    printf("year = ");
    scanf("%d",&year);
    printf(" %s\n",year%(year%100?4:400)?"NO":"YES");
    return 0;
}
```

【例 3-13】 设计求解一元二次方程 $ax^2+bx+c=0(a\neq 0)$ 的通用程序，并运行程序，对下面的两个方程求解。

方程一：　　　　　　　　$3x^2+9x-1=0$
方程二：　　　　　　　　$2x^2-4x+3=0$

1）问题分析与算法设计

（1）一元二次方程若有实根，则计算并输出实根，$x_{1,2}=\dfrac{-b\pm\sqrt{b^2-4ac}}{2a}$；否则输出无实根信息。

（2）程序的输入量为方程的系数 a、b、c。输入不同的系数，则求解不同的方程。

（3）程序中要使用数学函数 sqrt()，因此注意打开 math.h 文件。

程序的算法流程图如图 3-11 所示。

2）实现程序

程序如下：

```
#include<stdio.h>
#include<math.h>
int main()
```

```c
{
    float a,b,c;                              /*定义存储方程式系数的变量*/
    float x1,x2,d;                            /*x1、x2存储方程根,d存储判别式的值*/
    printf("Input a,b,c: ");
    scanf("%f,%f,%f",&a,&b,&c);               /*输入方程式的系数值*/
    d=b*b-4.0*a*c;                            /*计算判别式的值*/
    if(d>=0.0 && a!=0.0)                      /*当方程有实根时求方程的两个实根*/
    {
        x1=(-b+sqrt(d))/(2.0*a);              /*计算x1*/
        x2=(-b-sqrt(d))/(2.0*a);              /*计算x2*/
        printf("x1=%f,x2=%f\n",x1,x2);        /*输出x1、x2*/
    }
    else                                      /*当方程无实根时输出无实根信息*/
        printf("No real root or a is 0.\n");
    return 0;
}
```

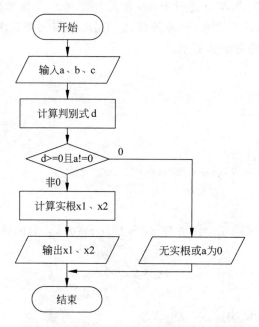

图 3-11  求解一元二次方程的算法流程图

下面是求解方程一的执行结果：

Input a,b,c: 3,9,-1 ↵(输入方程一的系数)
x1=0.107275,x2=-3.107175

下面是求解方程二的执行结果：

Input a,b,c: 2,-4,3 ↵(输入方程二的系数)
No real root or a is 0.

【例 3-14】 学生成绩分等级显示。某班学生有两门课程,按百分制成绩(无小数位)进行考核。要求输入一个学生的两门课程的成绩,然后按平均成绩分等级显示考核结果。考核结果的等级标准如下。

优秀(excellence)：平均成绩≥90；

良好(all right)：80≤平均成绩＜90；

中等(middling)：70≤平均成绩＜80；

及格(pass)：60≤平均成绩＜70；

不及格(fail)：平均成绩＜60。

1) 问题分析与算法设计

实现学生成绩分等级显示的基本处理过程可以分成两个阶段。

(1) 输入成绩并计算平均成绩。

(2) 分等级显示。成绩分为 5 个等级，每个等级对应不同的条件。类似的多分支问题通常使用 if-else if 结构或者 switch 结构进行逻辑控制。本例使用 if-else if 结构，算法流程图如图 3-12 所示。

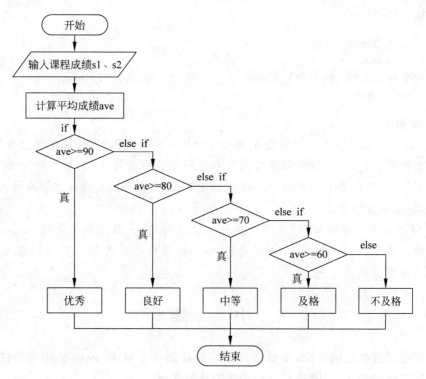

图 3-12 "学生成绩分等级显示"算法流程图

2) 实现程序

程序如下：

```
# include <stdio.h>
int main()
{
    int s1,s2,ave;                    /* s1、s2 为课程成绩,ave 为平均成绩 */
    printf("Score: ");
    scanf(" %d, %d",&s1,&s2);         /* 输入课程成绩 */
```

```
            ave = (s1 + s2)/2;                    /*计算平均成绩*/
            if(ave >= 90)
                printf("Result: excellence\n");   /*优秀*/
            else if(ave >= 80)
                printf("Result: all right\n");    /*良好*/
            else if(ave >= 70)
                printf("Result: middling\n");     /*中等*/
            else if(ave >= 60)
                printf("Result: pass\n");         /*及格*/
            else
                printf("Result: fail\n");         /*不及格*/
            return 0;
        }
```

程序执行结果：

Score: 77,98 ↵(此时 ave 为 87)
Result: all right
Score: 89,92 ↵(此时,ave 为 90)
Result: excellence

● 问题思考

(1) 对输入数据进行合法性检查是算法评价的一项重要指标(算法的健壮性)。上面的程序未检查输入数据的合法性，即使输入了百分制以外的成绩值(例如 900、－90 等)，也会进行等级判定，这显然是不合理的。希望读者完善程序，使得只有输入数据合法时才会进行等级判定，输出相应结果。

(2) "学生成绩分等级显示"是一个多分支处理问题，上面的程序使用 if-else if 结构实现分支控制。类似的多分支处理问题使用 switch 结构也能方便地实现。希望读者使用 switch 结构改写上面的程序。

# 小　　结

本章介绍了选择结构知识，主要有选择结构控制命令 if 和 switch、用于条件表达的关系表达式和逻辑表达式，以及选择结构程序的典型实例。

(1) if 命令是最基本的选择结构控制命令，它有多种形式，通常用关系表达式和逻辑表达式表示选择控制条件。任何一种 if 命令的语句体中都可以出现其他的 if 结构，这种结构称为 if 命令的嵌套结构。

(2) switch 命令专门用于多路分支控制，适用于 if-else if 形式的结构，而且更清晰。程序总是试图从满足条件的第 1 个 case 子句开始执行其后的所有语句，而不再对其后的 case 进行判断，因此必要时使用 break 命令中断 switch 命令的运行。

(3) 本章最后通过闰年问题、求解一元二次方程和学生成绩分等级显示等典型实例详细介绍了选择结构程序设计的方法和过程。

# 习 题 三

**一、选择题**

1. 下面是由 if 构成的一个程序段：

```
if(a<b)
{    if(d==c)x=1; }
else
    x=2;
```

该程序段所表示的逻辑关系对应的表达式是_____。

A. $x=\begin{cases}1 & (a<b \text{ 且 } c=d)\\ 2 & (a\geqslant b \text{ 且 } c\neq d)\end{cases}$ 　　　B. $x=\begin{cases}1 & (a<b \text{ 且 } c=d)\\ 2 & (a<b \text{ 且 } c\neq d)\end{cases}$

C. $x=\begin{cases}1 & (a<b \text{ 且 } c=d)\\ 2 & (c\neq d)\end{cases}$ 　　　D. $x=\begin{cases}1 & (a<b \text{ 且 } c=d)\\ 2 & (a\geqslant b)\end{cases}$

2. 以下程序段的运行结果为_____。

```
int x=2,y=-1,z=2;
if(x<y)                    /* 第 1 个 if */
   if(y<0)z=0;             /* 第 2 个 if */
   else z+=1;
printf("%d\n",z);
```

　　A. 3　　　　　　　B. 2　　　　　　　C. 1　　　　　　　D. 0

3. 有程序段如下：

```
int a=1,b=2,c=3;
if(a>b)c=a; a=b; b=c;
```

执行该程序段后变量 a、b、c 的值是_____。

　　A. 1、2、3　　　　　　　　　　　　　B. 2、3、3
　　C. 2、3、1　　　　　　　　　　　　　D. 2、3、2

4. 执行下面的程序段后 a 和 b 的值分别为_____。

```
int a=3,b=5,c;
c=(a>--b)?a++:b--;
```

　　A. 3、2　　　　　　B. 3、3　　　　　　C. 4、4　　　　　　D. 4、5

5. 以下程序段的输出结果是_____。

```
int x,y,temp;
x=1,y=2;
if(1)
{
   if(x<y)
   {
       temp=x;
```

```
        x = y;
        y = temp;
    }
}
printf("x = %d,y = %d\n",x,y);
```

  A. x=1,y=1        B. x=2,y=2

  C. x=1,y=2        D. x=2,y=1

6. 程序段如下：

```
int x,y,z,max;
x = 1,y = 2,z = 3;
max = x;
if(z > y)
{
    if(z > x)
        max = z;
}
else
    if(y > x)
        max = y;
printf("max = %d\n",max);
```

执行该程序段后的输出结果为_____。

  A. max=1        B. max=2

  C. max=3        D. 不确定

7. 有变量定义如下：

```
char ch = 'A';
```

则下列表达式的值是_____。

```
ch = (ch>'A'&& ch<= 'Z')?(ch + 32):ch;
```

  A. A     B. a     C. Z     D. z

8. 有程序段如下：

```
int year = 2000;
printf(" %s\n",year % (year % 100?4:400)?"NO":"YES");
```

执行上面的 printf()语句后输出结果是_____。

  A. NO         B. YES

  C. NO:YES       D. 不确定

9. 有语句如下：

```
int n;
scanf(" %d",&n);
```

要求当 n 是奇数时将其显示输出。以下语句中符合要求的是_____。

  A. if(n%2==0)printf("%d\n",n);

B. if(n%2)printf("%d\n",n);

C. if(n%2==1)printf("%d\n",n);

D. if(n/2==1)printf("%d\n",n);

10. 有程序段如下：

```
int flag;
char ch;
scanf(" %c",&ch);
flag = ch>= '0'&&ch<= '9';
if(flag)
    printf(" %c\n",ch);
```

以下关于程序段执行结果的叙述中正确的是_____。

A. 当输入一个字符时立即将该字符输出

B. 对输入的任何数值立即输出

C. 若输入一个数字字符，则立即将其输出

D. 若输入的字符是非数字字符，则将其输出

二、编程题

1. 按照图 3-13 所示的流程图编写程序，并指出程序的功能。

2. 按照图 3-14 所示的流程图编写程序，并指出程序的功能。

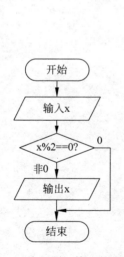

图 3-13　编程题 1 算法的流程图

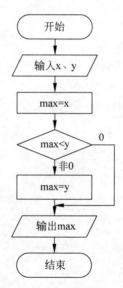

图 3-14　编程题 2 算法的流程图

3. 计算邮费，邮件的重量由键盘输入。邮件的计费标准为不超过 100 克时每件 10 元，超过 100 克时超出部分每克计费 0.5 元。

4. 按照货物重量计算运费并输出结果。物流公司按照货物重量分段计费，标准如下：货物重量不超过 50 吨时运费为 80 元/吨，货物重量超过 50 吨但不超过 100 吨时超出部分运费为 75 元/吨，货物重量超过 100 吨时超出部分运费为 70 元/吨。

5. 求分段函数 y 的值，其中 x 的值由键盘输入。

$$y = \begin{cases} x & (x \leq 0) \\ 2x & (0 < x < 1) \\ 3x^2 - 6x + 7 & (x \geq 1) \end{cases}$$

6. 输入3个整数，然后按由大到小的顺序输出这3个数。

7. 由键盘输入一个整数，判断其能否既被3整除又被5整除。

8. 编写程序，其功能是输入1、2、3、4、5、6、7中的任何一个数字，将对应显示Monday、Tuesday、Wednesday、Thursday、Friday、Saturday、Sunday；输入其他数字，则显示No！。

9. 编写完整求解一元二次方程 $ax^2 + bx + c = 0$ 的程序。

10. 由键盘输入一个字符，判断它是字母、数字还是其他符号。

11. 输入一个不多于3位的正整数，编写程序，实现以下功能：

(1) 求出它是几位数。

(2) 按逆序打印出各位数字，例如原数为321，应输出123。

# 第 4 章　循环结构程序设计

循环结构是程序的 3 种控制结构之一,在 C 语言中实现循环控制的主要命令有 3 个,即 while 命令、do-while 命令和 for 命令。本章主要介绍相关控制命令的格式及用法,并结合应用实例详细介绍循环结构程序设计的方法,读者在学习时要注意把握各个控制命令的结构特点和执行过程。

## 4.1　循环结构控制命令

本节逐一介绍循环结构中的 3 个控制命令,每个命令的用法举例都使用了"输入 N 个学生的某课程成绩,计算平均成绩"题目,希望读者学习时注意它们的异同。在实际应用中往往根据不同的循环控制需求选用不同的循环控制命令。

### 4.1.1　while 命令

while 命令的一般格式如下:

```
while(表达式)
{
    循环体
}
```

其中,"表达式"是决定能否执行"循环体"的条件,当该条件成立(表达式为非 0 值)时执行循环体语句;"循环体"可以是多个语句序列,也可以是单个语句。当循环体只有一个语句时,while 之后的花括号"{}"可以省略。

while 命令的执行过程如下:

该命令被执行后首先计算"表达式"的值,当"表达式"的值是一个非 0 值时即进入循环体,执行循环体语句,然后再去计算"表达式"的值,若此时"表达式"的值还是一个非 0 值,则继续执行循环体语句。如此过程循环往复,直到"表达式"的值为 0 时 while 命令执行结束,循环终止。

显然,若 while 命令中"表达式"的初始值即为 0,循环体一次也不会执行。while 命令的循环控制过程如图 4-1 所示。

【例 4-1】　while 命令示例。输入 N 个学生的某课程成绩,计算平均成绩。

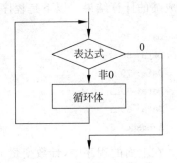

图 4-1　while 命令循环控制流程图

程序如下：

```c
#include<stdio.h>
#define N 5
int main()
{
    int score,i=1,sum=0;           /* score存储成绩,i用于计数,sum用于成绩累加 */
    while(i<=N)                    /* 当i<=N时执行循环体 */
    {
        printf("Data: ");
        scanf("%d",&score);        /* 输入课程成绩 */
        sum = sum + score;         /* 累加课程成绩 */
        i++;
    }
    printf("Average: %d\n",sum/N); /* 输出平均成绩 */
    return 0;
}
```

该程序中，课程成绩多次输入和累加的过程由 while 命令进行控制，while 之后大括号内的语句是 while 命令的循环体，关系表达式 i<=N 是 while 命令的循环控制条件。在 while 命令执行初始，i 的值为 1，循环条件 i<=N 成立（关系式 i<=N 为非 0 值），于是进入循环，执行循环体的各个语句，当循环体的最后一个语句"i++;"被执行后，本次循环结束（此时 i 的值为 2）。在上一次循环结束之后立即开始下一次循环控制，如此往复。当第 5 次循环结束之后 i 的值为 6，此时循环条件 i<=N 不再成立（关系式的值为 0），while 命令执行结束，循环终止。计算机继续执行 while 命令之后的其他语句。循环控制的具体过程如图 4-2 所示。

在该例题程序中，while 命令的循环体每执行一次即要求从键盘输入一个成绩值（由"scanf("%d",&score);"语句实现），然后将其累加到 sum 变量中（由"sum=sum+score;"实现），并且计数变量 i 的值加 1（由"i++;"实现）。

执行该程序时，每个输入数据均要按 Enter 键结束。当第 5 个数据输入之后，数据输入过程便自动终止，并立即输出平均成绩的计算结果。以下是程序的一个执行实例。

```
Data: 90 ↵
Data: 80 ↵
Data: 70 ↵
Data: 90 ↵
Data: 80 ↵
Average: 82
```

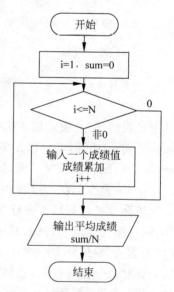

图 4-2  while 命令示例程序流程图

在上面的程序中，计数变量 i 起到了循环控制作用。在循环结构中具有类似功能的变量通常被称为循环控制变量。循环控制变量的值随着循环的执行会发生变化。

### 4.1.2 do-while 命令

在实际应用中有时需要先执行循环体语句,然后再对条件进行判断,决定是否继续循环处理。这种情况使用 while 命令显然不够方便。C 语言专门设置了 do-while 命令实现此类循环控制。

do-while 命令的一般形式如下:

do{
　　循环体
　}while(表达式);

do-while 命令的执行过程如下:

执行 do-while 命令后首先执行一次循环体,然后再计算"表达式"的值,当"表达式"的值是非 0 值时(循环条件成立)继续执行循环体,否则终止循环。do-while 命令的循环控制过程如图 4-3 所示。

与 while 命令相比,do-while 命令有以下不同之处:

(1) 执行 do-while 命令后,它的循环体至少要执行一次,而 while 命令的循环体可能一次也不会执行。

(2) 在 do-while 命令中,while(表达式)之后有一个分号";",这与 while 命令是不同的,希望初学者注意。

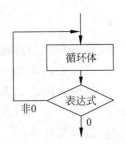

图 4-3　do-while 命令循环控制流程图

【例 4-2】 do-while 命令示例。输入 N 个学生的某课程成绩,计算平均成绩。

程序如下:

```
#include<stdio.h>
#define N 5
int main()
{
    int score,i = 1,sum = 0;      /* score 存储成绩,i 用于计数,sum 用于成绩累加 */
    do{
        printf("Data: ");
        scanf(" %d",&score);       /* 输入课程成绩 */
        sum = sum + score;         /* 累加课程成绩 */
        i++;
    }while(i<=N);                  /* i<=N 为循环条件 */
    printf("Average: %d\n",sum/N); /* 输出平均成绩 */
    return 0;
}
```

该程序使用 do-while 命令进行循环控制,do 后面大括号中的语句是其循环体,while 之后的 i≤N 是循环控制条件。在执行 do-while 命令时首先执行一次循环体语句,然后判断循环条件 i≤N 是否成立,此时若该条件成立,继续执行循环体,否则结束 do-while 命令,执行其下的 printf 语句,输出统计结果。在该程序中,do-while 命令的循环体共被执行 5

次(N次),其循环控制过程如图 4-4 所示。

● 问题思考

在上面的程序中,若将 i 的初始值改为 0,do-while 命令的循环条件表达式应怎样修改?

### 4.1.3 for 命令

由 for 命令控制的循环结构最为常用,尤其适用于循环次数明确的循环控制。for 命令的一般形式如下:

```
for(表达式1;表达式2;表达式3)
{
    循环体
}
```

for 命令的执行过程如下:

① 执行表达式 1;

② 执行表达式 2,若其值为非 0,执行③,否则结束循环;

③ 执行循环体;

④ 执行表达式 3;

⑤ 转②。

for 命令循环控制流程图如图 4-5 所示。

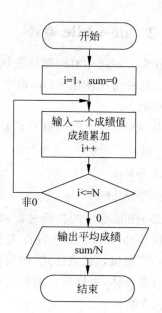

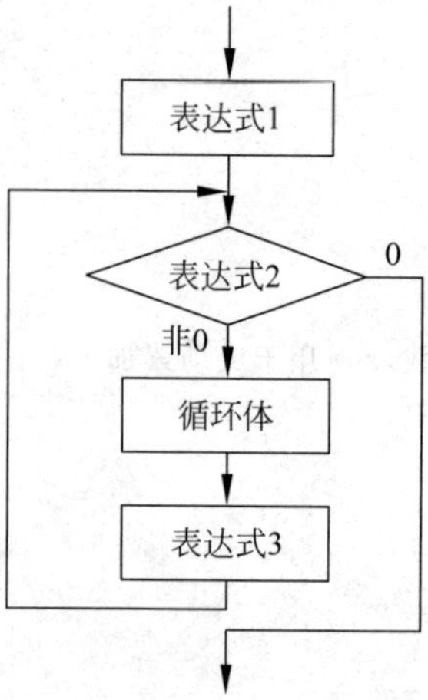

图 4-4  do-while 示例程序流程图

【例 4-3】 for 命令示例。输入 N 个学生的某课程成绩,计算平均成绩。

程序如下:

```c
#include<stdio.h>
#define N 5
int main()
{
    int score,i,sum = 0;
    for(i = 1;i <= N;i++)
    {
        printf("Data: ");
        scanf(" %d",&score);       /*输入课程成绩*/
        sum = sum + score;          /*累加课程成绩*/
    }
    printf("Average: %d\n",sum/N);  /*输出平均成绩*/
    return 0;
}
```

图 4-5  for 命令循环控制流程图

该程序使用 for 命令进行循环控制,for 命令中大括号"{}"内的 3 个语句是其循环体,每执行一次即输入一个成绩值,并累加到变量 sum 中。在 for 后面圆括号内的一组表达式"i=1;i<=N;i++"用于 for 命令的循环控制。具体循环控制过程如下:

① 执行表达式 i=1,使循环控制变量 i 赋初值;

② 计算表达式 i<=N,若为非 0 值(循环条件成立),执行③,否则 for 命令结束;
③ 执行循环体(共 3 个语句);
④ 执行表达式 i++,使循环控制变量 i 的值得以修改;
⑤ 转②。

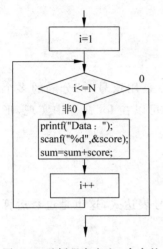

图 4-6 示例程序中 for 命令的流程图

该程序中 for 命令的循环体共执行 5 次,实现 5 个成绩数据的输入、累加。之后立即执行"printf("Average：%d\n",sum/N);"语句,输出统计结果。该程序中 for 命令的循环控制过程如图 4-6 所示。

以下是关于 for 命令的说明。

(1) for 命令的控制流程与以下语句序列相同。

表达式 1;
while(表达式 2)
{
　　循环体语句组
　　表达式 3;
}

以下是两个功能相同的程序,希望读者通过对比学习加深对 for 循环结构的理解。

程序一：for 循环结构程序

```
#include<stdio.h>
int main()
{
    int i,t=1;
    for(i=1;i<=10;i++)           /*利用 for 循环控制计算 10!*/
        t*=i;
    printf("%d\n",t);
    return 0;
}
```

程序二：while 循环结构程序

```
#include<stdio.h>
int main()
{
    int i=1,t=1;
    while(i<=10)                 /*利用 while 循环控制计算 10!*/
    {
        t*=i;
        i++;
    }
    printf("%d\n",t);
    return 0;
}
```

(2) 对于任何一个 for 命令,其"表达式 1"只在开始时被执行一次,通常用于某些变量的初始化,例如为循环控制变量赋初值。

(3) for 命令中的表达式 1、表达式 2 和表达式 3 都是可选项,允许省略,但其间的分号";"不能省略。例如在例 4-3 的程序中,若变量 i 已在 for 命令之前赋初值,则 for 命令可简化为如下形式。

```
for(;i<=N;i++)
   {…}
```

(4) "表达式 1"和"表达式 3"可以是单一表达式,也可以是用逗号","分隔的多个表达式。例如在例 4-3 的程序中变量 i 和 sum 赋初值的过程都可以在 for 命令中实现,形式如下:

```
for(i=1,sum=0;i<=N;i++)
   {…}
```

事实上,该 for 命令中的表达式"i=1,sum=0"是一个逗号表达式,这也是逗号运算最为常见的应用形式。

## 4.2 循环体中的控制命令

为了增强循环控制程序的灵活性,C 语言设置了两个控制命令 break 和 continue,必要时在循环体中使用这两个命令可以为程序设计带来方便。

### 4.2.1 break 命令

只有两种情况可以使用 break 命令,一种情况是在 switch 结构中用 break 命令终止正在执行的 switch 流程;另一种情况是在 while、do-while 和 for 命令的循环体中使用 break 命令,当 break 命令被执行后便强制终止当前循环命令,程序执行流程转向该循环命令之后的语句。在循环结构中,break 命令通常与 if 命令一起使用,以便在满足条件时终止循环。以下是应用 break 命令的一种示例结构。

```
while(表达式 1)
{
    语句组 1
    if(表达式 2) break;
    语句组 2
}
```

此种结构的程序,在循环体执行过程中一旦 break 命令被执行,该循环控制即被终止。其执行流程如图 4-7 所示。

【例 4-4】 统计一个班级中某门课程的平均成绩。各个学生的课程成绩由键盘输入,当输入-1 后数据录入过程结束。

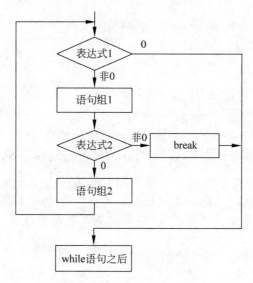

图 4-7 含有 break 命令的循环流程

1) 实现程序

程序如下：

```c
#include<stdio.h>
int main()
{
    int score,i = 0,sum = 0;        /* sum 为成绩累加变量,i 为计数变量 */
    while(1)                         /* 循环条件表达式为常量1,循环条件恒成立 */
    {
        printf("Data: ");
        scanf(" %d",&score);         /* 输入课程成绩 */
        if(score == -1)              /* 当 score 为 -1 时执行 break 命令,结束循环 */
            break;
        sum += score;                /* 将 score 累加到变量 sum 中 */
        i++;                         /* 计数 */
    }
    if(i!= 0)
        printf("Average: %d\n",sum/i);  /* 输出全班平均成绩 */
    return 0;
}
```

2) 程序说明

该程序能够处理不定数量的数据输入及统计问题。程序中 while 命令的条件表达式为常量 1,即循环条件永远满足。这样 while 命令被执行后,其循环体将被重复不断地执行,实现学生成绩的逐个输入和累加。直到某一次的输入数据是 -1 时,if 语句中的 break 命令被执行,while 循环即被强行终止,while 命令执行结束,然后执行其后的语句,输出平均成绩统计结果(若无成绩数据输入,则无输出信息)。

在上述程序中,break 命令起终止循环的作用,在执行 break 命令之前 while 循环不会终止。

程序执行结果：

Data: 80 ↵
Data: 70 ↵
Data: 90 ↵
Data: -1 ↵
Average: 80

● 问题思考

(1) 上述程序中，输出统计结果的函数"printf("Average：%d\n",sum/i)"为什么要放在 if 命令中？

(2) 比较本例程序与例 4-1 程序中 while 命令的异同，试分析程序功能的主要异同点。

(3) 若要求使用 for 命令进行循环控制，实现本例所要求的程序功能，如何改写上面的程序？

### 4.2.2 continue 命令

continue 命令只用在 for、while、do-while 等循环体中，在执行循环体的过程中，如果执行了 continue 命令，那么 continue 命令之后的循环体语句在这一次循环中就会被忽略掉，并立即进行下一次循环。continue 命令常与 if 命令一起使用。例如：

```
while(表达式 1)
{
    语句组 1
    if(表达式 2)continue;
    语句组 2
}
```

对于该结构，在执行循环体的过程中若 continue 命令被执行，则立即转回到循环开始位置判断循环条件，其下的"语句组 2"在该次循环中不被执行。也就是在 continue 被执行的这次循环中，凡是循环体中处于 continue 之后的所有语句都将被忽略。该结构的执行流程如图 4-8 所示。

【例 4-5】 将 100～200 范围内不能被 3 整除的数输出。

程序如下：

```c
#include<stdio.h>
int main()
{
    int n;
    for(n=100;n<=200;n++)
    {
        if(n%3==0)             /*当 n 能被 3 整除时执行 continue*/
            continue;          /*coutinue 被执行后即开始下一次循环*/
        printf("%5d",n);       /*coutinue 不被执行时该语句才被执行*/
    }
    return 0;
}
```

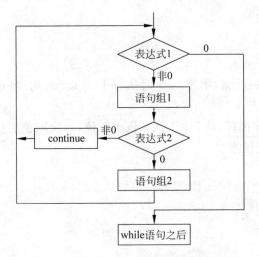

图 4-8 含有 continue 命令的循环流程

在该程序中,continue 是"if(n%3==0)"的语句体,当 n 能被 3 整除时表达式"n%3==0"成立,执行 continue 命令,结束本次循环(即跳过 printf 语句);当 n 不能被 3 整除时执行 printf 语句,输出变量 n 的值。

在上面的程序中使用 continue 命令无非是为了说明其作用,实际上不使用 continue 命令也能实现问题处理。下面是一个未使用 continue 命令的程序,其功能与上面的程序相同。

```
#include<stdio.h>
int main()
{
    int n;
    for(n=100;n<=200;n++)
        if (n%3!=0) printf("%5d",n);
    return 0;
}
```

## 4.3 循环嵌套

在一个循环结构中,如果它的循环体内包含了另一个完整的循环结构,就构成了循环嵌套,也称多重循环。从理论上而言,循环嵌套没有层数限制,在一个内层循环的循环体中还可以嵌入其他完整的循环结构。

设计多重循环程序,关键是要明确每一层循环的功能任务。通常,外循环用来对内循环进行控制,内循环用来实现具体的操作。

【例 4-6】 输出如图 4-9 所示的"*"三角形图案。

1) 问题分析

要输出该图案,只需逐行输出"*"字符串即可。对于任意一行的 i 个"*"字符串,可以通过连续输出 i 个"*"字符的方

```
*
**
***
****
*****
```

图 4-9 "*"三角形图案

法实现。以下是实现语句：

```
for(j = 1;j <= i;j++)
    printf(" * ");
```

例如要输出第 3 行的图案，则使 i＝3 时执行上述 for 语句，将连续输出 3 个"＊"字符，第 3 行的图案就生成了。

若设置一个外层 for 循环，使 i 由 1 到 5 依次取值，每次取值后执行上述 for 命令并进行换行操作，即可输出给定图案。

2) 实现程序

程序如下：

```
#include<stdio.h>
#define N 5
int main()
{
    int i,j;
    for(i = 1;i <= N;i++)        /*该循环进行行控制*/
    {
        for(j = 1;j <= i;j++)    /*控制输出第 i 行的"＊"字符*/
            printf(" * ");
        printf("\n");
    }
    return 0;
}
```

在该程序中有两个 for 命令，逻辑上是一个双重循环结构。外循环的 for 命令只执行 1 次，但是它的循环体执行 5 次，每执行一次循环体完成以下两项任务，首先执行内循环的 for 命令，输出一行"＊"字符串；然后执行"printf("\n");"语句，产生换行操作(这样下一个"＊"字符串将输出在新行上)。由于每次执行内循环时 i 的值不同，它由 1 到 5 递增，因此输出结果呈现三角形图案。程序的算法流程图如图 4-10 所示。

上述程序也可以用其他循环控制命令实现，下面是用 while 循环实现的程序。

```
#include<stdio.h>
int main()
{
    int i = 1,j;
    while(i <= 5)                /*进行行控制*/
    {
        j = 1;
        while(j++ <= i)          /*每行输出的"＊"数量与所在
                                    的行数相同*/
            printf(" * ");
        printf("\n");
```

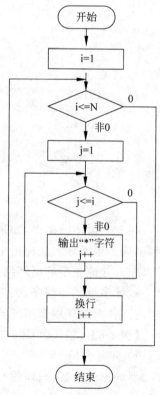

图 4-10 "＊"图案算法流程图

```
            i++;
    }
    return 0;
}
```

与 while 循环实现的程序相比,由 for 循环实现的程序更简化一些。

● 问题思考

(1) 例 4-6 的程序所输出的图案其行数是固定的,怎样修改程序,使得在执行程序时可以指定图案的行数?

(2) 能否进一步修改完善程序,使其能够输出任意行数、任意字符组成的三角形图案?

关于循环嵌套结构的进一步说明:

在使用多重循环时要注意外循环和内循环在结构上不能出现交叉,图 4-11 所示的嵌套结构是错误的,图 4-12 所示的嵌套结构是正确的。

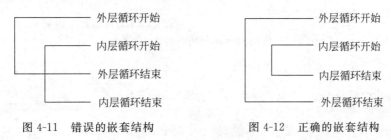

图 4-11　错误的嵌套结构　　　　图 4-12　正确的嵌套结构

在同一个循环体中允许出现多个并列的内循环结构,各个循环的嵌套层数没有限制,如图 4-13 所示。

C 语言的 3 种循环结构可以互相嵌套,任何一种循环命令都可以用在其他循环结构的循环体中,如图 4-14 所示。在实际应用中由 for 命令构成的多重循环是最常见的结构形式。

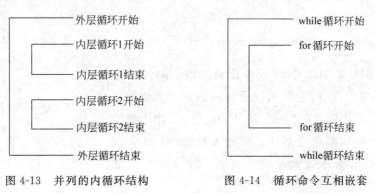

图 4-13　并列的内循环结构　　　　图 4-14　循环命令互相嵌套

## 4.4　goto 命令

goto 命令一般称为无条件转移命令,主要用于控制程序的执行方向,用户也可以利用它实现循环控制。其用法比较简单,一般格式如下:

goto 语句标号;

语句标号是一个标识符,它和语句之间以":"分隔,可以单独占一个程序行,也可以和程序语句处在一行上。执行goto命令后程序将跳转到该标号处,并执行其后的语句。goto命令通常与if命令配合使用。

**【例 4-7】** 统计一个班级中某门课程的平均成绩。课程成绩由键盘输入,当输入-1后数据录入过程结束。

程序如下:

```
#include<stdio.h>
int main()
{
    int score,i=0,sum=0;           /*i为计数变量,sum为成绩累加变量*/
    loop: printf("Data: ");        /*loop是一个语句标号*/
        scanf(" %d",&score);       /*输入数据*/
        if(score!=-1)
        {
            sum = sum + score;
            i++;                   /*每输入一个成绩值后i增加1*/
            goto loop;             /*转到loop标号所在的语句*/
        }
    if(i!=0)
        printf("Average: %d\n",sum/i); /*输出全班平均
                                          成绩*/
    return 0;
}
```

程序执行结果:

Data: 80 ↵
Data: 70 ↵
Data: 90 ↵
Data: -1 ↵
Average: 80

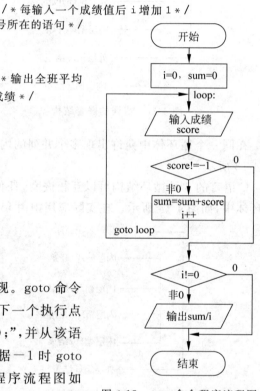

图 4-15 goto命令程序流程图

该程序的循环控制由 if 和 goto 配合实现。goto 命令使程序的流程发生改变,它被执行后程序的下一个执行点将定位于 loop 所在的语句"printf("Data:");",并从该语句继续执行程序,从而形成循环。当输入数据-1 时 goto 命令不再被执行,循环过程也就结束了。程序流程图如图 4-15 所示。

● 问题思考

该程序与例 4-4 程序的功能相同,试比较这两个程序的异同。

## 4.5 循环结构程序举例

在解决实际问题时循环结构具有广泛的应用,本节通过几个典型实例详细介绍循环结构应用程序的设计方法与实现过程。

【例 4-8】 某比赛的评分规则如下:比赛有 6 位评委,每位评委按照百分制为选手打分,去掉一个最高分和一个最低分,计算出的平均分为比赛选手得分。要求按照评分规则设计一个比赛用评分程序。

1) 问题分析与算法设计

粗略考虑,解决比赛评分问题有以下基本环节:
(1) 输入数据,即输入评委对选手的打分;
(2) 找出一个最高分,找出一个最低分,并累计总分;
(3) 计算选手最终得分。

基本思路如下:
① 设 max 为最高分,初值为 0,min 为最低分,初值为 100;用 sum 累计总分,初值为 0。
② 输入一个评委打分,存储到变量 score 中。
③ 更新 max 与 min 的值,使得 max 始终存储已输入数据中的最大值,min 始终存储已输入数据中的最小值。更新方式如下:

若 max<score,则 max=score;
若 min>score,则 min=score。

④ 将 score 累加到 sum 中。
⑤ 重复②、③、④,直到输入完成一个选手的全部得分,则选手平均得分即可求得,如下。

(sum−max−min)/(评委人数−2)

按照上述思路即可设计实现算法,如图 4-16 所示,其中 N 为评委人数。

2) 实现程序

这是用单循环就能解决的问题,选用 for 循环予以实现。程序如下:

```c
#include<stdio.h>
#define N 6                          /* N 为评委人数 */
int main()
{
    int max = 0, min = 100, sum = 0;  /* 定义 max、min、sum,并初始化 */
    int score, i;                     /* i 是计数变量 */
    for(i = 1; i <= N; i++)           /* 循环控制,其循环体执行 N 次 */
    {
        printf("Data: ");
        scanf(" %d", &score);         /* 输入一个评委的打分 */
        if(max < score)               /* 判断是否为当前最高分 */
            max = score;              /* 记录当前的最高分 */
        if(min > score)               /* 判断是否为当前最低分 */
            min = score;              /* 记录当前的最低分 */
        sum += score;                 /* 总分统计 */
    }
    printf("Average: %d\n",(sum−max−min)/(N−2));  /* 计算并输出平均分 */
    return 0;
}
```

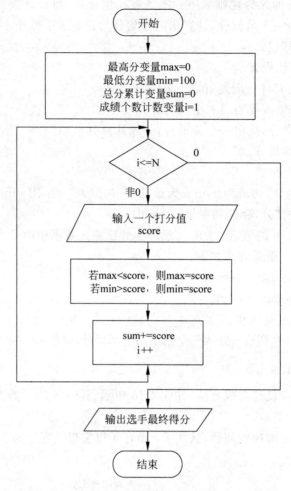

图 4-16 比赛评分问题算法

程序执行结果：

Data: 93 ↵ (输入第 1 个评委打分,该数据输入后 max = 93,min = 93)
Data: 82 ↵ (输入第 2 个评委打分,该数据输入后 max = 93,min = 82)
Data: 89 ↵ (输入第 3 个评委打分,该数据输入后 max = 93,min = 82)
Data: 95 ↵ (输入第 4 个评委打分,该数据输入后 max = 95,min = 82)
Data: 90 ↵ (输入第 5 个评委打分,该数据输入后 max = 95,min = 82)
Data: 92 ↵ (输入第 6 个评委打分,该数据输入后 max = 95,min = 82)
Average: 91

该程序的循环控制由 for 语句实现,其循环体共执行 6 次,每执行一次循环体即输入一个评委打分,并判断该分数是否为已录入成绩中的最高值或最低值,然后进行总分统计。循环语句结束后按规则计算选手得分,并输出结果。

【例 4-9】 学生成绩分等级统计。一个班级有 N 名学生,每个学生有两门课程,实行百分制考核,要求分别统计各个等级的人数。分等级标准如下。

优秀(excellence)：平均成绩≥90;
良好(all right)：80≤平均成绩<90;

中等(middling)：70≤平均成绩＜80；

及格(pass)：60≤平均成绩＜70；

不及格(fail)：平均成绩＜60。

1) 问题分析与算法设计

在第 3 章的例 3-14 中设计了一个分等级显示学生考核结果的程序,其功能是输入一个学生各门课程的成绩,然后按等级标准显示该生的成绩等级。本题目即是在此基础上进一步提出的问题。该问题的基本处理过程与例 3-14 相似,主要区别有以下两点：

(1) 要设置用于统计各个等级人数的变量,例如设置变量 r0、r1、r2、r3、r4 分别用于统计优秀、良好、中等、及格和不及格各个等级的人数。

(2) 要反复地对多个学生成绩进行输入和判断统计。

算法步骤如下：

① 输入一个学生的课程成绩 s1、s2。

② 计算该学生的平均成绩 ave。

③ 按平均成绩 ave 分等级统计。

④ 重复①、②、③步骤,直到该班级的学生数据处理完毕为止。

⑤ 输出统计结果。

图 4-17 为算法的粗略流程图,其中"一个学生数据的输入和统计"框的流程如图 4-18 所示。

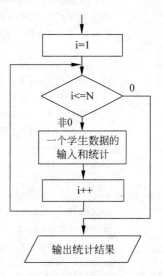

图 4-17 算法粗略流程

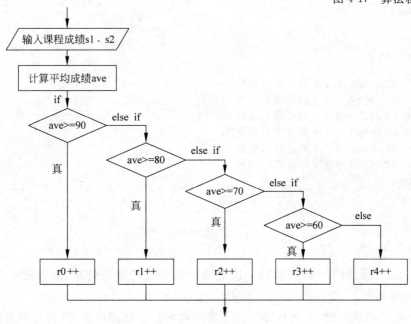

图 4-18 一个学生数据的输入和统计

2) 实现程序

程序如下：

```c
#include<stdio.h>
#define N 6                          /*班级人数为6*/
int main()
{
    int s1,s2,ave,i;                 /*s1、s2存储课程成绩,ave存储平均成绩,i计数*/
    int r0,r1,r2,r3,r4;              /*定义各等级的统计变量*/
    r0 = r1 = r2 = r3 = r4 = 0;      /*为统计变量赋初值*/
    for(i = 1;i <= N;i++)            /*循环控制*/
    {
        printf("Data: ");            /*显示提示信息*/
        scanf(" %d, %d",&s1,&s2);    /*输入一个学生的两门课程成绩*/
        ave = (s1 + s2)/2;           /*计算平均成绩*/
        if(ave >= 90) r0++;          /*优秀,r0加1*/
        else if(ave >= 80) r1++;     /*良好,r1加1*/
        else if(ave >= 70) r2++;     /*中等,r2加1*/
        else if(ave >= 60) r3++;     /*及格,r3加1*/
        else r4++;                   /*不及格,r4加1*/
    }
    printf("excellence: %d\n",r0);   /*输出"优秀"等级统计结果*/
    printf("all right: %d\n",r1);    /*输出"良好"等级统计结果*/
    printf("middling: %d\n",r2);     /*输出"中等"等级统计结果*/
    printf("pass: %d\n",r3);         /*输出"及格"等级统计结果*/
    printf("fail: %d\n",r4);         /*输出"不及格"等级统计结果*/
    return 0;
}
```

程序执行结果：

```
Data: 87,91 ↵(输入学生1的成绩1、成绩2)
Data: 67,82 ↵(输入学生2的成绩1、成绩2)
Data: 56,72 ↵(输入学生3的成绩1、成绩2)
Data: 90,86 ↵(输入学生4的成绩1、成绩2)
Data: 92,89 ↵(输入学生5的成绩1、成绩2)
Data: 88,77 ↵(输入学生6的成绩1、成绩2)
excellence: 1
all right: 3
middling: 1
pass: 1
fail: 0
```

本程序for语句的循环体每执行一次完成一个学生的数据处理,具体循环次数由一个班级的人数N确定。

读者可能已经注意到,上述程序简化了输入数据时的处理步骤,没有对输入数据的合法性进行检查。事实上,对输入数据进行合法性检查是非常重要的,它是保证程序在各种各样的数据下都能正常运行的基本条件。下面是用while循环设计的一段程序,它能够避免为变量s1、s2输入负数值。

```
while(1)
{
    scanf(" %d, %d",&s1,&s2);
    if(s1 >= 0&&s2 >= 0)
        break;
}
```

在这段程序中,while循环的条件永远为真。当输入数据有负数值时从头执行循环体,要求重新输入数据,直到输入数据都不为负数时执行break语句,跳出循环。希望读者把该程序段加在上面的程序中,然后分析程序的循环结构有什么特点。

如果考虑到输入数据时有可能错误地输入一个超过100的数值,那么数据的合法性检查程序还要进一步完善。例如,可以将if语句修改为以下形式:

if(s1 >= 0&&s2 >= 0&&s1 <= 100&&s2 <= 100)break;

经过如此修改完善之后,执行程序输入课程成绩时百分制成绩之外的数值就不会被程序接受了。

【例 4-10】 计算 Fibonacci 数列的前 20 项,并以每行 5 个数的形式显示输出。

1) 问题分析与算法设计

Fibonacci 数列如下:

1,1,2,3,5,8,13,21,34,…

该数列除前两项之外,其他任意一项都是其相邻的前两项之和。

由此可得到第 n 项的一般表示:

$$f_n = \begin{cases} 1 & (n=1) \\ 1 & (n=2) \\ f_{n-1}+f_{n-2} & (n>2) \end{cases}$$

显然,这是一个由前到后的递推问题,递推的算法如下。

① 初始项:f1=1,f2=1;
② 求一个新项:f1+f2→f;
③ 为求下一个新项作准备:f2→f1,f→f2;
④ 重复②、③步骤,直到满足要求的项数为止。

在本算法中,f1、f2 以及 f 的变化情况如图 4-19 所示。

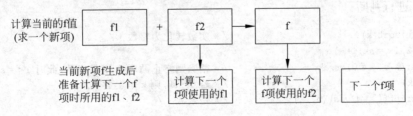

图 4-19 算法中 f1、f2 以及 f 的变化情况图示

2) 实现程序

程序如下:

#include<stdio.h>

```
#define N 20
int main (void)
{
    int f,f1,f2,i;
    f1 = f2 = 1;
    printf("%10d%10d",f1,f2);          /*输出前两项*/
    for(i = 3;i <= N;i++)              /*前两项是初始值,从第3项开始依次求值*/
    {
        f = f1 + f2;                   /*计算当前项f*/
        f1 = f2;                       /*准备计算下一个f值时所用的f1*/
        f2 = f;                        /*准备计算下一个f值时所用的f2*/
        printf("%10d",f);              /*输出第i项*/
        if(i%5 == 0)
            printf("\n");
    }
    return 0;
}
```

根据题目要求,每行输出5个数,则输出第 i 个数后若 i%5 为 0 应换行。程序中的 "if(i%5==0)printf("\n");" 语句实现换行控制。

程序执行结果:

```
    1    1    2    3    5
    8   13   21   34   55
   89  144  233  377  610
  987 1587 2584 4181 6765
```

【例 4-11】 判断素数。从键盘输入一个整数,判断其是否为素数。

1) 问题分析与算法设计

一个自然数,若除了 1 和它本身之外不能被其他整数整除,则该数为素数。例如 2、3、5、7 等都是素数。

由素数的定义不难确定判定素数的方法:对于自然数 k,只要依次测试能否被 2、3、…、k−1 整除即可,在测试中若遇到能够整除的情况,则 k 不是素数,测试过程即可停止,否则 k 是素数。

数学家已经证明,如果 k 不能被从 2 到 $\sqrt{k}$ 的所有整数整除,则 k 必是素数,下面的程序段据此对 k 进行判断。

```
sk = (int)sqrt(k);                      /*实数转化为整数*/
for(i = 2;i <= sk;i++)
    if(k%i == 0)break;                  /*整除则终止循环,k不是素数,此时i<=sk*/
if(i > sk)                              /*若i>sk,则k是素数*/
    printf("%d,yes!\n",k);              /*是素数*/
else
    printf("%d,no!\n",k);               /*不是素数*/
```

程序中对 k 的判断是用一个 for 循环实现的,不管 k 是否为素数,循环都会结束。for 循环结束后,若 i>sk,说明无整除情况发生,k 为素数。图 4-20 为判断素数的算法流程图。

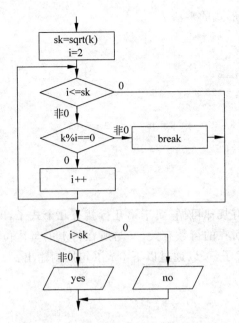

图 4-20 判断 k 是否为素数的算法流程图

2) 实现程序

程序如下：

```c
#include<math.h>
#include<stdio.h>
int main()
{
    int i,k,sk;
    printf("Data: ");
    scanf("%d",&k);
    sk=(int)sqrt(k);
    for(i=2;i<=sk;i++)
        if(k%i==0)break;
    if(i>sk)
        printf("%d,yes!\n",k);      /*是素数*/
    else
        printf("%d,no!\n",k);       /*不是素数*/
    return 0;
}
```

程序执行结果：

Data: 29 ↵
29,yes!

再次执行程序：

Data: 39 ↵
39,no!

【例 4-12】 输出以下形式的乘法表。

```
1 * 1 = 1
1 * 2 = 2   2 * 2 = 4
1 * 3 = 3   2 * 3 = 6   3 * 3 = 9
1 * 4 = 4   2 * 4 = 8   3 * 4 = 12   4 * 4 = 16
…
1 * 9 = 9   2 * 9 = 18  3 * 9 = 27   4 * 9 = 36   …   9 * 9 = 81
```

1) 问题分析与算法设计

乘法表具有以下特点：

(1) 共有 9 行。

(2) 每行的式子个数有规律可循,属于第几行就有几个式子,即第 i 行有 i 个式子。

(3) 每一个式子既与所在的行数有关,又与所在行上的具体位置有关。

对于第 i 行上的 i 个式子,可以通过以下 for 语句控制输出：

```
for(j = 1;j <= i;j++)
    printf(" %d * %d = % -3d ",j,i,i * j);
```

例如,当 i=3 时即输出乘法表中第 3 行的 3 个式子。如果在上面的 for 语句之外嵌套一个外循环,使 i 从 1 到 9 发生变化,那么当外循环结束时乘法表中每行的式子即被输出。

2) 实现程序

程序如下：

```
#include< stdio.h>
int main()
{
    int i,j;
    for(i = 1;i <= 9;i++)              /* 外循环控制输出的行数 */
    {
        for(j = 1;j <= i;j++)          /* 内循环控制输出每一行上的各个式子 */
            printf(" %d * %d = % -3d ",j,i,i * j); /* 输出具体式子 */
        printf("\n");                  /* 每输出一行后进行换行操作 */
    }
    return 0;
}
```

【例 4-13】 搬砖问题(36 块砖 36 人搬,男搬 4,女搬 3,两个儿童搬 1 块砖)。有 36 块砖,一次需要 36 人同时搬运,男青年每人搬 4 块,女青年每人搬 3 块,儿童两人搬 1 块。要求编写程序,把可能的搬运方案都找出来。

1) 问题分析与算法设计

设男青年、女青年、儿童数分别为 x、y、z,则可得如下方程组：

$$\begin{cases} 4x+3y+\dfrac{1}{2}z=36 \\ x+y+z=36 \end{cases}$$

由于未知数个数多于方程数,不可能直接列式求得方程的解,可采用穷举法求解本题。所谓穷举法,就是在一个集合内对每个元素一一测试。

就题意分析,x、y、z 必然在下列范围内取值。

x：0～8。

y：0～12。

z：0～36，且为偶数，以满足"两个儿童1块砖"的条件。

求解时，使用 x、y、z 的每一个可能的取值对方程组进行试探，满足方程组的组合即为所求。该程序需要用三重循环实现。

2) 实现程序

程序如下：

```
#include<stdio.h>
int main()
{
    int x,y,z;
    for(x=0;x<=8;x++)              /*男青年在0～8范围取值*/
        for(y=0;y<=12;y++)          /*女青年在0～12范围取值*/
            for(z=0;z<=36;z=z+2)    /*儿童在0～36范围取值*/
                if((4*x+3*y+z/2==36)&&(x+y+z==36))
                {                   /*条件成立时x、y、z为所求*/
                    printf("men: %d\n",x);
                    printf("women: %d\n",y);
                    printf("children: %d\n",z);
                }
    return 0;
}
```

程序执行结果：

men: 3(男青年人数)
women: 3(女青年人数)
children: 30(儿童人数)

【例 4-14】 从键盘输入一个字符串，统计其中数字字符的个数。

1) 问题分析与算法设计

(1) 输入字符串的方法有多种，使用 getchar() 函数是其中的一种实现方法。关于 getchar() 函数的执行过程，在第 2 章中已经有详细介绍。若连续执行 getchar() 函数，它就连续地从键盘缓冲区中读取字符，当读入的字符是回车符时读入过程结束。

(2) 若 ch 为存储字符的变量，则 ch 满足下面的表达式时相应字符为数字字符。

ch>='0'&&ch<='9'

(3) 使用循环控制命令控制逐个读取字符存储在 ch 中，并对 ch 是否为数字字符进行判断，若 ch 满足(2)所列的条件则为数字字符，相应计数变量加 1。

由以上分析设计算法如图 4-21 所示。

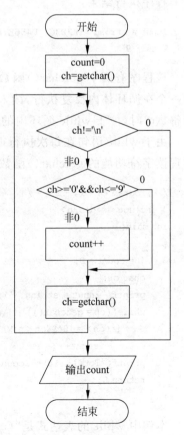

图 4-21 统计数字字符算法流程图

2) 实现程序

程序如下:

```c
/* program e4-14-1.c */
#include<stdio.h>
int main()
{
    int count = 0;              /* 定义数字字符统计变量 */
    char ch;                    /* 定义接受字符的变量 */
    printf("Input a string: ");
    ch = getchar();             /* 读入第1个字符 */
    while(ch!= '\n')            /* 若字符串未结束,则执行循环体 */
    {
        if(ch>= '0'&&ch<= '9')  /* 判断是否为数字字符 */
            count++;            /* 统计数字字符 */
        ch = getchar();         /* 继续读入下一个字符 */
    }
    printf("Total: %d\n",count); /* 输出统计结果 */
    return 0;
}
```

程序执行结果:

Input a string: 1A2B3C  D456E7F GH89 ↵
Total: 9

该程序有两个 getchar() 函数,前一个只执行一次,读取输入字符串中的第 1 个字符;后一个在循环体内反复执行,读入其他的字符。只有当第 1 个 getchar() 读取的字符不是换行符'\n'时,位于 while 循环内的 getchar() 函数才有可能被执行。

由于 while 语句在每次执行循环体前首先计算 while 表达式的值,所以在上面的程序中实现读字符功能的 getchar() 函数就可以放在 while 的表达式位置。修改后的程序如下:

```c
/* program e4-14-2.c */
#include<stdio.h>
int main()
{
    int count = 0;
    char ch;
    printf("Input a string: ");
    while((ch = getchar())!= '\n')  /* 逐个读入字符串的所有字符 */
        if(ch>= '0'&&ch<= '9')
            count++;                /* 统计数字字符 */
    printf("Total: %d\n",count);    /* 输出统计结果 */
    return 0;
}
```

本例中 while 的表达式是"(ch=getchar())!='\n'",其功能是读入一个字符存储到 ch 中,并判断该字符是否为换行符'\n'。这是一种十分简洁的用法,希望读者注意学习应用。

## 小　　结

本章系统介绍了循环结构程序设计知识,主要有循环控制命令 while、do-while 和 for,循环体中的控制命令 break 和 continue,循环嵌套结构,以及典型的循环结构实例。

(1) while 和 do-while 命令通常用于循环次数未知的循环控制,while 命令先判断条件,再执行循环体,它的循环体可能一次也不被执行,而 do-while 命令先执行循环体然后再进行条件判断,它的循环体至少会执行一次。

(2) for 命令通常用于能够确定循环次数的循环控制,凡是能用 while 实现的循环都能使用 for 语句实现。

(3) break 和 continue 是循环体中的控制命令,break 的作用是中断当前的循环语句,continue 的作用是使当前的一次循环不再执行其后的循环体语句,但并不中断循环。

(4) 如果在一个循环语句的循环体中包含了另外一个循环结构,则形成循环嵌套。循环嵌套是实际应用中常见的循环结构,熟练掌握单循环程序设计是进行循环嵌套程序设计的基础。

(5) 本章最后通过几个典型实例系统介绍了循环结构程序设计的方法和过程,希望读者注意学习应用。

## 习　题　四

一、选择题

1. 有程序段如下:

```
int k = 10;
while(k = 0)k = k - 1;
```

则下面描述中正确的是_____。

  A. 语句"k=k-1;"执行 10 次　　B. 语句"k=k-1;"执行无限多次
  C. 语句"k=k-1;"一次也不执行　　D. 语句"k=k-1;"只执行一次

2. 有程序段如下:

```
int k = 10;
do
{   k = k - 1;}while(k >= 0);
```

则下面描述中正确的是_____。

  A. 语句"k=k-1;"执行 1 次　　B. 语句"k=k-1;"执行 10 次
  C. 语句"k=k-1;"执行 11 次　　D. 语句"k=k-1;"执行 12 次

3. 有程序段如下:

```
int k = 10;
while(k >= 0)k = k - 1;
```

则下面描述中正确的是_____。

A. 语句"k=k-1;"执行 9 次　　　　B. 语句"k=k-1;"执行 10 次
C. 语句"k=k-1;"执行 11 次　　　　D. 语句"k=k-1;"执行 12 次

4. 有程序段如下：

```
int k = 10;
while(k >= 0) k = k - 1;
```

则该程序段执行结束后变量 k 的值是_____。

A. 0　　　　B. 1　　　　C. -1　　　　D. -2

5. 下面是一个程序段：

```
int x, y;
for(y = 1, x = 2; y <= 50; y++)
{   if(x >= 10) break;
    x += 5;
}
```

执行该程序段后 x 的值为_____。

A. 2　　　　B. 7　　　　C. 12　　　　D. 15

6. 有程序段如下：

```
int i, j;
for(i = 5; i; i-- )
    for(j = 1; j < 5; j++)
    {
      …
    }
```

假如内循环体中不存在中止循环的控制语句，也没有改变 i 和 j 的值的操作，则内循环体执行的总次数为_____。

A. 20　　　　B. 24　　　　C. 25　　　　D. 30

7. 由 for 循环构成的程序如下：

```
#include <stdio.h>
int main()
{   int m, n;
    for(m = 1, n = 1; m <= 100; m++)
    {   if(n >= 20)
            break;
        if(n % 3)
        {   n += 3;
            continue;
        }
        n = -5;
    }
    printf(" %d\n", m);
    return 0;
}
```

执行该程序，输出结果为_____。

A. 7　　　　　　　B. 8　　　　　　　C. 9　　　　　　　D. 10

8. 有程序段如下：

```
for(n = 100;n <= 200;n++)
{
   if(n % 3 == 0)
      continue;
   printf(" % 5d",n);
}
```

与上面程序段等价的是_____。

A. ```
for(n = 100;(n % 3)&&n <= 200;n++)
   printf(" % 5d",n);
```

B. ```
for(n = 100;(n % 3)||n <= 200;n++)
   printf(" % 5d",n);
```

C. ```
for(n = 100;n <= 200;n++)
   if((n % 3)!= 0)
      printf(" % 5d",n);
```

D. ```
for(n = 100;n <= 200;n++)
  {
    if(n % 3)
       printf(" % 5d",n);
    else
       continue;
    break;
  }
```

9. 下面程序的执行结果是_____。

```
# include < stdio.h >
int main()
{  int i;
   for(i = 1;i <= 5;i++)
   {
      if(i % 2)
         printf(" * ");
      else
         continue;
      printf(" # ");
   }
   printf(" $ \n");
   return 0;
}
```

A. *#*#*#$　　　　　　　　　　　B. #*#*#*$
C. *#*#$　　　　　　　　　　　　D. #*#*$

10. 有程序段如下：

```
int c;
while((c = getchar())!= '\n')
```

```
        switch(c - '2')
        {case 0:
          case 1:putchar(c + 4);
          case 2:putchar(c + 4);break;
          case 3:putchar(c + 3);
          default:putchar(c + 2);break;
        }
```

若运行该程序段时按以下形式从键盘输入数据,则程序的运行结果为_____。

输入数据:2473 ↵

  A. 668977          B. 668966

  C. 66778777         D. 6688766

## 二、程序分析题

1. 下面的程序输出 100 以内能被 4 整除且个位数为 4 的所有整数。程序中 if 语句的条件表达式应为_____。

```c
#include<stdio.h>
int main()
{
    int m,n;
    for(m = 0;m < 10;m++)
    {
        n = m * 10 + 4;            /*生成个位数为4的数*/
        if(_____) continue;
            printf(" %d\n",n);
    }
    return 0;
}
```

2. 下列程序的输出结果是_____。

```c
#include<stdio.h>
int main()
{
    int a,b;
    for(a = 1,b = 1;a < 100;a++)
    {
        if(b > 10) break;
        if(b % 3 == 1)
        {
            b += 3;
            continue;
        }
    }
    printf(" %d\n",a);
    return 0;
}
```

3. 执行下列程序后输出结果是_____。

```c
#include<stdio.h>
int main()
```

```
{
    int i,j,m = 0,n = 0;
    for(i = 0;i < 2;i++)
        for(j = 0;j < 2;j++)
            if(j >= i) m++;n++;
    printf(" %d\n",n);
    return 0;
}
```

4. 执行下面的程序，输入数据为 65 4↙，则程序的执行结果为 m=_____。

```
# include < stdio.h >
int main()
{
    int m,n;
    printf("Input m,n:");
    scanf(" %d %d",&m,&n);
    while(m!= n)
    {
        while(m > n) m -= n;
        while(n > m) n -= m;
    }
    printf("m = %d\n",m);
    return 0;
}
```

### 三、编程题

1. 分别使用 while 结构、do-while 结构和 for 结构编写程序计算 n!,n 的值从键盘输入。

2. 输出 100 以内不能被 7 整除的数。

3. 求 s 不超过 1000 时 n 的最大值，s=1+2+3+…+n。

4. 某班级有 20 名学生，要求从键盘输入每个学生的英语课程成绩（百分制），并进行以下处理：
（1）统计并输出全班英语课程的平均成绩。
（2）将成绩的最高值找出来，并输出该成绩。

5. 输入一行字符，剔除其中的某些字符后按照原来的输入顺序输出，需要剔除的字符是 a、A、f、F、5、#。

6. 编写程序，分别打印以下图案。

图案一：　　　　　　　　图案二：
```
      *                      1
     ***                    2 1
    *****                  3 2 1
   *******                4 3 2 1
    *****                5 4 3 2 1
     ***
      *
```

7. 打印所有的"水仙花数"。所谓"水仙花数"是指一个三位数,其各位数字的立方和等于该数本身(例如 $153=1^3+5^3+3^3$)。

8. 编写程序求解以下问题:设有 1 米长的绳子,每次剪掉一半,问至少要剪多少次绳子的长度即小于 1 厘米?

9. 整元换零钱问题。把 1 元钱兑换成 1 分、2 分、5 分硬币,编写程序,输出所有的兑换方案。

10. 一个球从 100 米高度自由落下,每次落地后反弹回原高度的一半,再落下。求它在第 10 次落地时共经过多少米?第 10 次反弹多高?

11. 印度国王的奖励。古代印度国王要褒奖他的聪明能干的宰相达依尔(国际象棋发明者),问他需要什么?达依尔回答:"陛下只要在国际象棋棋盘的第 1 个格子上放一粒麦子,第 2 个格子上放两粒麦子,第 3 个格子上放 4 粒麦子,以后每个格子的麦子都按前一格的两倍计算。如果陛下按此法给我 64 格的麦子,我就感激不尽了。"国王就让人扛了一袋麦子,但很快用光了,再扛出一袋还不够。设计程序,计算国王要给达依尔多少袋小麦?(设每袋小麦有 5000000 粒麦子)

12. 车票问题。新建一条铁路线,有 15 个车站,在任何车站都能上下车,编写程序计算所需准备的车票种数,要求使用穷举的方法实现。

13. 按照以下公式编程计算 s 的值。

$$s=1+\frac{1}{1+2}+\frac{1}{1+2+3}+\cdots+\frac{1}{1+2+3+\cdots+n}$$

# 第 5 章　数组程序设计

数组是 C 语言的一种重要数据结构，使用数组可以实现一组同类型数据的连续存储和有效处理。本章介绍使用数组的程序设计，包括一维数组和二维数组的定义、初始化、在计算机中的存储及其使用方法，字符串的输入与输出操作及常用的字符串操作函数，并通过大量实例介绍数组应用程序的设计方法。

## 5.1　一维数组程序设计

本节首先通过批量处理数据的一个简单示例说明数组在数据处理中的作用，然后逐步介绍一维数组程序设计的基本知识。

### 5.1.1　一维数组程序示例

下面是一个简单的数据处理程序，其功能是从键盘输入 10 个整数，然后按照与输入相反的顺序依次将它们输出。

```c
/*program e5-0.c*/
#include<stdio.h>
int main()
{
    int a,b,c,d,e,f,g,h,i,j;
    printf("Input Data:  ");
    scanf("%d %d %d %d %d %d %d %d %d %d",&a,&b,&c,&d,&e,&f,&g,&h,&i,&j);
    printf("Output Data: ");
    printf("%d %d %d %d %d %d %d %d %d %d\n",j,i,h,g,f,e,d,c,b,a);
    return 0;
}
```

这是一个正确的程序，但并不是一个好程序。如果处理的数据规模进一步扩大，有成千上万的数据时，变量的这种表示方法显然是不适用的，很难想象以类似的方式定义和使用成千上万的变量时程序会是什么样子。

本章要讨论的数组将有效解决上述问题。数组是包含多项同类数据的一种数据结构，它能将一系列相同类型的数据组织起来，使用同一个名称，再用下标进行分量标识。例如 a[0]、a[1]、…、a[9] 等，当下标用一个变量 i 表示时 i 的不同取值即对应不同的分量，使用 a[i] 即可访问这一组数据的任何一个分量，这里的 a 就是一个数组。以下是用数组解决上述问题的程序。

**【例 5-1】** 从键盘输入 10 个整数,然后按照与输入相反的顺序依次将它们输出。

程序如下:

```
#include<stdio.h>
int main()
{
    int i,a[10];                    /*定义a数组*/
    printf("Input: ");
    for(i=0;i<10;i++)
        scanf("%d",&a[i]);          /*输入a[0]、a[1]、a[2]、…、a[9]等数据*/
    printf("Output: ");
    for(i=9;i>=0;i--)
        printf("%d ",a[i]);         /*输出a[9]、a[8]、a[7]、…、a[0]等数据*/
    return 0;
}
```

程序执行结果:

```
Input:0 1 2 3 4 5 6 7 8 9↙
Output: 9 8 7 6 5 4 3 2 1 0
```

该程序中定义了一维数组 a,用 a[i]表示数组 a 的一个元素,当 i 为 0 时即为 a[0],当 i 为 5 时即为 a[5]。"scanf("%d",&a[i]);"语句执行 10 次,i 依次取值 0 到 9,故依次为 a[0]到 a[9]输入数据。"printf("%d",a[i]);"语句也执行 10 次,i 依次取值 9 到 0,故依次输出 a[9]到 a[0]的值。

## 5.1.2 一维数组的定义及元素引用

**1. 一维数组的定义**

一维数组在使用之前必须先定义,一般格式如下:

数据类型　　数组名[数组长度]

例如:

int a[10];

该语句定义了数组名为 a 的 int 型数组,该数组有 10 个元素,能够存储 10 个整数值。

char name[20];

该语句定义了数组名为 name 的 char 型数组,该数组有 20 个元素,能够存储 20 个字符。

说明:

(1) 数组的数据类型即数组元素的数据类型,它可以是 C 语言允许的任何数据类型。

(2) 数组长度是数组能够包含的数组元素的个数,通常用一个整数值表示,也可以是常量表达式,但它不允许是包括变量的表达式。例如,下面对数组的定义方法是错误的,其原因是定义数组长度时使用了变量n。

```
int n = 10;
float a[n];
```

**2. 一维数组的元素引用**

一维数组的输入、输出、运算等一般通过数组元素进行。数组元素的引用形式如下：

数组名[下标]

数组元素的下标从0开始，当数组长度为n时最末元素的下标是n−1。例如：

上述a数组的各元素依次为a[0]、a[1]、…、a[8]、a[9]。

上述name数组的各元素依次为name[0]、name[1]、…、name[18]、name[19]。

在实际使用中，下标可以是一个整数型常量，也可以是整数型表达式，最为常用的是用一个整数型变量表示元素的下标。例如上述a数组，其任意元素可表示为a[i]，当指定i的值后a[i]则表示a数组的一个特定元素。例如当i＝0时，a[i]即代表a[0]元素，当i＝1时a[i]即代表a[1]元素，以此类推。

### 5.1.3 数值型一维数组的输入和输出

数值型数组的输入和输出是通过每一个数组元素的输入和输出实现的。数值型一维数组的元素都是一些简单变量，输入和输出按照简单变量的方法进行。

例如对于上述a数组，输入a[5]的值时使用如下语句：

```
scanf("%d",&a[5]);
```

输出a[5]的值时使用如下语句：

```
printf("%d",a[5]);
```

【例5-2】 向数组输入10个整数，通过相邻元素比较、交换的方法，将最大值移到数组末尾，然后输出该数组中所有元素的值。

1）算法设计

设用数组a存储数据，它的10个元素分别为a[0]、a[1]、a[2]、…、a[8]和a[9]，这10个元素比较9次即可将最大值移到最后，即a[9]元素位置。每次比较时，进行比较的两个相邻元素分别为a[i]和a[i+1]，比较示意图如图5-1所示，算法流程图如图5-2所示。

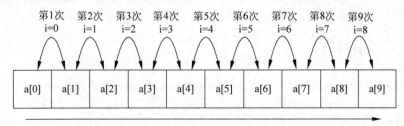

相邻元素a[i]与a[i+1]进行比较、交换（i依次取值0、1、2、…8）

图 5-1 比较示意图

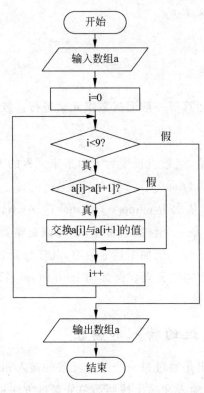

图 5-2 例 5-2 算法流程图

2) 实现程序

程序如下：

```
#include<stdio.h>
#define N 10
int main()
{
    int a[N],i,temp;                  /*定义整数型数组a*/
    for(i = 0;i < N;i++)              /*为数组a输入数据*/
        scanf(" %d",&a[i]);
    for(i = 0;i < N - 1;i++)          /*把数组a中的最大数后移*/
        if(a[i]> a[i + 1])
        {                             /*相邻元素前者大、后者小时交换两个元素的值*/
            temp = a[i];
            a[i] = a[i + 1];
            a[i + 1] = temp;
        }
    for(i = 0;i < N;i++)              /*输出数组a的所有元素值*/
        printf(" %d",a[i]);
    return 0;
}
```

下面是程序的执行结果：

输入数据：19 7 21 6 25 8 17 20 11 10 ↵
输出结果：7 19 6 21 8 17 20 11 10 25

程序中使用了 3 个并列的 for 循环。第 1 个 for 循环用于输入 10 个整数，其中的 a[i] 是数组 a 的元素的一般表示，&a[i] 是它的地址形式。第 2 个 for 循环对数组 a 的 10 个元素从头开始进行两两比较，使大值后移，循环结束时数组 a 的最大值存储在最后一个元素中。N 个元素共需比较 N−1 次。第 3 个 for 循环用于输出数组 a 的全部元素。

● 问题思考

该题目的数组 a 经过这样一趟共 N−1 次比较、交换后最大值移到了数组的最后位置。如果对其余的元素也同样进行一趟比较、交换会出现什么结果？

## 5.1.4 数值型一维数组的初始化

数组的初始化是指在定义数组时对数组元素赋初值。通常有两种情况，即全部元素的初始化和部分元素的初始化。

**1. 全部元素的初始化**

其一般格式如下：

数据类型　数组名[数组长度] = {数组全部元素值表}

"数组全部元素值表"是用逗号分隔的各数组元素的初值。

例如：

int a[6] = {10,20,30,40,50,60};

该语句定义了整数型数组 a，它有 6 个元素 a[0]～a[5]，初值依次为 10、20、30、40、50、60。

当需要对全部元素初始化时数组长度允许省略，格式如下：

数据类型　数组名[ ] = {数组全部元素值表}

当用这种省略方式初始化数组时，数组的长度由"数组全部元素值表"中值的个数确定。

例如：

float r[ ] = {12.5, −3.11, 8.6};

该语句定义了长度为 3 的 float 型数组 r，其数组元素 r[0]、r[1]、r[2]的初值分别为 12.5、−3.11、8.6。

**2. 部分元素的初始化**

其使用较多的情况是对前部元素的初始化。一般格式如下：

数据类型　数组名[数组长度] = {数组前部元素值表}

例如：

int b[10] = {1,2,3};

该语句定义了整数型数组 b，它有 10 个元素，前 3 个元素 b[0]、b[1]、b[2]的初值分别为 1、2、3，其余元素的初值为 0。若 b 未进行初始化，则各元素的初始值由数组 b 的存储属性决定。变量的存储属性将在后续内容中介绍。

用户必须注意,当只对数组的部分元素初始化时数组长度的说明是不能省略的。

另外,由于数组元素本身是一个变量,因此可以使用赋值语句对其单独赋值。例如:

```
int array[10];
array[5] = 26;
array[7] = 38;
```

【例 5-3】 将 Fibonacci 数列的前 20 项存储在一维数组中,然后输出这些数据。

1) 算法设计

在第 4 章已经讨论过 Fibonacci 数列问题。读者将会发现,用数组处理这个问题也是一种有效的方法。

首先定义一个 int 型一维数组 fib 并初始化:

```
int fib[20] = {1,1};
```

初始化后,元素 fib[0]和 fib[1]的值即是 Fibonacci 数列前两项的值。

那么,Fibonacci 数列自第 3 项起每一项可按以下方式求值,并存储在 fib 数组中。

fib[i] = fib[i-1] + fib[i-2] (i = 2,3,4,…,19)

求解 Fibonacci 数列的算法流程图如图 5-3 所示。

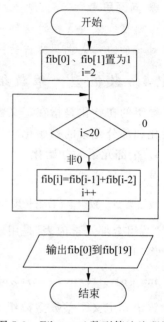

图 5-3 Fibonacci 数列算法流程图

2) 实现程序

程序如下:

```
#include<stdio.h>
int main()
{
    int fib[20] = {1,1},i;           /* fib 数组初始化 */
    for(i = 2;i < 20;i++)
        fib[i] = fib[i-1] + fib[i-2]; /* 第 i 项为其紧邻的前两项之和 */
    for(i = 0;i < 20;i++)             /* 控制输出每一个数值 */
    {
        printf("%-10d",fib[i]);       /* 输出 1 个 Fibonacci 数值 */
        if((i+1)%5 == 0)              /* 每输出 5 个数之后换行 */
            printf("\n");
    }
    return 0;
}
```

程序执行结果:

```
1      1      2      3      5
8      13     21     34     55
89     144    233    377    610
987    1587   2584   4181   6765
```

程序执行后，Fibonacci 数列的前 20 个数在 fib 数组中的存储情况如图 5-4 所示。

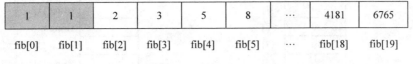

图 5-4　存储在 fib 数组中的 Fibonacci 数列

将 Fibonacci 数列前两项的值存储在 fib[0]、fib[1]中的操作也可由以下赋值语句实现。

fib[0] = fib[1] = 1;

● 问题思考

在该程序中，生成 Fibonacci 数列和输出 Fibonacci 数列是分开进行的，能否修改程序将这两个过程合并在一个步骤中？

### 5.1.5　字符型一维数组的初始化

字符型数组是数据类型为 char 型的数组，用于存储字符串，每一个元素存储一个字符。字符型数组与数值型数组在本质上没有区别，但在具体使用时还是有其自身的特点。

（1）使用字符常量对字符数组初始化。例如：

char string[8] = {'e','x','a','m','p','l','e','\0'};

上面的语句定义了字符数组 string，该数组共有 8 个元素，string[0]到 string[6]这 7 个元素的初始值分别为字符常量'e'、'x'、'a'、'm'、'p'、'l'、'e'，string[7]的初始值为转义字符常量'\0'。'\0'是 C 语言字符串的结束标志，在进行字符串处理时它标志一个字符串的结束。

（2）使用字符串对字符数组初始化。例如：

char string[8] = "example";

当使用这种方式对字符数组初始化时，系统自动在字符串尾部增加一个结束标志'\0'，使元素 string[7]自动获得'\0'结束符，各元素的初始化情况与（1）相同。

（3）在初始化时可省略数组长度说明，数组的实际长度由系统根据初始化的形式确定。例如：

char string[ ] = "example";

对于这种情况，系统将根据存储长度自动设置数组 string 的长度为 8。

### 5.1.6　一维数组的存储

任何一个一维数组在内存中都占用一段连续的存储空间，依次存储它的各元素的值。上述数组 a 及数组 string 的存储情况如图 5-5 所示，各个元素占用的字节数由数组的数据类型决定。数组 a 的每个元素为 int 型，VC++ 6.0 编译系统为其分配 4 个字节的存储空间；数组 string 的每个元素为 char 型，分配 1 个字节的存储空间。

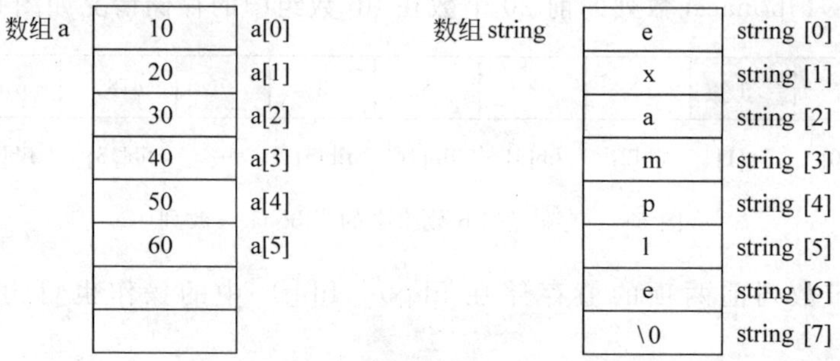

| 数组 a | 10 | a[0] |
|---|---|---|
| | 20 | a[1] |
| | 30 | a[2] |
| | 40 | a[3] |
| | 50 | a[4] |
| | 60 | a[5] |

| 数组 string | e | string [0] |
|---|---|---|
| | x | string [1] |
| | a | string [2] |
| | m | string [3] |
| | p | string [4] |
| | l | string [5] |
| | e | string [6] |
| | \0 | string [7] |

图 5-5 一维数组的存储

## 5.2 字符串操作

字符串在数据处理中有重要应用,例如统计一段文字中单词的数量、按学生姓名查找学生信息等都是典型的字符串处理问题。C 语言使用字符数组存储字符串,并且为方便字符串处理,专门设置了功能丰富的字符串操作函数。

### 5.2.1 字符串的输入和输出

C 语言提供了多个函数支持字符串的输入和输出操作,例如专门的字符串输入输出函数 gets()和 puts()、格式化输入输出函数 scanf()和 printf()等。

**1. 使用 gets()函数和 puts()函数输入、输出字符串**

实现字符串的输入和输出操作最常用的方法是使用 gets()函数和 puts()函数,这两个函数专门为字符串的输入和输出设计。

1) 使用 gets()函数输入字符串

gets()函数的功能是从标准输入设备输入一个字符串,并存储在指定数组中。其一般用法如下:

gets(字符数组名)

例如:

```
char str[12];
gets(str);
```

执行 gets()函数后,从键盘输入一个字符串存储到 str 数组中。

gets()函数以 Enter 键作为输入结束符,而在字符数组中对应存储一个字符串结束标记'\0'。

2) 使用 puts()函数输出字符串

puts()函数的功能是输出存储在字符数组中的字符串。其一般用法如下:

puts(字符数组名)

例如:

```
char c[6] = "China";
puts(c);
```

该 puts() 函数被执行后,立即输出存储在字符数组 C 中的字符串。结果如下:

China

【例 5-4】 用 gets() 函数输入一个字符串,将其存储到 str 数组中,然后使用 puts() 函数输出 str 中的字符串。

程序如下:

```
#include<stdio.h>
#define N 100
int main()
{
    char str[N];                /*定义字符数组 str,用于存储字符串*/
    printf("String: ");
    gets(str);                  /*输入字符串,存储到 str 数组中*/
    printf("Result: ");
    puts(str);                  /*输出 str 数组中的字符串*/
    return 0;
}
```

程序执行结果:

String:This is a example.↵
Result: This is a example.

**2. 使用 scanf() 和 printf() 输入、输出字符串**

在格式化输入输出函数 scanf() 和 printf() 中设置了%s 格式符,专门用于字符串的输入和输出。

【例 5-5】 用 scanf() 函数输入一个字符串,将其存储到 str 数组中,然后使用 printf() 函数输出 str 中的字符串。

程序如下:

```
#include<stdio.h>
#define N 100
int main()
{
    char str[N];                /*定义字符数组 str,用于存储字符串*/
    printf("String: ");
    scanf("%s",str);            /*输入字符串,存储到 str 数组中*/
    printf("Result: ");
    printf("%s\n",str);         /*输出 str 数组中的字符串*/
    return 0;
}
```

程序执行结果:

String:example.↵
Result: example.

再次执行:

String:This is a example.↵
Result: This

在使用 scanf() 函数和 %s 格式符输入字符串时需要注意以下几点:

(1) 在 C 语言中,数组名代表数组的起始地址,因此使用字符数组接收字符串时在 scanf() 函数中直接使用该数组名。例如,上述程序中的"scanf("%s",str)"函数直接使用字符数组名 str。

(2) 在输入的字符串中,只有第 1 个空格(字符串前端空格除外)之前的字符串被读入到字符数组中。上面给出了程序两次执行的结果,在第 2 次执行程序时,输入字符串中有空格符,结果表明空格之后的字符串并未输入到字符数组 str 中。

(3) 可以一次输入多个字符串,输入的各字符串之间要以"空格"分隔。

例如:

char str1[5],str2[5],str3[5];
scanf("%s%s%s",str1,str2,str3);
输入数据: How␣are␣you?↵

则字符数组 str1、str2、str3 分别获得字符串"How"、"are"、"you?",其存储情况如图 5-6 所示。

| | | | | | |
|---|---|---|---|---|---|
| str1: | H | o | w | \0 | |
| str2: | a | r | e | \0 | |
| str3: | y | o | u | ? | \0 |

图 5-6  数组 str1、str2 及 str3 的存储情况

● 问题思考

(1) 在例 5-4 的程序中,字符串的输出操作是由"puts(str);"语句实现的,试将其改为由 printf() 函数实现,查看程序的执行结果有无变化。

(2) 在例 5-5 的程序中,字符串的输出操作是由"printf("%s\n",str);"语句实现的,试将其改为由 puts() 函数实现,查看程序的执行结果有无变化。

### 5.2.2  多字符串操作函数

多字符串操作函数具有较为复杂的函数原型,其函数类型、参数类型必须使用指针类型进行描述,相关知识迄今尚未介绍。本小节仅就已有知识简单介绍字符串操作函数的基本用法,函数原型请参阅附录 B。

**1. 字符串连接函数 strcat()**

使用格式:

strcat(s1,s2)

函数功能:将字符串 s2 连接到字符串 s1 的后面。

说明:

(1) s1 是字符数组名或字符数组的开始地址,s2 既可以是字符数组名,也可以是字

符串。

(2) 函数在执行之后,s1是连接之后的字符串,s2保持不变。在定义s1数组时,其数组长度应不小于两个字符串的长度之和。

【例5-6】 将两个字符串连接为一个新字符串,并将该字符串输出。

程序如下:

```
#include<stdio.h>
#include<string.h>
int main()
{
    char c1[20] = "China",c2[10] = "man"; /*定义字符型数组并初始化*/
    strcat(c1,c2);                        /*将c2存储的字符串连接到c1存储的字符串之后*/
    printf("String c1: ");
    puts(c1);                             /*输出字符串c1*/
    printf("String c2: ");
    puts(c2);                             /*输出字符串c2*/
    return 0;
}
```

执行结果:

String c1: Chinaman
String c2: man

● 问题思考

在上面的程序中,连接使用的两个字符串是在程序内部定义的,因此该程序并没有通用性。若要求通过键盘输入两个字符串,然后把它们连接起来,应该怎样修改程序?

**2. 字符串复制函数 strcpy()**

使用格式:

strcpy(s1,s2)

函数功能:把字符串s2复制到字符数组s1中。

说明:

(1) s1是字符数组名或字符数组的开始地址;s2可以是数组名或字符数组的开始地址,也可以是一个字符串。s1不能是字符串。

(2) s1数组的长度应不小于s2的长度,以保证能够存储s2,否则会出现意想不到的错误结果。

【例5-7】 字符串复制示例。

程序如下:

```
#include<stdio.h>
#include<string.h>
int main()
{
    char c1[20] = "program",c2[10] = "example";
    strcpy(c1,c2);                /*把c2中的字符串复制到c1中,c1的原串被覆盖*/
    printf("String c1: ");
```

```
        puts(c1);                    /*输出 c1 中的字符串*/
        printf("String c2: ");
        puts(c2);                    /*输出 c2 中的字符串*/
        return 0;
}
```

执行结果：

String c1: example
String c2: example

### 3. 字符串比较函数 strcmp()

**使用格式：**

strcmp(s1,s2)

**函数功能：** 比较字符串 s1 和字符串 s2 的大小。

**说明：**

(1) s1、s2 可以是字符数组名或字符数组的开始地址,也可以是字符串。

(2) 字符串比较就是比较字符串中字符的编码值(例如 ASCII 码值),编码值大的字符串大。比较的方法是对两个字符串自左至右逐个字符比较,直到遇到不同字符或字符串结束标记'\0'时比较过程结束,此时编码值大的字符所在的字符串大。

(3) strcmp()函数返回一个数值。当 s1 与 s2 相同时,strcmp(s1,s2)的值为 0；当 s1 大于 s2 时,strcmp(s1,s2)的值为一个正数；当 s1 小于 s2 时,strcmp(s1,s2)的值为一个负数。

**注意：** 字符串只能用 strcmp()函数比较,不能用关系运算符"=="比较。例如,对于字符串 s1、s2,若其相同时输出"yes",应使用如下语句：

if(strcmp(s1,s2) == 0) printf("yes");

下面的用法是错误的：

if (s1 == s1) printf("yes");

**【例 5-8】** 使用 strcmp()函数设计一个密码验证程序。
程序如下：

```
#include<stdio.h>
#include<string.h>
#define N 3
int main()
{
    int count = 1;
    char word[12];
    while(count++<= N)
    {
        printf("Pass word: ");
        gets(word);                                      /*输入密码字*/
        if(strcmp(word,"beijing2008") == 0)
            break;                                       /*比较成功则终止循环*/
```

```
    }
    if(count > N + 1)                    /* 对结束循环的情况进行判断 */
        printf("Sorry!\n");              /* 连续 3 次输入错误 */
    else
        printf("Continue,please!\n");    /* 输入了正确密码 */
    return 0;
}
```

程序内设的密码字是字符串"beijing2008",当要求用户输入口令时,如果用户能正确地输入该字符串,则视为合法用户,可以继续运行程序。若连续 3 次都不能正确地输入该字符串,则视为非法用户,不能继续使用程序。

● 问题思考

(1) 在执行上述程序时,若密码字在第 3 次输入时才正确,结束 while 循环后 count 的值是多少?

(2) 若连续 3 次都不能正确地输入密码字,结束 while 循环后 count 的值是多少?

**4. 其他字符串操作函数**

除上面介绍的字符串操作函数以外,字母的大小写转换函数、求字符串长度函数等也是常用的字符串操作函数,表 5-1 是关于这几个函数的基本描述。

表 5-1  其他几个常用的字符串操作函数

| 函数及用法 | 函数功能 | 说　　明 |
|---|---|---|
| strlwr(s) | 将字符串 s 中的大写字母转换为小写字母 | s 可以是字符数组名(字符串首地址),也可以是字符串常量 |
| strupr(s) | 将字符串 s 中的小写字母转换为大写字母 | |
| strlen(s) | 求字符串 s 的长度 | |

## 5.3  二维数组程序设计

数组分为一维数组、二维数组和多维数组,不同维数的数组既具有共同的性质,又具有各自不同的特点。本节对二维数组程序设计的基本知识进行介绍。

### 5.3.1  二维数组的定义及元素引用

**1. 二维数组的定义**

二维数组数据的排列通常具有如下形式:

```
          26    38    19    55
          21    17    66    18
          29    65    16    29
```

横向的每一组数称为数组的一行,纵向的每一组数称为数组的一列。如果要定义二维数组,除了要说明它的元素的数据类型、数组名以外,还需说明数组的行数和列数。

二维数组的一般定义格式如下:

数据类型 数组名[表达式 1][表达式 2];

例如：

int a[3][4];

该语句定义了数组名为 a 的 int 型二维数组，该数组有 3 行 4 列，共 12 个数组元素，每个数组元素均要用两个下标进行标识。如下：

$$\begin{array}{llll} a[0][0] & a[0][1] & a[0][2] & a[0][3] \\ a[1][0] & a[1][1] & a[1][2] & a[1][3] \\ a[2][0] & a[2][1] & a[2][2] & a[2][3] \end{array}$$

说明：

(1) 二维数组的数据类型的说明与一维数组相同，都是指数组中每个元素的数据类型。

(2) "表达式 1"用来定义二维数组的行数，"表达式 2"用来定义二维数组的列数，"表达式 1"和"表达式 2"可以是整数型常量，也可以是由常量构成的整数型表达式，但不允许是变量表达式。例如，下面对数组的定义方法是错误的：

int m = 5, n = 10;
float b[m][n];

**2. 二维数组元素的引用**

二维数组元素的引用形式如下：

数组名[下标 1][下标 2]

其中，"下标 1"和"下标 2"允许是任何形式的整数型表达式，分别表示数组元素所在的行号和列号。C 语言规定，二维数组的行下标和列下标都从 0 开始编号。对于上述 a 数组，行下标的取值范围为 0~2，列下标的取值范围为 0~3。

通常使用 a[i][j]表示二维数组 a 的任意元素，当指定 i、j 为特定值时 a[i][j]则为数组的一个特定元素。例如，当 i=0、j=0 时 a[i][j]即为 a[0][0]，当 i=0、j=1 时 a[i][j]即为 a[0][1]，以此类推。

用户也可以用一维数组的观点看待一个二维数组。对于 M 行 N 列的二维数组即可视为有 M 个元素的一维数组，其中每一个数组元素又是一个具有 N 个元素的一维数组。例如一个 2 行 3 列的二维数组 a，可以视为包含 a[0]、a[1]两个元素的一维数组，而 a[0]、a[1]又是各包含 3 个元素的一维数组，其中 a[0]的 3 个元素为 a[0][0]、a[0][1]、a[0][2]，a[1]的 3 个元素为 a[1][0]、a[1][1]、a[1][2]，此时可以将 a[0]、a[1]视为数组名。

## 5.3.2 二维数组的输入和输出

二维数组的输入和输出是通过每一个二维数组元素的输入和输出实现的。当数组元素是简单变量时，与简单变量的输入和输出方法相同。

例如，对于上述 a 数组，输入 a[1][2]的值时使用如下语句：

scanf("%d",&a[1][2]);

输出 a[1][2]的值时使用如下语句：

printf("%d", a[1][2]);

对于 M 行 N 列的二维数组,如果要访问它的每一个元素,一般使用双重循环实现。

**【例 5-9】** 有一个 3 行 4 列的二维数组,从键盘输入其前两行各元素的数据,并将这两行的数组元素按列求和的结果对应存储在第 3 行的各元素中。

例如,设以下两行数据为该二维数组前两行的数据:

     10  20  30  40
     15  25  35  45

按题目要求,首先将这两行数据对应输入到二维数组前两行的各元素中,然后按列求和,填充第 3 行的数据。以下是填充数据之后数组的最终结果:

     10  20  30  40
     15  25  35  45
     25  45  65  85

程序如下:

```c
#include<stdio.h>
int main()
{
    int a[3][4],i,j;
    printf("Input data:\n");
    for(i=0;i<2;i++)              /*输入前两行的数据*/
        for(j=0;j<4;j++)
            scanf("%d",&a[i][j]);
    for(j=0;j<4;j++)
        a[2][j]=a[0][j]+a[1][j];  /*填充第3行的元素*/
    printf("Result:\n");
    for(i=0;i<3;i++)              /*输出a数组的全部元素*/
    {
        for(j=0;j<4;j++)
            printf("%d ",a[i][j]);
        printf("\n");             /*每行输出结束后换行*/
    }
    return 0;
}
```

程序执行结果:

Input data:
10 20 30 40 15 25 35 45 ↵
Result:
10 20 30 40
15 25 35 45
25 45 65 85

该程序有两个双重循环,分别实现 a 数组的输入和输出。第 1 个双重循环的内循环体是"scanf("%d",&a[i][j]);"语句,该语句共执行 8 次,依次为数组元素 a[0][0]、a[0][1]、a[0][2]、a[0][3]、a[1][0]、a[1][1]、a[1][2]、a[1][3]输入数据。在输入数据时需按照这一顺序对应提供数据,即按行逐列输入。数组 a 的输出是由后面一个双重循环实现的,输出结果分行显示。程序中间的一个 for 语句计算第 3 行每个元素的值,其循环体语句"a[2][j]=

a[0][j]+a[1][j];"共执行 4 次,依次为元素 a[2][0]、a[2][1]、a[2][2]、a[2][3]赋值,即填充。

### 5.3.3 二维数组的初始化

二维数组的初始化是在定义二维数组时为数组元素赋初值,既可对数组的全部元素初始化,也可对数组的部分元素初始化。

**1. 按行初始化**

按行初始化的思想是把二维数组的一行当作一个一维数组对待,每行提供一个独立的数据集合。例如:

```
int a[2][3] = {{1,2,3},{4,5,6}};
```

初值部分的{1,2,3}对应数组 a[0]行的 3 个元素,{4,5,6}对应数组 a[1]行的 3 个元素,每行元素的初始化方式与一维数组相同。初始化后 a 数组的各元素值如下:

a[0][0] = 1、a[0][1] = 2、a[0][2] = 3、a[1][0] = 4、a[1][1] = 5、a[1][2] = 6

按行初始化时,也可以只对二维数组的部分元素初始化。例如:

```
int a[2][3] = {{1,2},{4}};
```

数组的 a[0]行只有两个初值,按顺序分别赋给 a[0][0]和 a[0][1];数组的 a[1]行只有一个初值 4,赋给 a[1][0]。

**2. 按行逐列初始化**

按行逐列初始化是二维数组常用的初始化方式,它把提供的初始化数据,按照逐行逐列的顺序依次赋给对应的数组元素。例如:

```
int b[3][2] = {10,20,30,40,50,60};
```

大括号"{ }"中的 6 个数据依次赋给 b 数组的元素 b[0][0]、b[0][1]、b[1][0]、b[1][1]、b[2][0]、b[2][1]。

按行逐列初始化也可以只对部分数组元素初始化。例如:

```
int b[3][2] = { 10,20,30};
```

大括号"{}"内只有 3 个初值,对应赋给元素 b[0][0]、b[0][1]、b[1][0]。

**3. 初始化时二维数组的行数定义部分允许省略**

例如:

```
int a[][4] = {{1,2},{1,2,3}};
int b[][3] = {1,2,3,4,5,6,7,8,9};
```

数组 a 的初始化数据有两组,系统自动确定数组行数为 2;数组 b 的初始化数据共有 9 个,列数值为 3,即每行 3 个数,所以数组 b 的行数是 9/3=3,即数组 b 为 3 行 3 列。当数据总数不能被列数值整除时,数组行数值为商值加 1。例如:

```
int c[][3] = {1,4,5,6,8};
```

在该数组定义中,所给出的初始化数值的个数为5,不能被数组的列数值3整除,系统按商值加1的原则,将数组c的行数定义为2,即数组c为2行3列的二维数组。

读者务必注意,不管用哪一种方式对二维数组初始化,数组列数的定义都是不能省略的,即第2个维数不能省略。

**【例 5-10】** 一个 4×4 数组 a 具有如下性质:数组元素 a[i][j]和 a[j][i]对应相等。已知 a 的下三角区域的元素值如下,编写程序填充数组的其他元素。

$$\begin{bmatrix} 1 & & & \\ 6 & 1 & & \\ 8 & 7 & 1 & \\ 9 & 5 & 3 & 1 \end{bmatrix}$$

程序如下:

```c
#include<stdio.h>
int main()
{
    int a[4][4] = {{1},{6,1},{8,7,1},{9,5,3,1}};  /*部分元素初始化*/
    int i,j;
    for(i = 0;i<3;i++)
        for(j = i+1;j<4;j++)
            a[i][j] = a[j][i];               /*利用下三角元素填充上三角元素*/
    for(i = 0;i<4;i++)                        /*输出填充后的二维数组a*/
    {
        for(j = 0;j<4;j++)
            printf("%4d",a[i][j]);
        printf("\n");
    }
    return 0;
}
```

程序执行结果:

```
   1   6   8   9
   6   1   7   5
   8   7   1   3
   9   5   3   1
```

希望读者对照结果分析程序的执行过程。

### 5.3.4 二维数组的存储

二维数组在计算机中存储时,计算机按照二维数组的大小分配一段连续的内存空间,逐个存储二维数组的各个元素,各个元素的存储采用按行逐列的顺序。例如,对于 m×n 的二维数组 a,各元素的存储次序如下:

a[0][0]、a[0][1]…a[0][n-1]、a[1][0]、a[1][1]…a[1][n-1]…a[m-1][0]、a[m-1][1]…a[m-1][n-1]

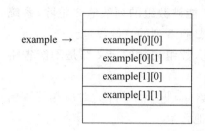

图 5-7 二维数组存储举例

系统为其分配的存储单元数为 m×n×每个元素占用的存储单元数。

其中,每个元素占用的存储单元数取决于数组的数据类型和使用的 C 语言系统。

例如,2×2 数组 example 的存储情况如图 5-7 所示。

数组所占存储空间的首单元地址称为数组的首地址,该地址可直接使用数组名表示。数组名的这一性质在使用指针处理数组时被广泛应用。

## 5.4 数组应用程序举例

数组在批量数据处理中具有重要的应用,本节介绍的数组程序设计均是一维数组和二维数组应用的典型实例。

**【例 5-11】** 对 N 个整数进行升序排序,并输出排序结果。

1) 问题分析与算法设计

排序是将一组数据按照一定的顺序排列起来,由小到大排列时称为升序排序,反之则为降序排序。在使用一维数组进行排序时,通常的过程是先将待排序的一组数据存储在数组中,然后使用一定的排序方法进行具体的排序操作。

排序的方法有多种,这里使用冒泡排序算法。实际上,例 5-2 后移最大数的操作已经体现了冒泡排序的思想。冒泡排序的过程如下:

对于给定的待排序数据,从头开始依次对相邻的两个数据进行两两比较,当前者大时两数交换位置,直到比较完最后一个数据,此时这些数据的最大值处于最末位置,这称为一趟比较。然后对其余数据重复这种比较过程,直到排序结束。对于 N 个数据的数列需进行 N−1 趟排序操作。

以下是对 5 个数据排序时每趟排序结束之后的情况,[]内的数据是按序定位的数据,不再参加下一趟的排序操作。

```
待排序数列:     6    28    21   −19    5
第 1 趟结束:    6    21   −19    5   [28]
第 2 趟结束:    6   −19    5   [21   28]
第 3 趟结束:  −19    5   [ 6    21   28]
第 4 趟结束:[−19    5    6    21   28]
```

从上述分析可知,冒泡排序需要双重循环实现:外循环进行趟数控制,内循环将当前待排序数据中的最大数移到末端。若趟数控制变量用 i 表示,数组的任一元素用 a[j] 表示,在对 5 个数据进行排序时,每趟的待排序元素及其比较情况如图 5-8 所示,加阴影的元素是当前已经按序定位的元素,不再参加比较操作。

对照图 5-8 不难看出,若待排序元素数为 N,则趟数控制变量 i 的取值范围为 1~N−1。进行第 i 趟排序时,元素下标变量 j 的取值范围为 0~(N−i)−1。

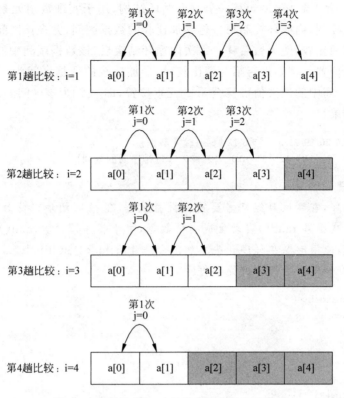

图 5-8　每趟待排序元素及其比较操作示意图

2）实现程序

程序如下：

```c
#include<stdio.h>
#define N 10
int main()
{
    int a[N],i,j,temp;
    printf("Input data: ");
    for(i=0;i<N;i++)                /*从键盘输入N个整数,存储在数组a中*/
        scanf("%d",&a[i]);
    for(i=1;i<N;i++)                /*进行趟数控制,共比较N-1趟*/
        for(j=0;j<N-i;j++)          /*在每一趟中控制相邻数据两两比较*/
            if(a[j]>a[j+1])         /*相邻元素前者大、后者小时两元素值交换*/
            {
                temp=a[j];
                a[j]=a[j+1];
                a[j+1]=temp;
            }
    printf("Result: ");
    for(i=0;i<N;i++)                /*输出排序结果*/
        printf(" %d ",a[i]);
    printf("\n");
    return 0;
}
```

程序中第 2、第 3 个 for 语句是一个双重循环结构,用于实现数组元素的排序。其中的外循环进行趟数控制,内循环控制每一趟参加比较的数据区间,并在该区间内自始至终对相邻的元素进行两两比较,使大数后移。每次内循环结束后,该数据区间中的最大值被移至该区间的最末元素位置。例如进行第 3 趟比较时,参加比较的数据区间为 a[0] 至 a[2],该趟比较结束时,该区间中的最大值被移至 a[2] 元素位置,即 a[2] 为该区间的最大值。

程序执行结果:

```
Input data: 10 20 19 21 9 6 15 8 12 16 ↵(输入数据)
Result: 6  8  9  10  12  15  16  19  20  21(排序后的数列)
```

● 拓展知识

类似上述程序,在调试时经常需要输入批量数据,低效而烦琐。此时可以利用 C 语言提供的随机数生成函数 rand() 自动生成一批数据,用于程序调试。rand() 函数的说明在头文件 stdlib.h 中,使用时要在程序开头添加宏命令 #include <stdlib.h>。

下面是对 10 个随机数排序的完整程序。

```c
#include <stdio.h>
#include <stdlib.h>
#define N 10
int main()
{
    int a[N],i,j,temp;
    printf("Data: ");
    for(i = 0;i < N;i++)                /*产生10个100以内的随机数,存储在数组a中*/
    {
        a[i] = rand() % 100;
        printf(" % 4d",a[i]);           /*输出随机数*/
    }
    for(i = 1;i < N;i++)
        for(j = 0;j < N - i;j++)
            if(a[j] > a[j + 1])
            {
                temp = a[j];
                a[j] = a[j + 1];
                a[j + 1] = temp;
            }
    printf("\nResult:");
    for(i = 0;i < N;i++)                /*输出排序后的数组*/
        printf(" % 4d",a[i]);
    printf("\n");
    return 0;
}
```

程序执行结果:

```
Data:  41  67  34   0  69  24  78  58  62  64
Result:  0  24  34  41  58  62  64  67  69  78
```

【例 5-12】 在利用一维数组存储的一个升序数列中,使用折半查找法查找指定数值。

1) 问题分析与算法设计

查找是在一组数据中找指定的值。不同的数据对象有不同的查找方法。数据存储的结构不同,查找的方法也不同。为便于理解题意,先对查找的方法进行简要说明。

对于给定的一组数,查找 x 的方法有多种,最简单的方法是顺序查找,就是从头开始依次与 x 进行比较,当找到 x 时查找成功,查找过程结束;全部数据查找一遍,若未找到 x,则查找失败,查找过程结束。顺序查找方法简单,但效率低。折半查找是一种高效的查找方法,它要在一个有序的数列中进行,具体方法如下。

设有 N 个数据的数列已升序排序,存储在长度为 N 的一维数组 a 中,对查找范围内的数据设置 3 个特殊点,首位置为 top,末位置为 bot,中间位置为 mid=(top+bot)/2。查找初始,top 为数组首元素的下标值 0,bot 为数组末元素的下标值 N−1,mid 为中间位置元素的下标值(N−1)/2。以下为查找过程:

(1) 比较 x 与 a[mid],若 x 与 a[mid]相等,则查找成功,查找过程结束;否则,若 x>a[mid],则 top=mid+1,若 x<a[mid],则 bot=mid−1。

(2) 若 top>bot,则查找失败,查找过程结束;否则,mid=(bot+top)/2,转(1)。

图 5-9 所示为在数列{3,6,7,8,21,23,36,38,67,69,80,82,85,88,96}中查找 69 时 top、bot、mid 的变化情况。该查找过程经过 3 次之后结束,查找成功。图 5-9 中的①、②、③是对 3 次查找所做的标识,表 5-2 列出了查找过程中各项数据的动态变化情况。

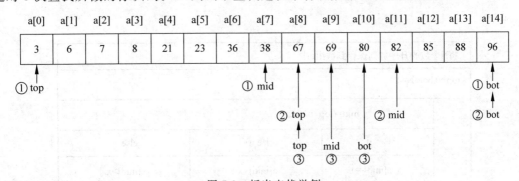

图 5-9 折半查找举例

表 5-2 折半查找过程动态信息表

| 查找过程 | 本次查找范围及中间位置 | | | 本次查找结果 | 下一次查找范围 |
| --- | --- | --- | --- | --- | --- |
| | top | bot | mid | | |
| 第 1 次 | 0 | 14 | 7 | a[mid]<x | 在 mid 之后,top=mid+1 |
| 第 2 次 | 8 | 14 | 11 | a[mid]>x | 在 mid 之前,bot=mid−1 |
| 第 3 次 | 8 | 10 | 9 | a[mid]==x | 查找结束 |

上述查找过程的算法 N-S 图如图 5-10 所示。

2) 实现程序

程序如下:

```
#include<stdio.h>
#define N 15
int main()
```

```c
{
    int a[N] = {3,6,7,8,21,23,36,38,67,69,80,82,85,88,96};
    int x,top,bot,mid;
    printf("Input x: ");
    scanf(" %d",&x);                    /*输入要查找的数值*/
    top = 0;                            /*设置初始查找边界*/
    bot = N - 1;
    do
    {
        mid = (top + bot)/2;            /*确定中间位置*/
        if(a[mid] == x)
            break;                      /*找到x后终止循环*/
        else if(a[mid]< x)
            top = mid + 1;              /*确定后半段为下一次查找的范围*/
        else
            bot = mid - 1;              /*确定前半段为下一次查找的范围*/
    }while(top <= bot);
    if(bot < top)                       /*只有x不存在时bot<top才会成立*/
        printf(" %d: no found.\n",x);
    else
        printf("Success! a[ %d] is %d.\n",mid,x);
    return 0;
}
```

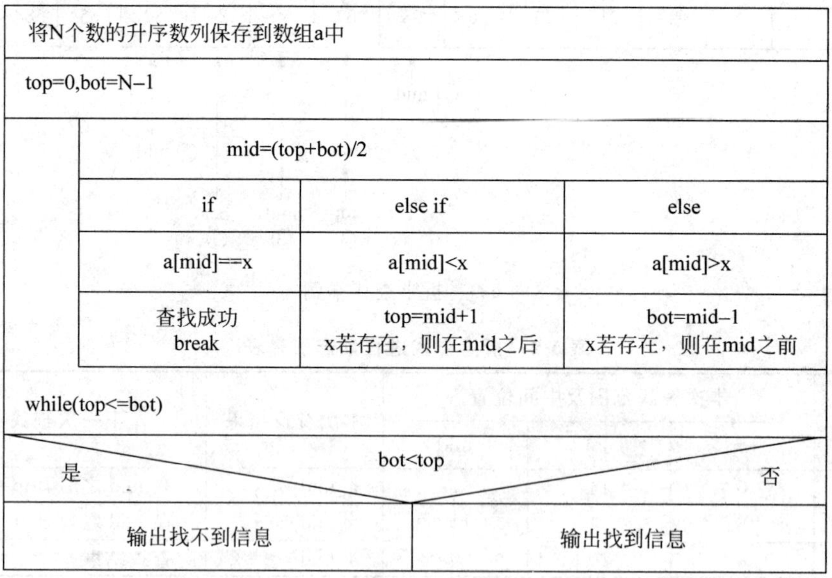

| 将N个数的升序数列保存到数组a中 | | |
|---|---|---|
| top=0,bot=N-1 | | |
| mid=(top+bot)/2 | | |
| if | else if | else |
| a[mid]==x | a[mid]<x | a[mid]>x |
| 查找成功<br>break | top=mid+1<br>x若存在，则在mid之后 | bot=mid-1<br>x若存在，则在mid之前 |
| while(top<=bot) | | |
| bot<top | | |
| 是 　　　　　　　　　　　　　　　　　　否 | | |
| 输出找不到信息 | 输出找到信息 | |

图 5-10　折半法查找 x 的算法 N-S 图

**程序执行结果：**

```
Input x: 69 ↵(第1次执行,在数列中查找 69)
Success!   a[9] is 69.(查找成功,元素 a[9]是 69)
Input x: 33 ↵(第2次执行,在数列中查找 33)
 33: no found.    (在数列中未找到其值是 33 的数据)
```

在数列中查找33时,经过4次查找之后,循环条件top<=bot不再成立,查找过程结束。

【例5-13】 输入一个字符串,统计其中单词的个数。
1) 问题分析与算法设计

在一个字符串中,把由空格分隔的一组连续字符视为一个单词,例如字符串"␣␣This␣is␣␣a␣c␣␣␣program."有5个单词。分辨单词是对文本进行识别的基本操作。该"单词统计"问题是字符型数组的一种典型应用。

如果要统计单词的个数,首先需要把单词找出来,这是进行单词统计最关键的过程。设长度是n的字符串含有的单词个数为word,该字符串存储在字符数组text中,各字符元素分别为text[0]、text[1]、text[2]、…、text[n-1]。

对于text,有以下3种情况。

第1种情况:text为空串,即没有任何输入字符,text[0]= '\0',word的统计结果为0。

第2种情况:text的开始字符为空格符,即text[0]= '␣',开始时没有出现单词,word的初值置为0。

第3种情况:text的开始字符为非空格符,一开始就出现了单词,word的初值置为1。

对于非空字符串,设置word初值之后按以下步骤检测下一个单词:

① 若text[i](i初值为1)不是字符串结束标记'\0',当满足下列条件时必然出现新单词:

text[i-1] == '␣'&&text[i]!= '␣'

② i++,重复以上步骤,直到text[i]为'\0'时结束。

2) 实现程序

程序如下:

```c
#include<stdio.h>
#define N 100
int main()
{
    char text[N];                      /*设输入的字符串长度小于N*/
    int word = 0,i;
    printf("String: ");
    gets(text);
    if(text[0]!= '\0')                 /*text为非空字符串时进行单词统计*/
    {
        if(text[0]!= ' ')word = 1;     /*text首字符是非空格符,置word为1*/
        for(i=1;text[i]!= '\0';i++)
            if(text[i-1] == ' '&&text[i]!= ' ')   /*满足条件时遇到单词*/
                word++;
    }
    printf("Result: %d\n",word);
    return 0;
}
```

程序执行结果:

```
String:␣␣This␣is␣a␣c␣␣␣program.↵(字符串首字符为空格符)
Result:5
String:This␣is␣␣↵(字符串首字符不是空格符)
Result:2
String:↵(直接按回车键,输入空串)
Result:0
```

【例5-14】 一个班级有 N 名学生,每个学生有两门课程,实行百分制考核,要求分别统计各个等级的人数,并将分等级统计的结果保存到一维数组中。分等级标准与第 4 章的例 4-9 相同。

1) 问题分析与算法设计

第 4 章的例 4-9 讨论了"学生成绩分等级统计"问题,实现了一个班级学生成绩的分等级统计,各个等级的统计结果分别用简单变量 r0、r1、r2、r3、r4 存储。若改用一维数组存储统计结果,程序会更简洁。

(1) 学生成绩分为 5 个等级,因此可定义长度为 5 的 int 型数组 r,每个数组元素存储一个等级的统计结果。在例 4-9 的基础上改写程序时应将存储统计结果的各个简单变量 r0、r1、r2、r3、r4 修改为相应的数组元素,其对应关系如表 5-3 所示。

表 5-3 统计变量对照表

| 对 应 项 | 优秀人数 | 良好人数 | 中等人数 | 及格人数 | 不及格人数 |
|---|---|---|---|---|---|
| 存储各等级人数的数组元素 | r[0] | r[1] | r[2] | r[3] | r[4] |
| 在例 4-9 程序中使用的变量 | r0 | r1 | r2 | r3 | r4 |

(2) 上述步骤完成后,各个等级的统计结果存储到数组 r 中,将其各个元素输出即可。

2) 实现程序

程序如下:

```c
#include<stdio.h>
#define N 6                              /*班级人数*/
int main()
{
    int s1,s2,ave,i;
    static int r[5];
    for(i=0;i<N;i++)
    {
        printf("Score: ");
        scanf("%d, %d",&s1,&s2);         /*输入课程成绩 s1、s2*/
        ave=(s1+s2)/2;                   /*计算平均成绩*/
        if(ave>=90) r[0]++;              /*优秀人数统计*/
        else if(ave>=80) r[1]++;         /*良好人数统计*/
        else if(ave>=70) r[2]++;         /*中等人数统计*/
        else if(ave>=60) r[3]++;         /*及格人数统计*/
        else r[4]++;                     /*不及格人数统计*/
    }
    for(i=0;i<5;i++)                     /*输出存储在数组 r 中的统计结果*/
        printf("%d ",r[i]);
    printf("\n");
```

```
        return 0;
}
```

该程序使用一维数组 r 存储统计结果,优秀、良好、中等、及格、不及格等各等级人数分别存储在 r[0] 到 r[4] 中。

程序中定义保存统计结果的数组 r 时使用了"static int r[5];"语句,其中的 static 用于定义变量的存储类型,其作用是在 r 数组使用前清零,即将其各个元素初始化为 0。有关变量存储类型的知识在第 6 章进行介绍。

上述"学生成绩分等级统计"问题实现了一个班级学生成绩的分等级统计。以下是更进一步的问题,可以实现多个班级学生成绩的分等级统计。

【例 5-15】 某年级共有 3 个班级,每班有 N 名学生,开设两门课程,要求分别对每个班级按照学习成绩进行分类统计,并将统计结果保存到一个二维数组中。

1) 问题分析与算法设计

该问题与上述"学生成绩分等级统计"问题的主要区别有两点:

(1) 对多个班级分别统计。
(2) 统计结果用二维数组保存。

对于第 1 点,可以在"学生成绩分等级统计"的基础上增加一个外重循环来实现。对于第 2 点,需要定义一个二维数组,存储数据的形式如表 5-4 所示。

表 5-4  统计结果示意表

| 班级 | 优秀人数 | 良好人数 | 中等人数 | 及格人数 | 不及格人数 |
|---|---|---|---|---|---|
| 1 班 |  |  |  |  |  |
| 2 班 |  |  |  |  |  |
| 3 班 |  |  |  |  |  |

表中空白处是要统计存储的数据,因此可以定义一个 3×5 的二维数组 r 来保存统计结果,每个班级的统计结果存储在数组的一行上。例如,在对第 1 个班级进行统计时,优秀、良好、中等、及格和不及格这 5 个等级的统计结果应分别使用数组元素 r[0][0]、r[0][1]、r[0][2]、r[0][3] 和 r[0][4] 进行统计。

2) 实现程序

程序如下:

```
#include<stdio.h>
#define N 6                                    /*设每班有 6 名学生*/
int main()
{
    int s1,s2,ave,i,j;
    static int r[3][5];                        /*定义保存统计结果的二维数组*/
    for(i=0;i<3;i++)                           /*共有 3 个班级,用 i 控制*/
    {
        for(j=1;j<=N;j++)                      /*每个班级有 N 个学生,用 j 控制*/
        {
            printf("Class %d score %d: ",i+1,j);   /*友好提示*/
            scanf(" %d, %d",&s1,&s2);          /*输入一个学生的两门课程成绩*/
```

```c
                    ave = (s1 + s2)/2;
                    if(ave >= 90) r[i][0]++;              /* i班优秀人数统计 */
                    else if(ave >= 80) r[i][1]++;         /* i班良好人数统计 */
                    else if(ave >= 70) r[i][2]++;         /* i班中等人数统计 */
                    else if(ave >= 60) r[i][3]++;         /* i班及格人数统计 */
                    else r[i][4]++;                       /* i班不及格人数统计 */
            }
        }
        for(i = 0;i < 3;i++)                              /* 逐行输出各个班级的统计结果 */
        {
            for(j = 0;j < 5;j++)                          /* 输出一个班级的各等级统计结果 */
                printf(" %5d",r[i][j]);
            printf("\n");
        }
        return 0;
}
```

程序执行结果：

```
Class 1 score1: 87,91 ↵(输入1班的第1组数据)
Class 1 score2: 67,82 ↵(输入1班的第2组数据)
Class 1 score3: 56,72 ↵(输入1班的第3组数据)
Class 1 score4: 90,86 ↵(输入1班的第4组数据)
Class 1 score5: 92,89 ↵(输入1班的第5组数据)
Class 1 score6: 88,77 ↵(输入1班的第6组数据)
Class 2 score1: 67,87 ↵(输入2班的第1组数据)
Class 2 score2: 86,94 ↵(输入2班的第2组数据)
Class 2 score3: 51,61 ↵(输入2班的第3组数据)
Class 2 score4: 79,82 ↵(输入2班的第4组数据)
Class 2 score5: 66,60 ↵(输入2班的第5组数据)
Class 2 score6: 77,88 ↵(输入2班的第6组数据)
Class 3 score1: 71,81 ↵(输入3班的第1组数据)
Class 3 score2: 57,69 ↵(输入3班的第2组数据)
Class 3 score3: 87,81 ↵(输入3班的第3组数据)
Class 3 score4: 88,79 ↵(输入3班的第4组数据)
Class 3 score5: 67,69 ↵(输入3班的第5组数据)
Class 3 score6: 76,78 ↵(输入3班的第6组数据)
    1    3    1    1    0(1班各等级统计结果)
    1    2    1    1    1(2班各等级统计结果)
    0    2    2    2    0(3班各等级统计结果)
```

程序的输出结果共有3行数据，分别是3个班级的学生成绩分等级统计情况，每列的数据由前到后依次为优秀、良好、中等、及格和不及格的人数。

上述程序讨论的是各班级学生人数相同的情况，在通用性方面还有欠缺，可以进一步完善程序，使其适用于各班级人数不同的情况。例如可以定义一个一维数组 cla，用来存放各个班级的人数，在输入一个班级的学生成绩时用 cla 的相应元素值作为成绩输入的循环控制量即能满足上述要求。

下面是实现程序(略去的代码是没有变动的程序段)：

```c
#include<stdio.h>
int main()
```

```
{
    int s1,s2,ave,i,j;
    static int r[3][5];
    int cla[3];                                     /* 数组各元素存储各个班级的人数 */
    for(i=0;i<3;i++)                                /* 输入各个班级的人数 */
        scanf(" %d",&cla[i]);
    for(i=0;i<3;i++)
    {
        for(j=1;j<=cla[i];j++)
        {
            …
        }
    }
    …
}
```

【例 5-16】 打印杨辉三角形的前 N 行数据。

1) 问题分析与算法设计

杨辉三角形是中国古代数学研究的一项重要发现,它是一个数值组合图形,借助杨辉三角形能求解二项式问题。杨辉三角形的结构如下:

1
1  1
1  2  1
1  3  3  1
1  4  6  4  1
1  5  10 10 5  1

若用 y(i,j) 表示杨辉三角形中第 i 行、第 j 列的数值,则有:

$$y(i,j)=\begin{cases}1 & (j=1 \text{ 或 } j=i) \\ y(i-1,j-1)+y(i-1,j) & (j\neq 1 \text{ 且 } j\neq i)\end{cases}$$

根据杨辉三角形的数据排列特点,可以使用一个 N 行 N 列的二维数组 y 存储杨辉三角形,这样求解杨辉三角形的问题即转化为数组元素值的计算问题。

由于二维数组的行、列起始下标均从 0 开始,则对于第 i 行、第 j 列的元素 y[i][j] 应按以下公式求值:

$$y[i][j]=\begin{cases}1 & (j=0 \text{ 或 } j=i) \\ y[i-1][j-1]+y[i-1][j] & (j\neq 0 \text{ 且 } j\neq i)\end{cases}$$

在编程实现时只使用 y 数组的下三角形元素,利用杨辉三角形每行首、尾元素为 1 的特性对 y 数组赋初值,其他元素经计算获得。

2) 实现程序

程序如下:

```
#include<stdio.h>
#define N 6
int main()
{
```

```
        int i,j,y[N][N];
        printf("\n");
        for(i = 0;i < N;i++)            /*生成杨辉三角形每行的首、尾元素值*/
        {
            y[i][0] = 1;
            y[i][i] = 1;
        }
        for(i = 2;i < N;i++)            /*生成杨辉三角形的其他元素值*/
            for(j = 1;j < i;j++)
                y[i][j] = y[i-1][j-1] + y[i-1][j];
        for(i = 0;i < N;i++)            /*输出杨辉三角形*/
        {
            for(j = 0;j <= i;j++)
                printf(" %5d",y[i][j]);
            printf("\n");
        }
        return 0;
    }
```

● **问题思考**

杨辉三角形的呈现形式有多种，以下是一种较典型的杨辉三角形形式：

```
              1
            1   1
          1   2   1
        1   3   3   1
      1   4   6   4   1
    1   5  10  10   5   1
```

怎样修改上述程序使其输出该形式的杨辉三角形？

## 小　　结

本章介绍了关于数组的程序设计知识，主要有数组的特点、数组的定义及使用方法、数组在实际问题中的应用等，一维数组是本章的重点内容。

（1）数组是一种重要的数据结构，适合同类型批量数据的存储处理，因此在实际问题中有广泛的应用。

（2）数组与循环结构关系密切，数组的输入与输出、数组元素的运算等通常在循环体中进行，熟练掌握循环控制结构是进行数组程序设计的基础。

（3）数组分为一维数组、二维数组等，一维数组的定义格式为"数据类型　数组名[数组长度]"，二维数组的定义格式为"数据类型　数组名[数组行数][数组列数]"。无论数组的维数如何，每一维的下标值都从 0 开始。

（4）数组初始化的方式有多种，可以对全部元素初始化，也可以对部分元素初始化。对于一维数组，若对全部元素初始化，数组长度说明可以省略；对于二维数组，只允许省略行数的说明，在任何情况下都不能省略对列数的说明。

（5）字符型数组用于存储字符串，它具有数组的一切性质，但又有其特点。字符型数组的操作对应大量的操作函数,例如字符串的复制、连接、比较等均有专门的函数予以实现。

(6) 数组的存储占用连续的内存空间,占用的存储单元数由数组长度和数组的数据类型确定。一维数组从首元素开始依次存储,二维数组的每一行是一个一维数组,在存储时从首行开始按行依次存储。数组名代表数组的首地址,该性质在后续程序设计中被广泛应用。

(7) 本章最后通过几个典型实例,系统介绍了数组应用程序的设计方法和过程。

# 习 题 五

一、选择题

1. 若有数组定义 int m[][2]={1,3,5,7,9},则以下叙述正确的是_____。
   A. 该定义存在语法错误
   B. 该定义等价于 int m[3][2]={1,3,5,7,9}
   C. 该定义等价于 int m[][2]={{1,3,5},{7,9}}
   D. 该定义等价于 int m[2][2]={1,3,5,7,9}

2. 对两个数组 a 和 b 进行如下初始化:

char a[] = {'a','b','c','d','e','f'};
char b[] = "abcdef";

则以下叙述正确的是_____。
   A. a 数组与 b 数组完全相同
   B. a 数组与 b 数组具有相同的长度
   C. a 数组和 b 数组的最后一个字符都是字符串结束标识符'\0'
   D. a 数组的长度比 b 数组的长度小

3. 有程序段如下:

int a[5],i;
for(i=0;i<5;i++)
    scanf("%d",&a[i]);

要求通过键盘为数组 a 输入数据,在下面给出的数据输入形式中_____会使 a 数组获得无效数据。
   A. 30 90 70 20 60 ↵
   B. 30,90,70,20,60 ↵
   C. 30 90 70 ↵
       20 60 ↵
   D. 30 ↵90 ↵70 ↵20 ↵60 ↵

4. 有定义如下:

int a[10] = {3,5,7,9,8,4,21,10,6,15},t;

要求将数组的首、尾元素交换,以下交换方式正确的是_____。
   A. a[0]=a[9],a[9]=a[0];
   B. t=a[1],a[1]=a[10],a[10]=t;
   C. t=a[10],a[10]=a[1],a[1]=t;
   D. t=a[0],a[0]=a[9],a[9]=t;

5. 以下数组定义正确的是_____。
   A. int n=10,a[n];

B. int a[3][]={1,2,3,4,5,6,7};
C. char name[20]="liming";
D. int name[20]="liming";

6. 下列是关于字符数组的描述,错误的是_____。

A. 字符数组可以存放字符串
B. 字符数组中的字符串可以整体输入与输出
C. 在定义字符数组时可以使用一个字符串对其初始化
D. 可以用关系运算符对字符数组中的字符串进行比较

7. 下列程序执行后的输出结果是_____。

```
#include<stdio.h>
#include<string.h>
int main()
{
    char arr[2][4];
    strcpy(arr[0],"you");
    strcpy(arr[1],"me");
    arr[0][3] = '&';
    printf("%s\n",arr[0]);
    return 0;
}
```

A. you    B. me    C. you&me    D. me&you

8. 在下列程序段中不能输入字符串的是_____。

A. char str[10];
   puts(gets(str));

B. char str[10];
   scanf("%s",str);

C. char str[10];
   gets(str);

D. char str[10];
   getchar(str);

9. 以下是一个字符串输入与输出程序:

```
#include<stdio.h>
#include<string.h>
int main()
{
    char ch1[10],ch2[10];
    gets(ch1);
    gets(ch2);
    if(strcmp(ch1,ch2)>0)
        puts(ch1);
    else
        puts(ch2);
    return 0;
}
```

下列关于程序功能的描述正确的是_____。

A. 输入两个字符串,然后按照输入顺序依次输出这两个字符串
B. 输入两个字符串,将其中的大字符串输出

C. 输入两个字符串,将其中的小字符串输出

D. 输入两个字符串,将其中最长的字符串输出

10. 以下是一个字符串输入与输出程序:

```c
#include<stdio.h>
#include<string.h>
int main()
{
    char ch1[10],ch2[10];
    gets(ch1);
    gets(ch2);
    if(strlen(ch1)>strlen(ch2))
        puts(ch1);
    else
        puts(ch2);
    return 0;
}
```

下列关于程序功能的描述正确的是_____。

A. 输入两个字符串,将其中的大字符串输出

B. 输入两个字符串,将其中的小字符串输出

C. 输入两个字符串,将其中的长字符串输出

D. 输入两个字符串,将其中的短字符串输出

## 二、程序分析题

1. 下面程序的功能是输出数组 s 中最大元素的下标。在横线处填上适当的内容,使它能得出正确的结果。

```c
#include<stdio.h>
int main()
{
    int k,p,s[]={1,-9,7,2,-10,3};
    for(p=0,k=p;p<6;p++)
        if(s[p]>s[k])_____;
    printf("%d\n",k);
    return 0;
}
```

2. 下面程序的功能是将一个字符串中的小写英文字母全部改成大写形式,然后输出。在横线处填上适当的程序代码,使它能输出正确的结果。

```c
#include<stdio.h>
int main()
{
    int i=0;
    char str[80];
    scanf("%s",str);
    while(_____①_____)
    {
        if(_____②_____) str[i]=str[i]-32;
```

```
            ③    ;
    }
    printf(" %s\n", str);
    return 0;
}
```

3. 下列程序的输出结果是_____。

```
#include<stdio.h>
int main()
{
    int a[3][3] = {{1,2,3},{4,5,6},{7,8,9}};
    int i,j,s = 0;
    for(i = 1;i < 3;i++)
        for(j = 0;j < i;j++)
            s += a[i][j];
    printf(" %d\n",s);
    return 0;
}
```

4. 下面的程序将二维数组 a 的行元素和列元素互换，然后存储到另一个二维数组 b 中。在横线处填上合适的程序代码。

```
#include<stdio.h>
int main()
{
    int a[2][3] = {{10,20,30},{40,50,60}};
    int b[3][2],i,j;
    for(i = 0;i <= 1;i++)
    {
        for(j = 0;j <= 2;j++)
        {
            printf(" %5d",a[i][j]);
            _____;
        }
        printf("\n");
    }
    for(i = 0;i <= 2;i++)
    {
        for(j = 0;j <= 1;j++)
        printf(" %5d",b[i][j]);
        printf("\n");
    }
    return 0;
}
```

## 三、编程题

1. 请回忆最近 5 次的网购情况，凡是超值的记为 1，其他记为 0，如表 5-5 所示。编写程序，将超值记录数据按照网购顺序依次输入到一维数组中，然后判断输出网购评价结果。

表 5-5　超值网购评价表

| 网购顺序 | 第 1 次 | 第 2 次 | 第 3 次 | 第 4 次 | 第 5 次 |
|---|---|---|---|---|---|
| 超值记录 | 1 | 0 | 1 | 1 | 0 |

对应表 5-5 的网购数据将输出以下结果。

第 1 次,超值
第 2 次,一般
第 3 次,超值
第 4 次,超值
第 5 次,一般

2. 将 Fibonacci 数列前 20 项中的偶数值找出来,存储到一维数组中。

3. 某就业指导网站对 20 个行业进行了网络调查,并发布了每个行业的平均月薪。试编写程序,将这些数据输入到一维数组中,然后将超过平均值的数据单独存储到一个高收入行业数组中。

4. 某研究小组共有 6 人,每个人的年龄按照从小到大的顺序存储到一维数组中。要求编写程序,计算他们的平均年龄,并确定出最接近且不大于平均年龄的那个值在数组中的位置。

5. 某研究团队共有 N 个成员,将每个人的年龄随机存储到一维数组中。要求编写程序,计算他们的平均年龄,并确定出最接近且不大于平均年龄的那个值。

6. 回文是顺读和倒读都一样的字符串,例如 ASDFDSA 是回文,而 ASDFDAS 不是回文。输入一个字符串,判断其是否为回文。若是回文,输出 Yes,否则输出 No。

7. 将一行电文译成密码,规律如下:
(1) 将 a、b、c、…、z 这 26 个小写字母分别译成 0、1、…、9、a、b、c、d、e、f、g、h、i、@、#、$、%、&、!、*;
(2) 将空格译成 j;
(3) 其他字符不变。

8. 打印点阵图案。先用纸笔绘制一个 N 行 N 列的点阵图案,并将图案信息输入到一个二维数组中(例如,黑点用 1 表示,空白点用 0 表示),然后将图案打印出来(例如,对应 1 打印 *,对应 0 打印空格)。

9. 某人发表英文短文一篇,共有 5 段,每段不超过 80 个字母,每个字符(不含空格)计稿费 0.5,编程计算共获得多少稿费。

10. 用一维数组作为存储结构,实现 Josephus 环报数游戏。以下是对 Josephus 环报数游戏的描述:有 n 个人围成一圈,从 1 开始顺序编号到 n,首先自 1 号开始顺时针从 1 报数,数到 m 者自动出列,然后自下一个人开始重新从 1 报数,数到 m 者仍然自动出列,直到最后一个人出列为止。编写程序,输出这 n 个人出列的顺序。

11. 鞍点问题。在二维数组中,若某一位置的元素在该行中最大,而在该列中最小,则该元素即为该二维数组的一个鞍点。要求从键盘输入一个二维数组,当鞍点存在时把鞍点找出来。

# 第 6 章　函数程序设计

函数化结构是 C 语言程序的典型特征,它可以把一个大的问题分解成若干个独立的小部分,分别编写具有独立处理功能的函数,然后通过函数调用将这些函数联系起来,以解决大的问题,这就是结构化程序设计的思想。本章介绍函数设计和应用的基本知识,主要包括用户函数定义和调用的基本方法、函数嵌套和递归函数设计、数组作为函数的参数等内容,并结合具体实例详细介绍函数化结构的程序设计方法。

## 6.1　函数概述

函数并不是一个新概念,从开始学习 C 语言我们就和函数打交道,例如 main() 函数、printf() 函数、scanf() 函数、getchar() 函数、putchar() 函数、gets() 函数、puts() 函数、sqrt() 函数等。在这些函数中,除 main() 函数需要编程设计之外,其他函数都是 C 语言系统提供的,这类函数称为库函数。每个库函数都具有特定的功能,在设计程序时可根据需要随时使用相应的函数。例如使用 scanf() 函数输入数据、使用 sqrt() 函数计算表达式的平方根等。

C 语言程序中许多功能的实现需要库函数的支持。实用的 C 语言系统一般还会根据其自身特点提供大量相关的库函数,包括图形处理函数、输入与输出函数、计算机系统功能调用函数等。本书附录 B 给出了 ANSI C 部分库函数的基本信息,对于更详细的介绍,读者需查阅相关 C 语言系统的使用手册。

在程序中使用的函数有的需要返回一定的函数值,有的只需完成某些特定的操作。例如,getchar() 函数的值是执行函数时读取的一个字符值,而 puts() 函数则是完成输出一个字符串的操作。

有些函数是有参数的,在使用时要求提供参数的具体值,例如,使用 sqrt(5) 获得 5 的平方根值,函数中的"5"就是函数的参数。有些函数没有参数,不需要提供参数值,例如,使用 getchar() 函数可以获得一个输入字符,该函数没有参数。

C 语言的任何一个函数都以函数名为标识,在程序中通过函数名使用函数,任何函数都有其规定的使用格式。

在程序中使用某一个函数时称为函数调用。在程序中除了可以调用系统提供的库函数之外,还可以根据程序设计需要专门编写特定的函数,并在需要时调用这些函数。在程序中专门编写的这一类函数称为用户函数,有时也称为自定义函数。

用户函数与系统的库函数没有本质的区别,都是一段程序代码。不同的是,库函数代码由 C 语言系统定义,在需要时可直接调用,而用户函数代码要由程序设计者定义,只有在程序中定义了相关的函数代码才能进行函数调用。

以下是关于用户函数的一个示例,希望通过该示例进一步说明用户函数在 C 语言程序中的作用。

【例 6-1】 编程计算表达式 a!+b!+c! 的值。

为了说明用户函数的作用,本例给出两个结构完全不同的程序:程序 e6-0.c 在结构上只有 main() 函数,在 main() 函数内实现所有阶乘运算;程序 e6-1.c 由 main() 函数和求阶乘的用户函数构成,阶乘运算由 f() 函数实现。

**1. 程序结构只有 main() 函数的阶乘程序**

程序如下:

```
/* program e6-0.c */
#include <stdio.h>
int main()
{
    int a,b,c,i;
    long t,sum;
    printf("Input a,b,c:");
    scanf(" %d, %d, %d",&a,&b,&c);
    for(t=1,i=1;i<=a;i++)              /* 计算 a! */
        t=t*i;
    sum=t;                              /* sum=a! */
    for(t=1,i=1;i<=b;i++)              /* 计算 b! */
        t=t*i;
    sum+=t;                             /* sum=a!+b! */
    for(t=1,i=1;i<=c;i++)              /* 计算 c! */
        t=t*i;
    sum+=t;                             /* sum=a!+b!+c! */
    printf("sum= %ld\n",sum);          /* 输出表达式 a!+b!+c! 的值 */
    return 0;
}
```

该程序使用 3 个功能相同的程序段分别计算整数 a、b、c 的阶乘,这使得程序在结构上有些松散,不够简洁。下面的程序将计算阶乘的程序段独立出来,编写为计算 n! 的用户函数 f(),在主函数中调用它实现阶乘运算,程序精练,而且处理能力增强。例如,当增加其他整数的阶乘运算时只需调用 f() 函数即可。

**2. 使用用户函数的阶乘程序**

程序如下:

```
/* program e6-1.c */
#include <stdio.h>
int main()
{
    long f(int n);
    int a,b,c;
    printf("Input a,b,c:");
    scanf(" %d, %d, %d",&a,&b,&c);
    printf("sum= %ld\n",f(a)+f(b)+f(c));    /* 调用 f() 函数求阶乘 */
    return 0;
}
```

```
/* 以下是计算阶乘的函数 */
long f(int n)
{
    long t;
    int i;
    for(t = 1,i = 1;i <= n;i++)
        t *= i;
    return t;
}
```

该程序由结构上完全独立的 main() 函数和求阶乘的用户函数 f() 构成,在 main() 函数中调用 f() 函数求一个整数的阶乘。main() 函数中的语句"long f(int n);"是对函数 f() 使用前的预先说明,这与变量一样先说明,后使用。函数体内有 3 个 f() 函数的调用,分别计算 a!、b!、c!。

用户函数 f() 的程序代码分为两部分,即函数头和函数体。程序行"long f(int n)"是函数头,它包括 3 个方面的内容,即函数名、函数的参数、函数值的类型。"f"是函数名;"int n"是函数 f 的参数项,表明 f() 只有一个参数 n,并且其数据类型是 int 型,这要求在调用函数 f() 时需要为其提供一个整数值;"long"是对 f() 函数值类型的说明,表明 f() 函数的值是 long 型值。大括号"{}"之间的代码是 f() 的函数体,它实现阶乘运算,其中"return t"的作用是指定变量 t 的值作为函数值。任何函数,其功能都是由函数体语句实现的。

## 6.2 函数定义及调用

在 C 语言程序中,定义和调用函数需遵循一定的规则,有严格的格式要求。本节对函数定义及调用的相关知识进行介绍。

### 6.2.1 函数定义

所谓函数定义,是指在程序中编写具有特定功能的用户函数。例如在程序 e6-1.c 中的计算阶乘函数 f()。用户函数定义的一般格式如下:

```
函数类型   函数名(形参变量表)
{
    函数体
}
```

说明:

(1) 第 1 行是函数头,也称为函数首部,用于对函数进行属性描述;"函数体"是对函数功能的描述,是实现函数功能的全部语句,包括说明、定义语句以及控制、操作语句。

(2) 函数类型有两种情况,当函数有具体的返回值时,函数类型为函数值的数据类型,当函数只是完成某些特定的操作(例如输入、输出数据)而没有具体的返回值时,函数类型为 void 型。

(3) 形参变量表是用逗号分隔的一组变量说明,指明每一个形参变量的数据类型和名称。在发生函数调用时,形参变量接受来自主调函数的数据。与数学函数相比,这部分内容相当于函数自变量。形参变量表的格式如下:

数据类型1 形参1,数据类型2 形参2,…,数据类型n 形参n

(4) 当函数不需要参数时,形参变量表用 void 填充。有的 C 语言系统在定义无参数函数时允许形参表为空,但函数名后的括号"()"不能省略。

(5) 函数名是对函数的标识,是符合标识符命名规则的任何合法标识符。

【例 6-2】 定义连续输出 n 个"*"字符的函数。

函数定义如下:

```
void p_star(int n)
{
    int i;
    for(i = 1;i <= n;i++)
        putchar('*');
}
```

说明:

(1) 函数首部代码说明函数名称为 p_star,函数有一个 int 型形参变量 n,函数返回值类型为 void。

(2) 该函数的函数体共有两个语句,其中的 for 语句控制输出 n 个"*"字符。这里的"n"即是函数首部中的形参变量"n",它的具体数值在函数被调用时给定,从而确定要输出的"*"字符的个数。例如,函数调用 p_star(10)将输出 10 个"*"字符,而函数调用 p_star(20)将输出 20 个"*"字符。

(3) 该函数的功能仅是实现字符串输出操作,不涉及函数值的问题,所以函数类型定义为 void 型。

## 6.2.2 函数值和 return 命令

函数值是函数执行后带回的一个结果,通常称为函数的返回值。例如本章一开始讨论的 f()函数,执行后其值是一个整数的阶乘,而库函数 sqrt()的值是一个表达式的平方根。

用户函数的返回值通过函数体中的 return 命令获得,其一般格式如下:

return 表达式

return 命令将"表达式"的值作为函数的返回值,同时结束函数运行,返回到调用它的上层函数位置。

【例 6-3】 定义求两个实数的最大数函数 max()。

设表示两个实数的形参变量分别为 x、y,函数定义如下:

```
float max(float x,float y)
{
    float m;
    m = x > y?x:y;
    return m;
}
```

该函数名称为 max,它有两个 float 型形参变量 x 和 y,其功能是求 x、y 的最大值。max()

函数被调用执行后,"return m"命令使得变量 m 的值成为函数的返回值。由于函数的返回值是一个 float 型实数,所以在定义函数时函数类型说明为 float 型。

关于 return 命令的说明:

(1) return 命令也可以使用如下格式:

return (表达式)

(2) 在一个函数中允许有多个 return 命令,执行到任何一个 return 命令都将返回到主调函数。

下面是 max()函数的另一种实现形式:

```
float max(float x,float y)
{
    if(x>y)
        return x;
    else
        return y;
}
```

该函数的函数体内有两个 return 命令,但在任何情况下只有一个起作用。

【例 6-4】 定义能对表达式 $\sum_{i=1}^{n} i$ 求值的函数 sum()。

函数如下:

```
int sum(int n)
{
    int s,i;
    for(s=0,i=1;i<=n;i++)
        s+=i;
    return s;
}
```

该函数的返回值是 for 语句结束之后变量 s 的值,若 n 的值为 100,则函数值为 1+2+…+100 的累加结果。

以上两个函数都有返回值,因此 return 命令在函数体中是必不可少的,而且它的参数也不能省略。当函数不需要具体的返回值时,函数体中的 return 命令不使用参数。实际上,当 return 命令省略参数时 return 语句也就可有可无了。缺少 return 语句的函数在执行完最后一个语句后自动返回。

### 6.2.3 函数调用

函数调用是对已定义函数的具体应用。例如,程序 e6-1.c 中的 f(a)即是函数调用,它调用程序中定义的 f()函数计算 a! 值。

函数调用的一般形式如下:

函数名(实参表)

在发生函数调用时,函数中的形参将得到实参表中的数据,然后执行函数体语句,实现函数功能。例如，f(a)中的 a 即是一个实参值，它将传给 f()函数的形参变量 n，因此该次函数调用将计算 a!。

在进行函数调用之前要对被调用函数进行函数声明。函数声明有多方面的作用，其中之一是编译程序利用函数声明对函数调用的合法性进行检查，凡是与函数原型不匹配的函数调用一律视为非法调用。例如，程序 e6-1.c 的 main()函数中的"long f(int n);"就是一个函数声明语句，它表明在其后的操作中要调用 f()函数，而且函数 f()只有一个 int 型参数，因此在进行函数调用时 f()函数的实参只能是一个 int 型数据，即形如 f(5)的函数调用是合法的，形如 f(5,10)的函数调用是不合法的。这里的"long f(int n)"称为 f()函数的函数原型，实际上它就是定义函数时的函数头。

函数原型的一般形式如下：

函数类型　函数名(数据类型 1　形参 1,数据类型 2　形参 2,…,数据类型 n　形参 n);

在函数原型中对形参表进行描述时，允许省略所有形参的名称，只保留各个形参的类型说明，但它们的个数和顺序必须与形参表完全一致。例如，函数原型"long f(int n)"可简化为"long f(int)"。

以下是简化的函数原型的一般形式：

函数类型　函数名(数据类型 1,数据类型 2,…,数据类型 n)

函数声明可以在主调函数中进行，也可以在程序开始集中进行。若采用后一种形式，则在主调函数中对被调用函数的声明可以省略。在 a 函数中调用 b 函数的形式如图 6-1 所示。

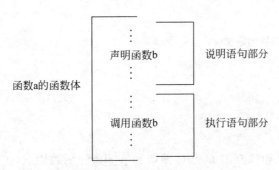

图 6-1　在 a 函数中调用 b 函数

在进行函数调用时要注意以下事项：

(1) 函数调用的实参个数必须与形参个数相同。

(2) 实参与形参按照在参数表中的位置一一对应传值，实参与形参的名称是否相同对调用传值无任何影响。

(3) 实参与形参对应位置上的数据类型应该一致。

(4) 对于无参数函数，即形参表为 void 的函数，在函数调用时实参表必须为空，不能有任何内容。

【例 6-5】 调用在例 6-2 中定义的 p_star()函数，输出一个 5 行的"＊"三角形图案(见图 4-9)。

1) 问题分析与算法设计

(1) p_star()函数原型为 void p_star(int n),其功能是连续输出 n 个"*"字符。若有函数调用 p_star(20),则将连续输出 20 个"*"字符。

(2) "*"字符图案共有 5 行,每行"*"字符的个数与所在行的行号相同,即第 k 行有 k 个"*"字符,函数调用 p_star(k)即可输出 k 个"*"字符。

根据以上分析设计输出图案的代码如下:

```c
for(k = 1;k <= 5;k++)
{
    p_star(k);                          /* 函数调用 */
    putchar('\n');
}
```

2) 实现程序

程序如下:

```c
#include<stdio.h>
int main()
{
    void p_star(int n);                 /* 函数声明 */
    int k;
    for(k = 1;k <= 5;k++)
    {
        p_star(k);                      /* 函数调用,输出 k 个"*"字符 */
        putchar('\n');
    }
    return 0;
}
/* 以下是 p_star()函数的定义 */
void p_star(int n)
{
    int i;
    for(i = 1;i <= n;i++)
        putchar('*');
}
```

该程序由结构上互相独立的 main()函数和 p_star()函数构成,p_star()函数在 main()函数中先后被调用了 5 次,每调用一次输出一个"*"字符串。函数调用 p_star(k)输出的"*"字符串的长度由当次调用时实参 k 的值确定。表 6-1 列出了程序执行过程中 p_star()函数每次被调用时的参数传递及函数执行情况。

表 6-1 p_star()函数调用的参数传递及执行情况

| k 值 | p_star()调用实例 | 参数传递 | 执行结果 |
| --- | --- | --- | --- |
| 1 | p_star(1) | 1 传递给形参 n | 执行 p_star()的函数体,输出 * |
| 2 | p_star(2) | 2 传递给形参 n | 执行 p_star()的函数体,输出 ** |
| 3 | p_star(3) | 3 传递给形参 n | 执行 p_star()的函数体,输出 *** |
| 4 | p_star(4) | 4 传递给形参 n | 执行 p_star()的函数体,输出 **** |
| 5 | p_star(5) | 5 传递给形参 n | 执行 p_star()的函数体,输出 ***** |

3) 关于程序的进一步说明

(1) p_star()函数被调用后的执行过程。

本例题程序中,main()函数是用户函数 p_star()的主调函数,p_star()函数在 for 语句执行过程中被多次调用,其调用语句为"p_star(k);"。当"p_star(k);"语句被执行后,便立即启动 p_star()函数的执行过程。首先向函数传递数据,将实参 k 传递给 p_star()函数的形参 n,然后执行 p_star()函数的函数体语句,其结果是输出 k 个 * 字符(第 1 次函数调用时 k 的值为 1,输出 1 个 * 字符),函数即执行结束。p_star()函数执行结束之后,程序的执行流程返回到主调函数中,继续执行"p_star(k);"语句的下一个语句"putchar('\n');",然后进行下一次循环,直到 for 语句执行结束。

程序执行过程中,p_star()函数被调用了 5 次,虽然每次函数调用时实参 k 的值均不相同,但函数调用的执行过程完全相同。

(2) 用户函数声明可以位于程序开始位置。

本例题程序中,用户函数 p_star()的主调函数是 main()函数,关于 p_star()的函数声明是在 main()函数中进行的,函数声明语句为"void p_star(int n);"。事实上,当有多个用户函数时,在程序开始、所有函数之外集中进行用户函数声明的方式更为常用。以下是更改之后的函数声明及主函数代码。

```
#include<stdio.h>
void p_star(int );                    /*函数声明*/
int main()
{
    int k;
    for(k=1;k<=5;k++)
    {
        p_star(k);                     /*函数调用,输出k个'*'字符*/
        putchar('\n');
    }
    return 0;
}
```

在上面的函数代码中,函数声明使用了简化的函数原型。希望读者注意,当有多个形参时,其数据类型标识符个数和顺序必须与函数头中的形参表完全一致。

【例 6-6】 调用在例 6-4 中定义的求和函数 sum(),计算表达式 $\sum_{m=1}^{20}m+\sum_{n=1}^{50}n$ 的值。

程序如下:

```
#include<stdio.h>
int main()
{
    int sum(int);                      /*函数声明*/
    printf(" %d\n",sum(20)+sum(50));   /*函数调用*/
    return 0;
}
int sum(int n)                         /*函数定义*/
{
    int s,i;
```

```
    for(s = 0,i = 1;i <= n;i++)
        s += i;
    return s;
}
```

在该程序中,sum()函数在main()函数中被调用了两次,分别求得 $\sum_{m=1}^{20} m$ 和 $\sum_{n=1}^{50} n$ 的值。另外需注意,在main()函数中的sum()函数声明使用了一种简化形式,只使用了形参的数据类型,而省略了形参名称。

【例6-7】 调用在例6-3中定义的求最大数函数max(),求得3个数的最大数。

程序如下:

```
#include<stdio.h>
int main()
{
    float max(float,float);              /*函数声明*/
    float a,b,c;
    printf("a,b,c: ");
    scanf("%f,%f,%f",&a,&b,&c);
    printf("max = %f\n",max(max(a,b),c));  /*函数调用*/
    return 0;
}
float max(float x,float y)                 /*定义求两个数的最大数函数*/
{
    float m;
    m = x > y?x:y;
    return m;
}
```

在该程序的main()函数中,语句"printf("max=%f\n",max(max(a,b),c));"中的max(a,b)是一个函数调用,它是另一个函数调用max(max(a,b),c)的一个实参。

前面已提到,在函数调用时,实参和形参按照在参数表中的位置对应传值。下面一个例子对此进行了更为详细的说明。

【例6-8】 编写连续输出n个任意字符的函数p_string(),并调用该函数输出一个5行的"*"三角形图案。

程序如下:

```
#include<stdio.h>
int main()
{
    void p_string(int,char);           /*函数声明*/
    int k;
    for(k = 1;k <= 5;k++)
    {
        p_string(k,'*');                /*函数调用*/
        putchar('\n');
    }
    return 0;
```

```
    }
    void p_string(int n,char ch)              /* 函数定义,该函数连续输出 n 个相同字符 */
    {
        int i;
        for(i = 1;i <= n;i++)
            putchar(ch);
    }
```

在该程序中 p_string() 函数有两个形参,第 1 个形参指定输出字符的个数,为 int 型;第 2 个形参指定要输出的字符,为 char 型。在进行函数调用时函数实参必须和函数形参对应一致,第 1 个实参为要输出的字符个数 k,第 2 个实参为要输出的字符 ' * '。

程序执行时,p_string() 函数被调用了 5 次,每次调用输出的 " * " 字符个数由 k 的值确定。

若在函数调用时将两个实参的顺序颠倒,例如:

p_string(' * ',k);

则会得到一个完全不是本意的结果,对于这一点希望读者务必注意。

在上述程序的基础上只要对主调函数稍加修改就能够输出任意行数、任意字符的三角形图案。下面是修改后的 main() 函数的代码。

```
    int main()
    {
        void p_string(int,char);              /* 函数声明 */
        int k,row;
        char ch;
        scanf(" %d %c",&row,&ch);             /* row 为图案行数,ch 为图案字符 */
        for(k = 1;k <= row;k++)
        {
            p_string(k,ch);                   /* 函数调用 */
            putchar('\n');
        }
        return 0;
    }
```

在程序修改之后,输出图案的字符行数以及构成图案的字符由主函数进行控制。通过键盘将控制数据分别输入到变量 row 和 ch 中,然后调用 p_string() 函数实现图案的输出。以下是程序的一个执行结果:

5M ↵
M
MM
MMM
MMMM
MMMMM

大家已经知道,一个 C 语言程序不管由多少个函数构成,有且只能有一个 main() 函数,而且不管 main() 函数处在什么位置,系统总是从 main() 函数开始执行程序。因此,对于上述程序,既可以把用户函数放在 main() 函数之前,也可以把用户函数放在 main() 函数之后。

## 6.3 函数嵌套和递归函数

函数嵌套和递归函数是 C 语言常用的程序结构,本节通过实例对相关程序设计进行介绍。

### 6.3.1 函数嵌套

函数嵌套是指在一个用户函数的函数体中调用另外的用户函数。例如函数 a 调用函数 b,函数 b 又调用函数 c 等。

**【例 6-9】** 定义输出"*"三角形图案的函数,并在主函数中调用该函数输出一个 5 行的"*"三角形图案(如图 4-9 所示),其中,每行"*"字符串的输出也要通过用户函数实现。

1) 问题分析与算法设计

(1) 定义在一行上连续输出 n 个"*"字符的函数 p_star(),函数原型如下:

void p_star(int n)

(2) 定义输出 m 行"*"三角形图案的函数 p_all(),在其中调用 p_star()函数实现每一行图案的输出。函数 p_all()的原型如下:

void p_all(int m)

(3) 在主函数 main()中调用 p_all(),输出 5 行的"*"三角形图案。

2) 实现程序

程序如下:

```c
#include<stdio.h>
void p_star(int);                    /*函数声明*/
void p_all(int);                     /*函数声明*/
int main()
{
    p_all(5);                        /*输出 5 行"*"三角形图案*/
    return 0;
}
void p_star(int n)                   /*在一行上连续输出 n 个"*"字符*/
{
    int i;
    for(i=1;i<=n;i++)
        putchar('*');
}
void p_all(int m)                    /*定义函数,输出 m 行"*"三角形图案*/
{
    int i;
    for(i=1;i<=m;i++)
    {
        p_star(i);                   /*调用 p_star()函数,输出一行的"*"字符*/
        putchar('\n');
```

        }
　　}
　　在该程序中,用户函数 p_all() 的功能是输出"＊"三角形图案,在它的函数体中调用了用户函数 p_star(),这就是所谓的函数嵌套调用。
　　在执行程序时,main() 函数调用 p_all() 函数,在 p_all() 函数执行过程中 5 次调用 p_star() 函数。函数嵌套调用情况如图 6-2 所示。

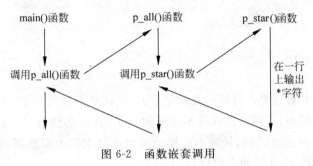

图 6-2　函数嵌套调用

　　其实,大家联想以前定义的函数,发现嵌套结构早就在程序中应用了。例如,在函数中应用 printf()、scanf() 等,这实际上就是函数嵌套。因此,函数嵌套并不是 C 语言中的特殊问题。

● 问题思考

上面的例题程序与例 6-5 程序的功能相同,试比较两个程序的异同。

### 6.3.2　递归函数

　　递归函数是由递归定义产生的,若在定义一个函数的过程中直接或间接地调用了被定义的函数本身,那么这种定义就是递归定义,所定义的函数称为递归函数。递归函数可以使程序简洁、代码紧凑,但只有能使用递归方式描述的问题才能使用递归函数实现。下面分两种情况对递归函数进行讨论。

**1. 公式递归问题**

　　能够使用一个递归公式描述的问题归类为公式递归问题。公式递归问题实现起来比较容易,只要给出了递归公式就能直观地编写递归函数。因此,求解公式递归问题归结为以下两个步骤:

（1）用递归公式描述问题。

（2）将递归公式函数化。

【例 6-10】　用递归函数计算累加和 $\sum_{i=1}^{n} i$。

（1）用递归公式描述问题。

若使用函数 sum(n) 表示累加和,则:

$$\text{sum}(n) = \begin{cases} 1 & (n = 1) \\ \text{sum}(n-1) + n & (n > 1) \end{cases}$$

该递归公式描述了计算 sum(n) 的方法,给出的是求解问题的思路,计算机将按照算法描述,利用语言系统的递归处理功能自动实现递归运算。

(2) 将递归公式函数化。

直观而言,上述递归公式给出了 sum(n)的两种取值,当 n 为 1 时,其值为 1;当 n>1 时,其值为 sum(n−1)+n。由此,定义递归函数如下:

```
long sum(int n)
{
    if(n == 1)
        return(1);
    else
        return(sum(n - 1) + n);
}
```

读者要注意,递归处理是由计算机自动完成的,包括两个过程:首先是由高到低的递推处理,将问题规模逐步缩小,直到运算规模不能分解为止,此时必然有一个最小规模值(n=1 的情况);然后由低到高逐级回溯,从最小规模值开始逐级求得上层数据,直到解决问题为止。

下面是函数调用 sum(3)的求值过程:

(1) 由高到低进行递推描述。

① 调用 sum(3),将其描述为 sum(2)+3;

② 调用 sum(2),将其描述为 sum(1)+2;

③ 调用 sum(1),问题已到最低层,有确定值,sum(1)=1。

(2) 由低到高逐级求得上层结果。

① 由 sum(1)+2 求得 sum(2);

② 由 sum(2)+3 求得 sum(3)。

至此问题结束,基本过程如图 6-3 所示:

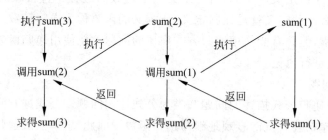

图 6-3 计算 sum(3)的递归过程

以下是问题求解程序的其他代码。

```
# include < stdio.h >
int main()
{
    long sum(int);                    /* 函数声明 */
    int n;
    printf("n = ");
    scanf(" %d",&n);
    printf("sum = % ld\n",sum(n));    /* 函数调用、输出结果 */
```

```
            return 0;
    }
```

**注意**：递归函数是向计算描述的求解问题的方法，递归函数的执行过程是由计算机自动完成的，作为一般程序设计人员不必深究。

对程序而言，递归函数的目的是执行一系列调用，一直到达某一特殊点时序列终止。为了保证递归函数是正常执行的，必须遵守下面的规则：

（1）递归函数被调用后首先要检查递归调用的终止条件，若已满足，函数就停止递归调用。

（2）递归函数被调用时，传递给函数的参数要以某种方式变得"更简单"，使这些参数逐渐靠近递归终止条件。

**2．非公式递归问题**

有的问题不能直接用一个递归公式进行描述，但可以用递归方法进行描述，将其归类为非公式递归问题。

**【例 6-11】** 汉诺塔问题。

题目介绍：有 3 个柱和 n 个大小各不相同的盘子，开始时所有盘子以塔状叠放在柱 A 上，要求按一定规则将柱 A 上的所有盘子移动到柱 B 上，柱 C 为移动缓冲柱。移动规则如下：

（1）一次只能移动一个盘子。

（2）任何时候不能把盘子放在比它小的盘子的上面。

按照上述规则，实现汉诺塔问题的过程描述如下：

① 若只有一个盘子，则直接从柱 A 移到柱 B，问题结束；

② 若有 n(n>1)个盘子，则要经过以下 3 个步骤（或称为三步法）。

第 1 步：按照移动规则把柱 A 上的 n-1 个盘子移到柱 C 上。

第 2 步：将柱 A 上仅有的一个盘子（也就是最大的一个）直接移到柱 B 上。

第 3 步：按照移动规则将柱 C 上的 n-1 个盘子移到柱 B 上。

移动过程描述如图 6-4 所示。

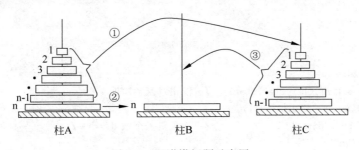

图 6-4 汉诺塔问题示意图

在上述 3 个步骤中，第二步只需移动一个盘子，一次即可完成该步骤。而第一步、第三步都要移动多个盘子，按照规则，移动过程要层层分解为一系列更小的一次仅移动一个盘子的操作。

显然这是一个递归的过程，以上三步法实际上是一个递归算法。对于一个盘子的情况能够直接解决，相当于公式递归中最低层的情况；而当 n>1 时，将用一个逐步简单的参数（即减少一个盘子）去调用函数，最终将到达仅有一个盘子的状态，此时递归就终止了。对 n 个盘子而言，柱 A、柱 B、柱 C 分别为源柱、目的柱、缓冲柱。

由上述分析可以得到汉诺塔问题的递归算法，如下：

```
hanoi(n个盘子, A→B, 缓冲柱为 C)
{
    if (n==1)
       直接从 A 移到 B
    else
    {
        hanoi(n-1个盘子, A→C, 缓冲柱为 B)
        移动 n 号盘子: A→B
        hanoi(n-1个盘子, C→B, 缓冲柱为 A)
    }
}
```

其中，移动一个盘子的操作可以用输出语句实现。例如，由柱 A 移动到柱 B 时显示为 A→B。

下面以 3 个盘子为例对 hanoi() 函数进行说明。

当有 3 个盘子(n＝3)时，算法整体描述为 hanoi(3 个盘子, A→B, 缓冲柱为 C)，三步法中各步骤的描述如下。

第 1 步：将柱 A 上层的两个盘子(2 号、1 号)按照三步法移到柱 C，算法描述为 hanoi(两个盘子, A→C, 缓冲柱为 B)。该步骤完成后，柱 A 只有一个大盘子(3 号)，柱 B 此时为空，柱 C 有两个盘子(2 号、1 号)叠放。

第 2 步：将柱 A 仅有的一个大盘子(3 号)移到柱 B。该步骤完成后，柱 A 为空，柱 B 只有一个大盘子(3 号)，柱 C 有两个盘子(2 号、1 号)叠放。

第 3 步：将柱 C 上的两个盘子按照三步法移到柱 B，算法描述为 hanoi(两个盘子, C→B, 缓冲柱为 A)。该步骤完成后，柱 A、柱 C 均为空，柱 B 有 3 个盘子叠放。

下面是实现汉诺塔问题的具体程序。

```c
#include<stdio.h>
int main()
{
    int disks;
    void hanoi(int,char,char,char);   /*汉诺塔函数声明*/
    printf("Number of disks: ");
    scanf(" %d",&disks);              /*输入盘子个数 disks*/
    printf("\n");
    hanoi(disks,'A','B','C');         /*盘子个数 disks,'A'、'B'、'C'为源柱、目的柱、缓冲柱*/
    return 0;
}

void hanoi(int n,char A,char B,char C)   /*定义汉诺塔递归函数*/
{
    if (n==1)
```

```
        {
            printf(" %c --> %c",A,B);    /*一个盘子时移动一次即可*/
            return;
        }
        else                              /*当有多个盘子时*/
        {
            hanoi(n-1,A,C,B);             /*A上的n-1个盘子由A→C,缓冲为B*/
            printf(" %c --> %c",A,B);     /*移动A上的n号盘子：A→B*/
            hanoi(n-1,C,B,A);             /*C上的n-1个盘子由C→B,缓冲为A*/
        }
    }
```

**说明**：hanoi()函数共有4个参数，第1个参数是实现hanoi操作的盘子数，第2、3、4个参数分别为当次hanoi调用时的源柱、目的柱和缓冲柱。

下面是移动4个盘子时程序的执行结果。

```
Number of disks: 4 ↵
A -->C   A -->B   C -->B   A -->C   B -->A   B -->C   A -->C
A -->B   C -->B   C -->A   B -->A   C -->B   A -->C   A -->B
C -->B
```

● 问题思考

以实现3个盘子的汉诺塔问题为例，把每一次的hanoi()函数调用写出来，并写出当次函数调用的输出结果。例如，第1次的hanoi()函数调用为hanoi(3,'A','B','C')，输出结果为 A --> B。

## 6.4 数组与函数

本节通过实例介绍利用函数处理数组数据的程序设计方法，主要内容是数组作参数的函数设计及函数调用方法。

### 6.4.1 数组元素作函数参数

到目前为止所讨论的数组都属于简单数组，其元素为简单变量，因此这类数组元素作函数参数时与其他简单变量作函数参数没有区别。

【例6-12】 设计一个判断素数的函数，在主函数中调用它，把一个整数数组的所有素数找出来。

1) 问题分析与算法设计

(1) 设计判断素数的函数 prime()，函数原型如下：

int prime(int k)

当k为素数时函数值为1，否则函数值为0。例如，prime(23)的函数值为1，表明23为素数；prime(20)的函数值为0，表明20不是素数。

(2) 在主函数 main()中建立一个整数数组 natural，然后用它的每一个数组元素作函数参数调用 prime()函数判断素数。

2）实现程序

程序如下：

```c
#define N 10
#include <stdio.h>
#include <math.h>
int main()
{
    int prime(int);                        /*判断素数函数*/
    int i,natural[N];                      /*定义整数数组*/
    printf("Data: ");
    for(i = 0;i < N;i++)                   /*建立整数数组*/
        scanf(" %d",&natural[i]);
    printf("Result: ");
    for(i = 0;i < N;i++)
        if(prime(natural[i]))              /*调用prime()判断素数*/
            printf(" %d ",natural[i]);     /*输出素数*/
    printf("\n");
    return 0;
}
int prime(int k)                           /*定义判断素数的函数*/
{
    int sk,i;
    sk = (int)sqrt(k);
    for(i = 2;i <= sk;i++)
        if(k % i == 0)return 0;            /*非素数返回0*/
    return 1;                              /*素数返回1*/
}
```

程序执行结果：

```
Data: 16 23 17 56 11 29 8 19 33 31 ↵
Result: 23 17 11 29 19 31
```

在 main() 函数中，调用 prime() 函数的实参是 natural[i]，它是 natural 数组的一个元素。natural 数组元素是一个简单变量，因此这实际上是简单变量作函数参数的函数调用。多维数组元素作函数参数的情况与此完全相同。

数组元素作函数实参调用函数时，传给形参的值是数组元素的值，函数执行时开辟其独立的内存空间，与源数组的内存空间不发生关系，函数执行结果对源数组数据没有任何影响。

### 6.4.2 一维数组名作函数参数

C 语言中的数组名有两种含义，一是标识数组，二是代表数组的首地址，数组名的实质就是数组的首地址。因此，数组名作函数参数与数组元素作函数参数有本质区别。数组名作函数参数时传送的是数组的开始地址，形参数组和实参数组要在各自的函数中进行等同的定义，函数调用执行时形参数组映射到实参数组空间。

【例 6-13】 定义求一维数组最大元素值的函数 v_max()，并在主函数中调用它求某个数组中的元素最大值。

程序如下：

```c
/* program e6-13-1.c */
#include<stdio.h>
#define N 10
int main()
{
    int v_max(int a[N]);              /* 函数声明 */
    int data[N],i;
    printf("Data: ");
    for(i=0;i<N;i++)                  /* 为一维数组 data 输入数据 */
        scanf("%d",&data[i]);
    printf("max = %d\n",v_max(data)); /* 调用 v_max() 函数求数组 data 的最大值 */
    return 0;
}
int v_max(int a[N])                   /* 定义求一维数组最大值的函数 */
{
    int i, max = a[0];                /* max 存储元素最大值 */
    for(i=1;i<N;i++)                  /* 在数组中查找最大值 */
        if(max<a[i])max = a[i];
    return max;                       /* 返回最大值 */
}
```

程序执行结果：

Data: 20  15  7  9  21  36  8  17  19  27↵
max = 36

程序中 v_max() 函数的形参是一维数组 a，函数功能是在由 a 代表的数组中求元素最大值，实际求值的数组由调用该函数的实参数组指定。

程序从 main() 函数开始执行，首先建立 data 数组，然后执行"printf("max=%d\n", v_max(data));"语句，该语句发生函数调用 v_max(data)，求得 data 数组中的元素最大值。v_max(data) 函数调用将实参数组 data 的首地址传给 v_max() 函数的形参数组 a，使数组 a 具有与 data 数组相同的首地址，这样因函数调用使得形参数组 a 映射到了 data 数组所在的存储空间中，初始情况如图 6-5 所示。此时，v_max() 函数对 a 查找最大值实际上就是对 data 查找最大值。

读者可能已经注意到，在该例子中定义 v_max() 函数时使用了固定长度的数组作函数的形参，因而会限制 v_max() 函数的通用性。

C语言允许数组作函数形参时不定义数组的长度，从而解决了函数的通用性问题。例如，可以将 v_max() 函数定义为以下形式：

```c
int v_max(int a[],int n)
{
    int i, max = a[0];
    for(i=1;i<n;i++)
        if(max<a[i])max = a[i];
    return max
}
```

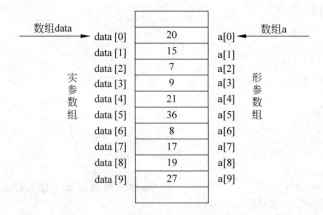

图 6-5　v_max()函数调用开始时的数组状态

该函数的功能是对形参数组 a 的前 n 个元素求最大值。由于在形参说明中没有固定数组长度，因此函数 v_max() 适用于任意长度的一维数组。但必须注意，由于形参数组共享实参数组的存储空间，形参数组的实际使用长度不能超过实参数组的长度。

下面是 e6-13-1.c 的改进程序，在定义 v_max() 函数时，函数形参由固定长度的一维数组形式改为了可变长度的一维数组形式，同时增加了描述数组长度的形参变量。希望读者在阅读程序时注意与上面程序比较，尤其要注意函数定义、函数调用、函数声明中数组参数的表示形式。

```
/* program e6-13-2.c */
#include<stdio.h>
#define N 10
int main()
{
    int v_max(int [],int);              /* 函数声明 */
    int data[N],i;
    printf("Data: ");
    for(i=0;i<N;i++)                    /* 为 data 数组输入数据 */
        scanf("%d",&data[i]);
    printf("max = %d\n",v_max(data,N));
    return 0;
}
int v_max(int a[],int n)                /* 定义求一维数组最大值的函数 */
{
    int i, max = a[0];
    for(i=1;i<n;i++)
        if(max<a[i]) max = a[i];
    return(max);
}
```

**说明：**

(1) v_max() 是通用函数，能够实现任何长度一维数组的处理。

（2）v_max()函数有两个形参，第 1 个形参表示一个 int 型一维数组，其名称为 a（在后续内容中，读者会清楚这实际是指向数组的一个指针）；第 2 个形参是一个 int 型变量，通常对应于数组 a 的长度（实际是 a 数组中进行函数操作的元素个数）。

（3）在进行 v_max()函数定义时，形参 a 之后的方括号"[ ]"表示 a 为一维数组，方括号内不能有其他内容。

（4）在进行函数调用时，实参与形参按照参数位置对应一致。因此，该程序中函数调用的第 1 个参数为数组名，第 2 个参数为要操作的元素个数（数组长度）。

【例 6-14】 输入一个字符串，统计其中数字字符的个数，具体统计过程通过用户函数实现。

1) 问题分析与算法设计

（1）假设在字符数组 str 中存储了一个字符串，则以下程序代码即可统计 str 数组中数字字符的个数，统计结果保存在 count 变量中。

```
for(i = 0, count = 0; str[i]!= '\0'; i++)
    if(str[i]> = '0'&&str[i]< = '9')
        count++;
```

具体统计过程如下：

对于数组 str，从首元素 str[0]开始逐个元素进行检查。若元素 str[i]值为'\0'（字符串结束标记），则表示 str 数组处理完毕；否则，若元素 str[i]满足条件 str[i]>='0'&&str[i]<='9'，则为数字字符，统计变量 count 的值加 1。

以上面的程序段为基础，即可编写出字符统计函数。如下：

```
int count_s(char str[])
{
    int i,count;
    for(i = 0, count = 0; str[i]!= '\0'; i++)
        if(str[i]> = '0'&&str[i]< = '9')
            count++;
    return count;
}
```

其中，形参 str 表示被统计的字符串数组。该函数的功能是统计 str 数组中数字字符的个数。

（2）定义实参数组 string，将输入的字符串存储在 string 中，则通过函数调用 count_s (string)即求得 string 中数字字符的个数。

2) 实现程序

程序如下：

```
#include<stdio.h>
#define N 100
int main()
{
    char string[N];
    int count_s(char []);              /*字符统计函数声明*/
    gets(string);                       /*输入字符串*/
```

```
        printf("Total: %d\n",count_s(string));   /*调用统计函数 count_s()*/
        return 0;
    }
    int count_s(char str[])                        /*定义字符统计函数*/
    {
        int i,count;
        for(i = 0,count = 0;str[i]!= '\0';i++)
            if(str[i]>= '0'&&str[i]<= '9')
                count++;
        return count;
    }
```

该程序被执行后,main()函数的"gets(string);"语句从键盘获得一个字符串,并存储到 string 数组中,然后执行"printf("Total：%d\n",count_s(string));"语句,输出统计结果。

数字字符统计函数 count_s()在 printf()函数中被调用,调用形式为 count_s(string)。该函数被调用后,首先将实参数组地址 string 传递给形参数组 str,然后执行其函数体语句,统计 string 字符串中数字字符的个数。

### 6.4.3 二维数组与函数

读者从数组存储的讨论中已经知道,二维数组在内存中是按行逐列存储的,各个数组元素依次占用连续的存储单元,存储后的状态与一维数组没有区别。因此,按照存储情况,可以使用一个一维数组对应表示二维数组。下面以 2×3 数组 example 为例说明二维数组与一维数组的关系。

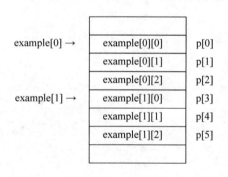

图 6-6 二维数组与一维数组的对应关系

(1) 二维数组 example 由两行组成,每行可视为一个元素,分别用 example[0] 和 example[1] 表示,因此 example 可视为由 example[0] 和 example[1] 两个元素构成的一维数组,而 example[0]、example[1] 又可视为分别存储二维数组 example 各行元素的一维数组。数组 example 的首地址可用 example[0] 表示。

(2) 若把一维数组 p 映射到 m×n 的二维数组 example 的存储空间,则二维数组元素和一维数组元素有如下对应关系：example[i][j]对应于 p[i*n+j],例如 example[1][0]对应于 p[3]。上述对应关系如图 6-6 所示。

从上面的分析可知,当用形参数组 p 作函数参数时,若用 exampl[0]作函数调用的实参,就实现了用一维数组 p 求解二维数组 example 的问题,其中数组 p 的长度为 m×n。

【例 6-15】 求下列 3×4 矩阵的所有元素的和。

$$A = \begin{bmatrix} 16 & 27 & 8 & -6 \\ -17 & 21 & 5 & 19 \\ 66 & 9 & 58 & 86 \end{bmatrix}$$

程序如下：

```
#include<stdio.h>
```

```
int main()
{
    int sum_array(int [],int,int);
    int arr[3][4]={{16,27,8,-6},{-17,21,5,19},{66,9,58,86}};
    printf("sum = %d\n",sum_array(arr[0],3,4));
    return 0;
}
int sum_array(int a[],int m,int n)
{
    int i,s = 0;
    for(i = 0;i < m * n;i++)
        s += a[i];
    return s;
}
```

sum_array()是一个通用的对二维数组求和的函数,函数共有 3 个形参,形参 m 表示二维数组的行数,形参 n 表示二维数组的列数,形参 a 表示映射到 m×n 的二维数组空间中的一维数组。

读者应注意,在函数调用时数组参数使用实参 arr[0]作数组名,而不是用二维数组名 arr。为什么呢?这是因为虽然 arr 也代表数组的首地址,但它是二维数组名,形参说明是一维数组,二者不相匹配,而 arr[0]是 arr 数组存储后首个一维数组的开始地址,当然也是 arr 的首地址。

## 6.5 函数应用程序举例

【例 6-16】 "学生成绩分等级统计"函数化。改写第 5 章例 5-14 的"学生成绩分等级统计"程序,将判断等级的过程改为由用户函数实现。

1) 问题分析与算法设计

(1) 设计 flag()函数,其功能为按课程成绩判定等级,其原型如下:

```
int flag(int x,int y)
```

其中,形参 x、y 代表课程成绩。

对应于 5 个等级,flag()函数有 5 种取值,如表 6-2 所示。

表 6-2 flag()函数值与成绩等级对应表

| flag()函数值 | 0 | 1 | 2 | 3 | 4 |
| --- | --- | --- | --- | --- | --- |
| 对应等级 | 优秀 | 良好 | 中等 | 及格 | 不及格 |
| 对应计数元素 | r[0] | r[1] | r[2] | r[3] | r[4] |

(2) 在主函数中输入学生成绩数据,每输入一组数据后即调用 flag()函数判断等级,并统计到对应的数组元素中。

2) 实现程序

程序如下:

```
#include<stdio.h>
```

```c
#define N 6                              /*班级人数*/
int main()
{
    int flag(int,int);                   /*函数声明*/
    int s1,s2,i;
    static int r[5];                     /*r数组存储统计结果,static使各元素初值为0*/
    for(i=0;i<N;i++)                     /*输入学生成绩,并进行分等级统计*/
    {
        printf("Score: ");               /*输出提示信息*/
        scanf(" %d, %d",&s1,&s2);        /*输入一个学生的课程成绩 s1、s2*/
        r[flag(s1,s2)]++;                /*调用 flag()函数,并进行等级统计*/
    }
    for(i=0;i<5;i++)                     /*输出各等级的统计结果*/
        printf(" %d ",r[i]);
    printf("\n");
    return 0;
}
int flag(int x,int y)                    /*定义判定等级函数*/
{
    int ave;
    ave=(x+y)/2;                         /*计算平均成绩*/
    if(ave>=90) return 0;                /*优秀,函数值为0*/
    else if(ave>=80) return 1;           /*良好,函数值为1*/
    else if(ave>=70) return 2;           /*中等,函数值为2*/
    else if(ave>=60) return 3;           /*及格,函数值为3*/
    else return 4;                       /*不及格,函数值为4*/
}
```

程序说明:

(1) 该程序中的 r 数组存储分等级统计结果,r[0]、r[1]、r[2]、r[3]、r[4]分别存储优秀、良好、中等、及格、不及格等各个等级的人数。

(2) 在主函数中,分等级统计操作由"r[flag(s1,s2)]++;"实现,该语句被执行时首先调用 flag()函数求得对应等级的函数值,然后进行统计操作。该语句利用了 flag()函数值与计数元素下标值一致的特性,将函数调用与分等级统计合为一体。例如,若某学生的两门课程的成绩分别为 87 和 91,则 flag()函数值为 1,对应等级为"良好",计数元素为 r[1],此时语句"r[flag(87,91)]++;"即为"r[1]++;",该学生被统计到"良好"等级中。

【例 6-17】 验证哥德巴赫猜想的一个命题:对于任何偶数 n(n≥6),均可表示为两个素数之和。要求判断素数的过程用专门的用户函数实现。

1) 问题分析与算法设计

(1) 在本章例 6-12 中编写了判断素数的函数 prime(),对于自然数 m,若为素数,则函数 prime(m)为 1,否则 prime(m)为 0。

(2) 对于任何偶数 n(n≥6),可表示为 n=i+(n−i),若 prime(i)和 prime(n−i)均为 1,则该式子即为 n 的哥德巴赫猜想式。

2) 实现程序

程序如下:

```
#include<stdio.h>
#include<math.h>
int main()
{
    int prime(int);                    /*判断素数函数声明*/
    int i,n;
    printf("输入一个不小于6的偶数：");
    scanf("%d",&n);                    /*输入数据*/
    for(i=3;i<=n/2;i+=2)
        if(prime(i)&&prime(n-i))       /*表达式为真,则求得哥德巴赫猜想式*/
        {
            printf("%d = %d + %d\n",n,i,n-i);   /*输出哥德巴赫猜想式*/
            break;                     /*输出一个哥德巴赫猜想式后结束求解过程*/
        }
    return 0;
}
int prime(int n)                       /*判断素数函数*/
{
    int i;
    for(i=2;i<=sqrt(n);i++)
        if(n%i==0) return 0;           /*n不是素数时函数值为0*/
    return 1;                          /*n是素数时函数值为1*/
}
```

在该程序中，对于偶数 n，求解哥德巴赫猜想式的过程由主函数中的 for 语句控制，具体由其中的 if 命令判断实现。当整数 i 与 n−i 均为素数时，prime(i) 与 prime(n−i) 均为 1，此时执行 "printf("%d=%d+%d\n",n,i,n−i);" 语句输出偶数 n 的第 1 个哥德巴赫猜想式。以下是程序执行结果。

第 1 次执行：
输入一个不小于 6 的偶数：16 ↵
16 = 3 + 13
再次执行：
输入一个不小于 6 的偶数：48 ↵
48 = 5 + 43

**【例 6-18】** 设计一个利用数组进行排序的函数 sort()，并调用它对存储在一维数组中的一个整数数列进行排序。

1）问题分析与算法设计

（1）设计排序函数 sort()，排序算法使用冒泡排序法。

在第 5 章介绍了一维数组排序的程序，下面是对 n 个元素的一维数组 a 实现排序的程序代码。

```
int i,j,temp;
for(i=1;i<n;i++)
    for(j=0;j<n-i;j++)
        if(a[j]>a[j+1])
        {
            temp=a[j];
```

```
            a[j] = a[j+1];
            a[j+1] = temp;
        }
```

将这段代码作为 sort() 函数的函数体,即可得到 sort() 函数。其函数原型如下:

```
void sort(int a[],int n)
```

sort() 函数用两个形参对一维数组进行说明,形参 a 表示待排序数组,形参 n 表示参加排序的元素个数。sort() 函数的功能可以直观地理解为对具有 n 个元素的一维数组 a 进行排序。

(2) 设计数组输入函数 input() 实现数组的输入,其函数原型为 void input(int a[],int n),其功能是为具有 n 个元素的一维数组 a 输入数据;设计数组输出函数 output() 实现数组的输出,其函数原型为 void output(int a[],int n),其功能是将具有 n 个元素的一维数组 a 的全部元素输出。

(3) 设计主函数 mian(),在其中定义数组 data 用于存储整数数列,并进行相关函数调用。

① 调用 input() 函数,将待排序数据存储到数组 data 中。
② 调用 output() 函数,输出数组 data 的各个元素值。
③ 调用 sort() 函数,对数组 data 的各个元素进行排序。
④ 调用 output() 函数,输出存储在数组 data 中的排序结果。

2) 实现程序

程序如下:

```c
#include<stdio.h>
#define N 10
void sort(int [],int);               /*一维数组排序函数声明*/
void input(int [],int);              /*一维数组数据输入函数声明*/
void output(int [],int);             /*一维数组数据输出函数声明*/
int main()
{
    int data[N];                     /*定义实参数组 data*/
    input(data,N);                   /*调用数组输入函数,建立 data 数组*/
    output(data,N);                  /*调用数组输出函数,输出 data 数组源数据*/
    sort(data,N);                    /*调用 sort() 函数对 data 数组排序*/
    output(data,N);                  /*输出排序后的 data 数组数据*/
    return 0;
}
void input(int a[],int n)            /*定义一维数组输入函数*/
{
    int i;
    for(i = 0;i<n;i++)
        scanf("%d",&a[i]);
}
```

```c
void output(int a[],int n)            /*定义一维数组输出函数*/
{
    int i;
    for(i = 0;i < n;i++)
        printf(" %d ",a[i]);
    printf("\n");
}

void sort(int a[],int n)              /*定义一维数组排序函数*/
{
    int i,j,temp;
    for(i = 1;i < n;i++)
        for(j = 0;j < n - i;j++)
            if(a[j]> a[j + 1])
            {
                temp = a[j];
                a[j] = a[j + 1];
                a[j + 1] = temp;
            }
}
```

程序执行结果：

7 89 6 34 −18 26 19 55 3 27 ↵(输入源数据)
7 89 6 34 −18 26 19 55 3 27(输出源数据)
−18 3 6 7 19 26 27 34 55 89(输出排序结果)

程序执行后，main()函数中的函数调用 sort(data,N)将 data 数组的首地址传给 sort()函数的形参数组 a，使 sort()函数执行时直接对 data 数组进行排序。因此，sort()函数返回之后 data 数组已成为有序数组。

该程序在 main()函数中有两个 output()函数调用，这两个调用执行的是完全相同的操作，都是输出 data 数组的各元素值，但结果却不相同。第 1 次调用 output()时，data 数组中的数据尚未排序，输出结果是一个原始数列；第 2 次调用 output()时，已经通过 sort()函数对 data 数组的各个元素进行了排序，因此输出结果是一个有序数列。

**【例 6-19】** 生成数字字符串。输入一个字符串，将其中的数字字符按输入顺序存储到 digital 数组中，然后输出该数组中的数字字符串。要求：检测并存储数字字符串的过程通过用户函数实现。

1) 问题分析与算法设计

本题是例 6-14 的延伸，两题目的共同之处是都要对源串字符逐个检测，区别是本题目要求将检测到的字符存储到 digital 数组中。对于在字符串中检测数字字符的过程，读者可参考例 6-14。

（1）设计函数 find()，函数原型如下：

```c
void find(char str[],char dig[])
```

其中，str 代表源字符串数组，dig 代表数字串数组。函数功能是将 str 中的数字字符逐个存储到 dig 数组中。

(2) 在主函数中定义源数组 string、目标数组 digital，将源字符串存储到 string 数组后使用函数调用 find(string,digital) 即生成 digital 数组。

(3) 输出 digital 数组中的字符串。

2) 实现程序

程序如下：

```c
#include<stdio.h>
#include<string.h>
#define N 100
int main()
{
    char string[N],digital[N];
    void find(char [],char []);        /*生成数字串函数声明*/
    printf("Source string: ");
    gets(string);                       /*输入字符串*/
    find(string,digital);               /*生成 digital 数组*/
    printf("Target string: ");
    puts(digital);                      /*输出数字字符串*/
    return 0;
}
void find(char str[],char dig[])        /*定义生成数字串函数*/
{
    int i,j;
    for(i = 0,j = 0;str[i]!= '\0';i++)
        if(str[i]>= '0'&&str[i]<= '9')
            dig[j++] = str[i];          /*将数字字符存储到 dig 数组*/
    dig[j] = '\0';                      /*为目标字符串添加结束标记*/
}
```

程序执行结果：

```
Source string: 1A2B3CD 456E7FGH89 ↵
Target string: 123456789
```

程序说明：

(1) find() 函数被调用后，str 对应源数组 string，dig 对应目标数组 digital，函数执行的结果是将 string 中的数字字符依次存储到 digital 数组中。

(2) find() 函数被执行后，其中 for 循环的作用是从前到后对数组 string 的字符逐个进行检测，判断其是否为数字字符，若是数字字符，则将该字符存储到 digital 数组中。for 循环中的变量 i 为源数组 str 的元素下标，循环体每执行一次其值增加 1；变量 j 为目标数组 dig 的元素下标，只有在源数组中检测到数字字符并将该数字字符存储到 dig 之后，j 的值才增加 1。图 6-7 所示为 for 循环控制语句执行过程中源数组 str 和目标数组 dig 的状态，加阴影的部分为源数组中已经扫描过的字符。

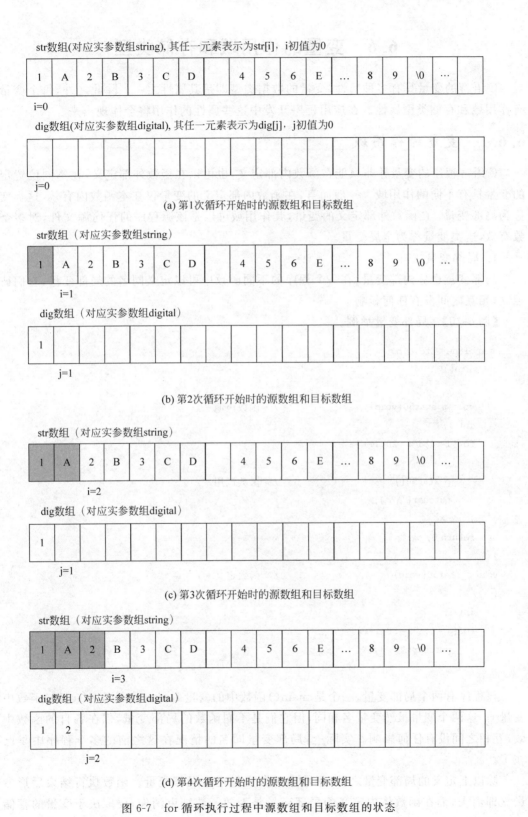

图 6-7　for 循环执行过程中源数组和目标数组的状态

## 6.6 变量的作用域和存储类型

C语言的变量具有多种属性,变量的数据类型即是其属性之一。除此之外,每个变量还有作用域和存储类型属性。在应用程序开发中这些属性的作用将会体现出来。

### 6.6.1 变量的作用域

C语言程序的变量并非只能在函数内部定义,也可以在函数外部定义,在不同位置定义的变量具有不同的作用域。一般而言,在函数内部定义的变量仅在本函数内有效,这类变量称为局部变量;在函数外部定义的变量,其作用域可以是该源程序的任何源文件,对多个函数有效,这类变量称为全局变量。

**1. 局部变量**

局部变量也称内部变量,在一个程序的不同函数中可以定义同名的局部变量,它们彼此独立,相互之间没有任何影响。

【例 6-20】 局部变量举例。

```c
#include<stdio.h>
int main()
{
    void p_star50(void);              /*函数声明*/
    int i;
    for(i=1;i<=20;i++)
    {
        p_star50();                   /*函数调用*/
        putchar('\n');
    }
    return 0;
}
void p_star50(void)                   /*函数定义*/
{
    int i;
    for(i=1;i<=50;i++)
        putchar('*');
}
```

该程序有两个局部变量,一个是 main()函数中的变量 i,另一个是 p_star50()函数中的变量 i。这两个变量虽然变量名相同,但它们是不同函数的局部变量,仅在各自的函数中有效,互相之间没有任何影响。实际上,局部变量同名的情况在这之前的多个程序中早已存在了。

除以上定义的局部变量之外,函数的形参变量也是局部变量。函数执行结束后形参变量立即消失,而在函数体内定义的局部变量是否随函数结束消失,要取决于变量的存储类型,相关知识在 6.6.2 节介绍。

## 2. 全局变量

全局变量是在程序的函数之外定义的变量。在任何一个函数之外的位置都可以定义全局变量。在一个程序中,凡是在全局变量之后定义的函数都可以使用在其之前定义的全局变量。以下是全局变量作用范围的一个示例。

```
int main()
{ … }
int m = 10;                       /*定义全局变量 m*/
float exp1(float x,float y)
{ … }
…
int p = 5,q = 20;                 /*定义全局变量 p、q*/
void exp2()
{ … }
…
```

全局变量 m 的作用范围

全局变量 p、q 的作用范围

m、p、q 都是全局变量,但它们的作用范围不同。exp2()函数既能使用变量 m,又能使用变量 p、q,而 exp1()函数只能使用变量 m。

由于全局变量在函数外部定义而在函数内部使用,就有可能存在全局变量和局部变量同名的情况。C 语言明确规定,凡是在局部变量的作用范围内,与其同名的全局变量不起作用。

## 3. 外部变量

在一个文件中定义的全局变量既可以由该文件的多个函数使用,也可以由其他文件的函数使用。在当前文件中使用其他文件里定义的全局变量时,该全局变量需在当前文件中声明为外部变量,声明外部变量的关键字为 extern。

以下是全局变量的应用示例,该示例在"源文件一"中定义了一个全局变量 counter,并在"源程序二"中使用了该变量。

【例 6-21】 全局变量示例。

源文件一:

```
/* program main_program.c,定义外部变量,定义主函数 */
#include<stdio.h>
int counter = 0;                            /*定义外部变量(全局变量)*/
int main()
{
    extern void del(char[],char);           /*声明外部函数*/
    char ch,str[80];
    printf("输入字符串:");
    gets(str);                              /*输入字符串存储到字符数组 str 中*/
    printf("删除的字符:");
    scanf(" %c",&ch);                       /*输入一个要删除的字符*/
    del(str,ch);                            /*从 str 字符串中删除指定的字符*/
    printf("结果字符串:");
    puts(str);                              /*输出删除指定字符后的字符串*/
    printf("删除字符数: %d\n",counter);     /*输出删除的字符个数*/
```

```
    return 0;
}
```

源文件二：

```c
/* program del_program.c,删除字符,并统计被删除字符的数量 */
#include<stdio.h>
void del(char str[80],char ch)
{
    extern int counter;                    /* 声明外部变量 counter */
    int i,j;
    for(i=0,j=0;str[i]!='\0';i++)
        if(str[i]!=ch)
            str[j++]=str[i];
    str[j]='\0';
    counter=i-j;                           /* counter 存储删除的字符的个数 */
}
```

程序执行结果：

输入字符串：This# is# a# example.↵
删除的字符：#↵
结果字符串：This is a example.
删除字符数：3

上面两个源文件需在一个工程中编译连接(具体方法参见 6.7 节)，其功能是输入一个字符串，并在删除指定的字符后输出，同时统计被删除字符的个数。被删除字符个数的统计操作在"源文件二"中进行，统计变量是 counter。由于 counter 是在"源文件一"中定义的外部变量，因此在使用之前需进行外部变量声明，声明语句为"extern int counter;"。

## 6.6.2 变量的存储类型

数据类型和存储类型是 C 语言中变量的两种不同属性。数据类型规定了变量能够存储的数据的类型，例如 int 型数据、float 型数据、char 型数据等；存储类型则规定了变量能够使用的存储空间的类型，例如动态内存存储空间、静态内存存储空间、寄存器存储空间等。

C 语言变量的存储类型有 3 种，即 auto 型、static 型和 register 型，它们各自具有不同的特性，下面分别予以介绍。

**1. auto 型变量**

auto 型变量通常称为自动变量，只有函数的局部变量才能定义为 auto 型。auto 型变量在函数被调用时为其分配存储空间，存储于内存的动态存储区，函数执行结束时存储空间自动释放，即 auto 型变量随函数的调用而产生，随函数的执行结束而消失。每次进行函数调用时，相关的 auto 型变量都被初始化。auto 型变量在赋值以前具有不确定的值。auto 型变量的定义形式如下：

auto 数据类型 变量；

在定义局部变量时，如果省略存储类型项，则系统默认存储类型是 auto 型。在前面定义的局部变量几乎都是 auto 型。

**2. static 型变量**

static 型变量通常称为静态变量,它存放在内存的静态存储区,在编译时即为其分配存储空间,并进行初始化。对于没有赋初值的 static 型变量,编译系统会自动赋予确定的值:为数值型的变量赋 0 值,为字符型的变量赋空值。静态变量定义的形式如下:

static 类型标识符 变量名;

在函数内定义的静态变量称为静态局部变量,在函数外定义的静态变量称为静态全局变量。static 型局部变量并不因函数运行结束而消失,而是始终存在,当再次进入该函数时将保留上次的结果,但无论在什么情况下都不能被其他函数使用。以下是关于静态局部变量的一个例子。

【例 6-22】 计算并输出 1～5 的阶乘值。

程序如下:

```
#include<stdio.h>
int main()
{
    int fac(int);                    /*函数声明*/
    int i;
    for(i = 1;i<= 5;i++)
        printf(" %d!= %d ", i,fac(i));   /*调用 fac()函数求 i 的阶乘*/
    printf("\n");
    return 0;
}
int fac(int n)                       /*定义 fac()函数*/
{
    static int f = 1;                /*定义静态局部变量 f 并初始化*/
    f *= n;
    return f;
}
```

程序执行结果:

1!= 1   2!= 2   3!= 6   4!= 24   5!= 120

程序说明:

(1) fac()函数中的 f 是静态变量,其初始化是在程序编译时完成的,在以后的函数调用中"static int f=1;"语句不再有作用。

(2) fac()函数中 f 变量的值在程序执行期间连续有效,当前调用时形成的 f 值在下一次函数调用中能够使用,不会因 fac()函数调用结束而消失。第 1 次调用 fac()函数时 f 的值是它初始化时的值,在以后第 i(i>1)次调用 fac()函数时 f 的值是前一次求阶乘的结果,即(i−1)!,因此在第 i 次调用时仅需一次 f*i 运算即求得 i 的阶乘值。

**3. register 型变量**

与 auto 型变量和 static 型变量不同,register 型变量不是内存变量,编译系统不为其分配内存空间,而是直接使用 CPU 中的寄存器存储变量值。由于寄存器的存取速度远远高于内存的存取速度,当一个变量定义为 register 型变量时,变量访问将会极为高效。register 型变量的定义形式如下:

register 类型标识符 变量名;

例如,以下语句将 m 定义为 register 型变量。

register int m;

由于一个计算机系统中的寄存器数量是有限的,因此若非必须,一般不要轻易使用 register 型变量。当寄存器数量不足时,所定义的 register 型变量将作为内存变量使用。

## *6.7 编译连接多个源文件的 C 程序

C 语言程序是由函数构成的,而且一个或多个函数允许以源文件形式编辑存储。较之单个源文件的情况,编译连接多个源文件的 C 程序时会经过更多的步骤。本节以 VC++ 6.0 为编译环境,介绍包含多个源文件的 C 语言程序的编译连接方法。

当 C 语言源程序由多个源文件构成时,需在工作区中创建工程,并将相关源文件添加到工程中,然后进行编译连接,构建可执行文件。基本过程如下:

### 1. 创建工作区

选择 File→New 命令,打开 New 对话框,切换到 Workspaces 选项卡,在 Workspace name 文本框中输入新建工作区名称,在 Location 文本框中指定工作区位置,如图 6-8 所示,单击 OK 按钮后即建立工作区。

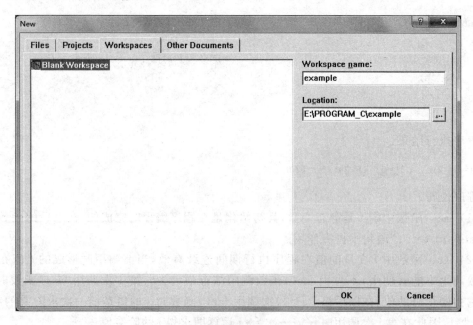

图 6-8  New 对话框的 Workspaces 选项卡

## 2. 创建工程

（1）选择 File→New 命令，打开 New 对话框，切换到 Projects 选项卡，在工程类型列表中选择 Win32 Console Application，在 Project name 文本框中输入工程名称，选择 Add to current workspace 单选按钮，如图 6-9 所示。

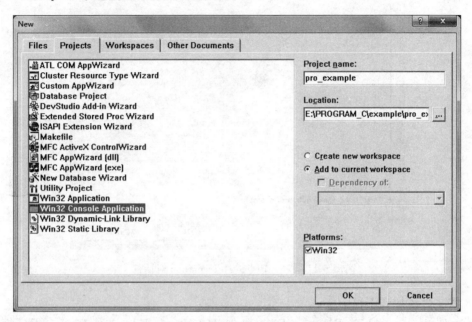

图 6-9　New 对话框的 Projects 选项卡

（2）单击 OK 按钮，显示 Win32 Console Application 对话框，如图 6-10 所示。单击 Finish 按钮，显示 New Project Information 对话框，如图 6-11 所示。单击 OK 按钮后即在当前工作区中创建一个新工程。

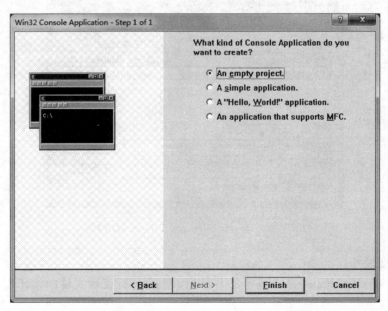

图 6-10　Win32 Console Application 对话框

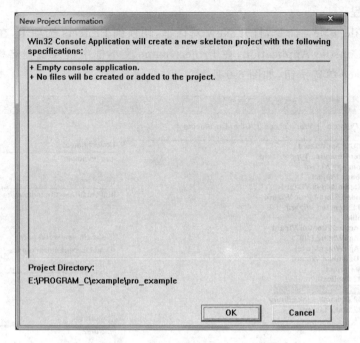

图 6-11　New Project Information 对话框

### 3. 将文件添加到工程中

选择 Project→Add To Project→Files 命令，打开 Insert Files into Project 对话框，查找源文件所在的文件夹，并选择相应文件，如图 6-12 所示。单击 OK 按钮后所选择文件即添加到工程中，此时展开 FileView 面板中的 Source Files 文件夹即显示已添加的源文件，如图 6-13 所示。

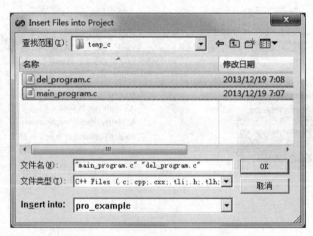

图 6-12　Insert Files into Project 对话框

### 4. 编译连接

选择 Build→Build(exe)命令或单击 Build 按钮 进行工程文件的编译连接，构建可执行文件。

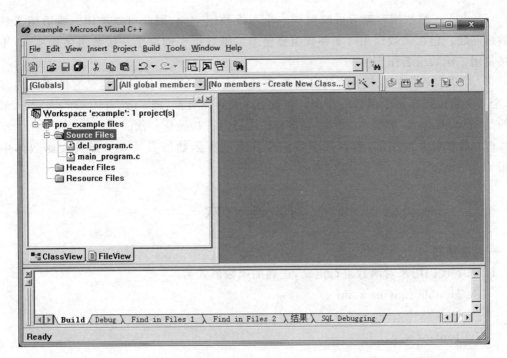

图 6-13　FileView 面板中的 Source Files 文件夹

## 小　　结

本章介绍了关于函数的程序设计知识,主要有函数的定义与调用、函数嵌套与递归函数、数组与函数的关系以及典型的函数设计实例等。函数化结构是 C 语言程序的重要特征。

(1) C 语言函数分为系统函数和用户函数。用户函数按以下形式定义:

函数类型　函数名(形参表)
{
　　函数体
}

(2) 函数调用时实参和形参按照各自在参数表中的位置对应传值,与参数名称无关。函数调用之前一般要进行函数声明,函数声明可以在主调函数中进行,也可以在程序的开始集中进行。

(3) 函数嵌套和递归函数描述的都是一种函数调用关系,函数嵌套是指函数体内有其他用户函数调用,递归函数是指函数体内有函数的自身调用。C 语言不允许在函数体内定义另外的函数。

(4) 数组元素作函数的参数时,函数的定义与调用方法与简单变量作函数的参数没有区别,因为目前使用的数组元素本身就是一个简单变量。数组名作函数参数时传送的是数组的开始地址,被调用函数中对形参数组的操作实际上是对实参数组的操作,它直接影响实参数组的元素值。

(5) 由于二维数组存储后可映射到一个一维数组空间,因此可以使用一维数组求解二维数组问题。但在函数调用时实参数组要使用二维数组中的首个一维数组名作实参,不能直接使用二维数组名作实参。

(6) C 语言程序的变量分为局部变量和全局变量,局部变量只在定义它的函数内部使用,全局变量可以在多个函数中使用。变量有 3 种存储类型,即 auto、static 和 register,最常用的是 auto 和 static 类型,static 型变量只在编译时被初始化一次。

(7) 本章有大量实例,读者在学习时应注意把握函数形参的含义及其在函数体中的作用。

# 习 题 六

**一、选择题**

1. 以下代码用来对函数进行定义,正确的函数形式为_____。
    A. double fun(int x,int y)
        { z＝x+y;return(z); }
    B. fun(int x,y)
        { int z; return z; }
    C. double fun(int x,int y)
        { double z; z＝x+y;return z; }
    D. fun(x,y)
        { int x,y;double z; z＝x+y;return z; }

2. 有下列函数调用语句,函数 fun1() 的实参个数是_____。
   fun1(a+b,(y＝9,y*x),fun2(y,n,k));
    A. 3　　　　　　B. 4　　　　　　C. 5　　　　　　D. 6

3. 下列函数调用错误的是_____。
    A. max(a,b)　　　　　　　　　　B. max(3,a+b)
    C. max(3,5)　　　　　　　　　　D. float max(c,5)

4. 在 C 程序中,下面描述正确的是_____。
    A. 函数的定义可以嵌套,但函数的调用不可以嵌套
    B. 函数的定义不可以嵌套,但函数的调用可以嵌套
    C. 函数的定义和函数调用都可以嵌套
    D. 函数的定义和调用都不可以嵌套

5. 下列关于函数参数的说法正确的是_____。
    A. 实参和形参可以同名
    B. 实参只能是具体值而不能是表达式
    C. 形参只能是表达式而不能是具体值
    D. 实参和形参同名时其数据类型也必须相同

6. 以下是关于函数调用的叙述,正确的是_____。

A. 当实参值为0时函数调用可以省略实参
B. 函数调用时实参和形参按照名称对应传值
C. 要在被调用函数中对主调函数进行函数声明
D. 函数调用时实参和形参按照参数位置对应传值,与名称无关

7. 以下是关于函数声明的叙述,正确的是_____。
A. 函数声明可以省略函数类型,但不能省略形参类型
B. 函数声明可以省略形参类型,但不能省略函数类型
C. 函数声明可以省略形参类型,但不能省略形参名称
D. 函数声明可以省略形参名称,但不能省略形参类型

8. 以下程序的输出结果是_____。

```c
#include<stdio.h>
int main()
{
    int x=1,y=2;
    void swap(int x,int y);
    swap(y,x);
    printf("x=%d,y=%d\n",x,y);
    return 0;
}
void swap(int x,int y)
{
    printf("x=%d,y=%d\n",x,y);
    x=3,y=4;
}
```

A. x=1,y=2    B. x=1,y=2
   x=1,y=2       x=3,y=4
C. x=2,y=1    D. x=2,y=1
   x=3,y=4       x=1,y=2

9. 有以下程序:

```c
#include<stdio.h>
int func(int a,int b)
{
    return(a+b);
}
int main()
{
    int x=6,y=7,z=8,r;
    r=func((x--,y++,x+y),z--);
    printf("%d\n",r);
    return 0;
}
```

运行该程序后的输出结果是_____。

A. 11　　　　　　B. 20　　　　　　C. 21　　　　　　D. 31

10. 下面是一个含有函数嵌套的程序：

```
#include<stdio.h>
int sum(int n);
int fun(int x);
int main()
{
    int a_in,a_out;
    printf("Input a mumber: ");
    scanf(" %d",&a_in);
    a_out = sum(a_in);
    printf("sum = %d\n", a_out);
    return 0;
}
int sum(int n)
{
    int x,s = 0;
    for(x = 1;x <= n;x++)
        s += fun(x);
    return (s);
}
int fun(int x)
{ return(x*x+1);}
```

运行该程序后输入数值3，其输出结果是_____。

A. sum＝6　　　　B. sum＝7　　　　C. sum＝17　　　　D. sum＝34

## 二、程序分析题

1. 下面的程序中使用了静态存储变量，指出程序的执行结果。

```
#include<stdio.h>
void myfun()
{   static int m;
    m = m + 5;
    printf(" %d ",m);
}
int main()
{
    int n;
    for(n = 1;n < 5;n++)myfun();
    printf("\n");
    return 0;
}
```

2. 写出下面程序的执行结果。

```
void incx()
{   int x = 0;
    printf("x = %d\t",++x);
}
void incy()
```

```
{   static int y = 0;
    printf("\ny = %d\n",++y);
}
int main()
{   incx();
    incy();
    incx();
    incy();
    incx();
    incy();
    return 0;
}
```

3. 分析下面程序的输出结果。

```
#include<stdio.h>
void fun1(int);
void fun2(int);
int i = 3;
int main()
{   int i = 1;
    printf(" %d",i);
    fun1(i);
    fun2(i);
    fun1(i);
    fun2(i);
    return 0;
}
void fun1(int n)
{   printf(" %d",i+n);
}
void fun2(int n)
{   static int i = 2;
    printf(" %d",i+n);
}
```

4. 下面是含有两个自定义函数的程序,分析程序的执行结果。

```
#include<stdio.h>
int myfun1(int,int);
int myfun2(int,int);
int main()
{   int a = 12,b = 5;
    printf("result: %d\n",myfun1(b,a));
    return 0;
}
int myfun1(int a,int b)
{   int c;
    a += a;
    b += b;
    c = myfun2(a,b);
    return(c*c);
```

```
    }
    int myfun2(int a, int b)
    {    int c;
         c = a * b % 3;
         return(c);
    }
```

### 三、编程题

1. 设计一个将公制长度(厘米)转换为英制长度(英寸)的函数 cm_inch(),在主函数中输入公制长度,调用 cm_inch()函数转换后输出结果。

2. 设计两个函数,分别求圆锥体的体积和表面积。从主函数中输入圆锥体的高和直径,然后调用相关函数计算并输出结果。

3. 输出 1900~2000 年份中所有闰年的年份,其中判断闰年的过程由用户函数实现。

4. 按照以下公式设计一个求 π 的近似值的函数。

$$\frac{\pi}{2} = 1 + \frac{1}{3} + \frac{1}{3} \cdot \frac{2}{5} + \frac{1}{3} \cdot \frac{2}{5} \cdot \frac{3}{7} + \frac{1}{3} \cdot \frac{2}{5} \cdot \frac{3}{7} \cdot \frac{4}{9} + \cdots$$

5. 设计一个函数,计算下面表达式的前 n 项中偶数项的和。

$$1 \times 2 \times 3 + 2 \times 3 \times 4 + 3 \times 4 \times 5 + \cdots + n \times (n+1) \times (n+2) + \cdots$$

6. 编写求两个整数的最大公约数的函数,并在主函数中调用该函数,求得任意两个整数的最大公约数。

7. 编写求阶乘的递归函数,并调用它计算表达式 1!+3!+5!+⋯+n!(n 为奇数)的值。

8. 要求用一维数组作参数,编写一个求一维数组平均值的函数,并在主函数中调用它计算一组数据(例如一组学生成绩数据)的平均值。

9. 修改例 6-12 的程序,定义一个数组数据输入函数 input(),将建立 natural 数组的过程通过调用函数 input()实现。

10. 修改例 6-16 的学生成绩分等级统计程序,将输出统计结果的过程改为由用户函数实现,即编写一维数组的输出函数 output(),并调用该函数输出 r 数组的各元素值。

11. Josephus 环报数游戏函数化。将 Josephus 环报数游戏的报数过程编写为一个函数,其函数原型如下:

```
int Josephus(int a[ ], int n, int m)
```

其中,a 为存储队员编号的数组,n 为队员数量,报数到 m 者出列,函数返回值为出列队员人数。

关于 Josephus 环报数游戏的详细描述,请参见第 5 章编程题的第 10 题。

# 第 7 章　指针程序设计

到目前为止已经讨论和使用过 4 种数据类型,它们是基本类型的 int 型、float 型(或 double 型)、char 型和构造类型的数组,这些数据类型的变量存储具体的处理数据,直接使用变量名访问这些变量。本章讨论的指针变量则不同,它存储其他变量的地址,通过指针变量可以间接访问其他变量,这种访问方式增强了数据处理的灵活性。

本章主要介绍指针变量的概念、特点、定义和使用方法,介绍数组与指针的关系,讨论指针和函数问题,通过实例介绍使用指针变量进行数据处理的程序设计方法。透彻地理解指针的概念和作用是学习本章知识的关键所在。

## 7.1　指针概述

C 语言程序在进入运行阶段之前必须经过编译过程,由编译系统对程序进行语法检查,并翻译为用机器语言表示的目标程序。在这一过程中编译系统要为程序中的变量分配内存空间,指定每一个变量在内存中的存储位置。尽管不同类型的变量占用的内存单元数量不同,但每一个变量都会获得一段连续的内存空间。某个变量所占用的内存空间的开始地址称为该变量的地址,存储这一地址的变量称为指针变量,简称指针。

在引入指针概念后,变量的访问将更加灵活,既可以通过变量名直接访问,也可以通过指针变量间接访问。

迄今为止,在程序中使用变量的方式都是直接访问,通过变量名直接使用变量。例如:

```
int a,b;
scanf("%d,%d",&a,&b);
printf("%d\n",a+b);
```

当一个变量的地址由指针变量存储后,该变量即可通过指针变量间接访问,进行数据存取。由于间接访问具有极大的灵活性,因此在 C 语言程序中获得了广泛应用。以下是通过指针变量间接访问其他变量的简要说明。

设有 int 型变量 m,其存储在地址为 &m 的内存空间中,若指针变量 p 存储了变量 m 的地址 &m,那么就可以通过指针变量 p 找到变量 m,即通过指针变量 p 间接地访问变量 m。间接访问的示意图如图 7-1 所示。

当指针变量 p 存储了变量 m 的地址时即表示指针变量 p 已指向变量 m,通常以图 7-2 所示进行直观描述。

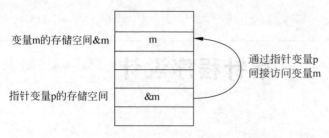
图 7-1 变量间接访问示意图

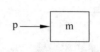
图 7-2 p 指向 m 的示意图

指针变量指向的目标可以是任何数据类型,例如可以是基本类型,也可以是数组、结构体等。因此,任何类型的数据都可以通过指针变量实现间接访问。

## 7.2 指针变量的定义和使用

与其他变量一样,指针变量也必须先定义,后使用。本节首先给出一个程序示例,然后详细介绍定义和使用指针变量的方法。

### 7.2.1 指针变量程序示例

【例 7-1】 使用指针变量输出数据。
程序如下:

```
#include<stdio.h>
int main()
{
    int a = 2008;
    int * p;                /*定义指针变量p*/
    p = &a;                 /*p指向a*/
    printf("%d\n", * p);    /*用*p表示变量a的值*/
    return 0;
}
```

程序执行结果:

2008

程序解析:

(1) 语句"int * p;"为指针变量定义语句,变量 p 之前的"*"符号将 p 说明为指针变量,它将存储 int 型变量的地址。

(2) 赋值语句"p=&a;"将变量 a 的地址值存储在指针变量 p 中,使 p 指向变量 a,由此可以通过 p 访问变量 a。

(3) 语句"printf("%d\n", * p);"中的"* p"表示 p 指向的目标,在这里与 a 等价。

### 7.2.2 定义指针变量

定义指针变量的一般格式如下:

数据类型 *指针变量名1,*指针变量名2…;

**说明：**

(1) 变量名前的"*"是指针类型变量的标志,在定义时不能省略。

(2) "数据类型"是指针变量指向的目标的数据类型,有时也称为指针变量的基类型。

例如：

```
int * p ;
float * q;
```

前一个语句定义了指向 int 型目标的指针变量 p,后一个语句定义了指向 float 型目标的指针变量 q。

(3) 其他类型的变量允许和指针变量在同一个语句中定义。例如：

```
int m,n, * p, * q;
```

该语句定义了 4 个变量,其中 m 和 n 是 int 型变量,p 和 q 是指向 int 型目标的指针变量。

### 7.2.3 使用指针变量

**1. 指针变量的初始化**

指针变量的初始化是在定义指针变量时为其赋初值。由于指针变量是指针类型,所赋的初值应是一个地址值。其一般格式如下：

数据类型 *指针变量名1=地址1,*指针变量名2=地址2…;

其中地址的表示形式有多种,例如 & 变量名、数组名、另外的指针变量等。

例如：

```
int m;
int * p = &m;
```

这两个语句分别定义了 int 型变量 m 和指向 int 型变量的指针变量 p,并且将变量 m 的地址值"&m"作为 p 的初值,使 p 指向 m,如图 7-2 所示。再如：

```
char string[20];
char * str = string;
```

这两个语句分别定义了 char 型数组 string 和指向 char 型目标的指针变量 str,并且将字符数组 string 的首地址作为 str 的初值,使 str 指向数组 string,如图 7-3 所示。

**说明：**

(1) 不能用尚未定义的变量给指针变量赋初值。下面是一个错误用法示例。

```
float * p = &r;
float r;
```

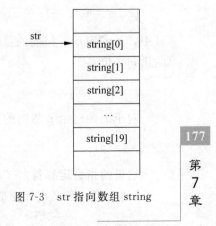

图 7-3 str 指向数组 string

(2) 当用一个变量地址为指针变量赋初值时,该变量的数据类型必须与指针变量指向的数据类型一致。例如下列用法是错误的,因为 m 的数据类型和 p 的基类型不匹配。

```
float m;
int *p=&m,*q;
```

(3) 除 0 之外,一般不把其他整数作为初值赋给指针变量。程序中变量的地址是由计算机分配的,当用一个整数为一个指针变量赋初值后可能会造成难以预料的后果。当用 0 对指针变量赋初值时,系统会将该指针变量初始化为一个空指针,不指向任何目标。C 语言的空指针也可使用 NULL 表示,它是在头文件 stdio.h 中定义的一个宏。

### 2. 指针变量的赋值

在程序执行中可以使用赋值运算为指针变量赋值。其一般格式如下:

指针变量 = 地址

例如:

```
int m=196,*p,*q;
p=&m;                    /*将变量 m 的地址赋给指针变量 p*/
q=p;                     /*利用指针变量 p 为指针变量 q 赋值*/
```

### 3. 使用指针变量输入数据

当指针变量有了确切的指向后即可使用该指针变量为指向的目标输入数据。例如:

```
int score,*p;
p=&score;
scanf("%d",p);
```

该程序段中 scanf 语句的功能与下列语句等价:

```
scanf("%d",&score);
```

### 4. 指针运算符"*"与目标访问

对于指针变量,在访问其指向的目标时可使用指针运算符"*"。其一般格式如下:

*指针变量

例如,以下语句输出上述变量 score 的值:

```
printf("%d",*p);
```

其中,"*p"表示 p 指向的目标 score,或者说 p 指向的那个地址空间。因此,该语句与下面的语句等价:

```
printf("%d",score);
```

对于上述已由 p 指向的变量 score,可以通过指针变量 p 为其赋值。例如:

```
*p=96;
```

这里的指针运算符"*"也称为间接寻址运算符,或间址运算符。

【例 7-2】 定义指针变量 p1、p2,并任意输入两个整数 a、b,使得 p1 指向其中的较大值,

p2 指向其中的较小值。

程序如下：

```c
#include<stdio.h>
int main()
{
    int * p1, * p2, * p,a,b;        /*定义指针变量 p1、p2、p*/
    printf("Input: ");
    scanf(" %d, %d",&a,&b);
    p1 = &a;                         /*使 p1 指向 a*/
    p2 = &b;                         /*使 p2 指向 b*/
    if(a<b)                          /*若 a<b,则改变指针变量 p1、p2 的指向*/
    {   p = p1;
        p1 = p2;
        p2 = p;
    }
    printf("Output: %d, %d\n", * p1, * p2);
    return 0;
}
```

程序执行时，无论输入任何数值，在 if 语句执行之后总是使 p1 指向数值较大的变量，p2 指向数值较小的变量。下面是程序的执行结果。

```
Input: 56,89 ↵(第 1 次执行程序)
Output: 89,56
Input: 96,85 ↵(第 2 次执行程序)
Output: 96,85
```

当为变量 a、b 分别输入 56 和 89 时，由于 a<b，因此将指针变量 p1 和 p2 的值发生交换。此时 a 和 b 并未交换，它们仍保持原值，但 p1 和 p2 的值改变了，p1 的值初始为 &a，交换后变为 &b；p2 的值初始为 &b，交换后变为 &a，即改变了 p1 和 p2 的指向，这样在输出"* p1"和"* p2"时实际上是输出变量 b 和 a 的值。指针变量 p1、p2 的指向变化情况如图 7-4 所示。

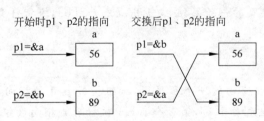

图 7-4  指针变量交换前后的指向情况

## 7.3  指针与数组

实现数组操作首先要定位数组元素，目前常用的方法是通过数组名及下标实现数组元素的定位。例如可以使用 a[i] 表示一维数组 a 的任何元素。但对于一个熟练的 C 语言程序员而言,在进行数组操作时使用更多的方法是利用指针访问数组元素。

### 7.3.1 指针与一维数组

**1. 指针与一维数组的关系**

一维数组在内存中存储时自首元素开始连续占用存储空间,因此对于长度是 N 的一维数组 a,当使用指针 p 指向其首元素后即可通过指针 p 访问数组的各个元素。指针 p 与各个元素的对应关系如图 7-5 所示。

假如 a 数组为简单类型数组,则 a[0]可用"*p"表示、a[1]可用"*(p+1)"表示,对于任意元素 a[i],则用"*(p+i)"表示。

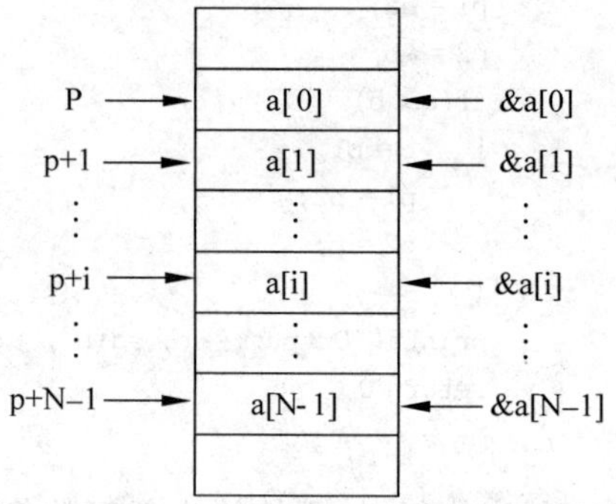

**2. 定义和使用指向一维数组的指针变量**

在图 7-5 中,p 即为指向一维数组的指针变量。只有在使用数组 a 的地址为其赋值后它才会指向数组 a。

若有以下定义:

```
int a[N], *p;           /*N为符号常量*/
```

图 7-5 一维数组元素的指针

则以下任何语句都能使指针变量 p 指向一维数组 a。

```
p = a;                  /*数组名代表数组的首地址*/
p = &a[0];
```

当指针变量 p 指向数组 a 之后就可以使用 p 访问数组 a 的元素。例如,可以使用下面的语句输出元素 a[0]和 a[1]的值。

```
printf("%d,%d", *p, *(p+1));
```

**说明:**

(1) 数组指针发生变动时,总是以数组元素为单位进行,与每个数组元素占用的存储单元数量无关,即对任何类型的一维数组 a,当用 a(或 &a[0])给指针变量 p 赋值后,如下表达式都成立:

```
p + i == &a[i]
```

以下是数组指针发生变动的一个程序段,数组指针 p 开始指向数组元素 a[0],第 1 个p++执行后 p 指向数组元素 a[1],第 2 个 p++执行后 p 指向数组元素 a[2]。

```
int a[10], *p;
p = &a[0];              /**p指向数组首元素a[0]*/
p++,p++;
```

(2) 可以使用带下标的指针变量表示数组元素,p[i]与 a[i]等价,也与 *(p+i)等价。

(3) 必须注意,在定义指向数组的指针变量时,指针变量的数据类型(即指针变量的基类型)要与数组的数据类型一致。

【**例 7-3**】 用指针实现一维数组的输入与输出。

在指针变量与数组建立联系之后,对数组的操作会变得更加灵活。以下 3 个程序都能实现数组元素的输入与输出,但数组指针的用法各不相同,希望读者注意比较它们的异同。

程序一:

```c
/* program e7-3-1.c */
#include<stdio.h>
#define N 10
int main()
{
    int a[N],i;
    int *p = a;                    /* 定义指针变量p,并使其指向数组a */
    for(i = 0;i<N;i++)
        scanf("%d",p+i);           /* p+i为a[i]的指针,该语句为a[i]输入数据 */
    for(i = 0;i<N;i++)
        printf("%d ",*(p+i));      /* 输出a[i],*(p+i)与a[i]等价 */
    return 0;
}
```

该程序使指针变量 p 指向数组的首元素 a[0],使用"p+i"输入 a[i]元素,使用"*(p+i)"输出 a[i]元素。在数组的输入与输出过程中,指针变量 p 的值始终没有改变,如图 7-6 所示。

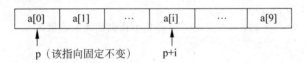

图 7-6　程序一指针变量 p 图示

程序二:

```c
/* program e7-3-2.c */
#include<stdio.h>
#define N 10
int main()
{
    int a[N],i;
    int *p = a;                    /* 定义指针变量p,并使其指向数组a */
    for(i = 0;i<N;i++)
        scanf("%d",p++);           /* 输入数据时p指向a[i] */
    p = a;                         /* 使指针变量p重新指向数组a的首元素 */
    for(i = 0;i<N;i++)
        printf("%d ", *p++);       /* 输出a[i]元素,之后p指向下一个元素 */
    return 0;
}
```

在该程序中,指针变量 p 的值随着循环的进行不断变化,在循环之初 p 指向首元素,循环体每执行一次它的值增加 1,指向下一个元素位置。在输入数据时,指针变量 p 的变化情况如图 7-7 所示。

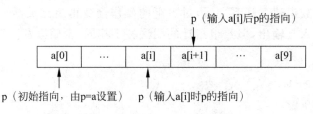

图 7-7　程序二指针变量 p 的变化情况图示

● 问题思考

(1) 在该程序中,第 2 个 for 语句之前的"p=a;"语句有什么作用?

(2) 若省略第 2 个 for 语句之前的"p=a;"语句,会产生什么结果?

程序三:

```
/* program e7-3-3.c */
#include<stdio.h>
#define N 10
int main()
{
    int a[N];
    int *p;                          /* 定义指针变量 p */
    for(p=a;p<(a+N);p++)             /* p 初始指向 a 的首元素,之后每次后移一个位置 */
        scanf("%d",p);               /* 为 p 指向的元素输入数据 */
    for(p=a;p<(a+N);p++)
        printf("%d",*p);             /* 输出 p 指向的元素的值 */
    return 0;
}
```

该程序直接使用指针变量 p 作为 for 语句的循环控制变量,每次执行循环体后 p 的指向后移一个位置,使其指向下一个元素。指针变量 p 的变化情况及取值范围如图 7-8 所示。

图 7-8　程序三指针变量 p 的变化及取值情况图示

【例 7-4】　用指针法访问数组,求得一维数组元素的最大值。

程序如下:

```
#include<stdio.h>
#define N 10
int main()
{
    int a[N],i,max,*p;
    p=a;                             /* 指针 p 指向一维数组 a */
```

```
    printf("Data: ");
    for(i = 0;i < N;i++)
        scanf(" %d",p + i);
    max = * p;                          /* 用 a[0]为 max 赋初值 */
    for(i = 1;i < N;i++)
        if(max < * (p + i))
            max = * (p + i);
    printf("max: %d\n",max);
    return 0;
}
```

程序说明：

(1) 在该程序中，p 是指向数组的指针变量，程序执行过程中其值保持不变，始终指向数组 a 的首元素 a[0]。

(2) 该程序使用 max 变量存储数组元素的最大值，初值为 a[0]（即 * p）。第 2 个 for 语句通过"p+i"访问数组的 a[1]到 a[9]元素，该语句执行结束时 max 即为数组 a 的各元素的最大值。

### 7.3.2 指针与二维数组

要用指针访问二维数组，首先应明确指针与二维数组元素的对应关系。前面已提到，二维数组的各个元素在计算机中按照先行后列的顺序依次存储，若把每一行当作一个大的数组元素，则二维数组可视为一个大一维数组。每个大数组元素对应二维数组的一行，称之为行数组元素，显然每个行数组元素都是一个一维数组。因此，用两级数组的观点透视二维数组时，一个 M×N 的二维数组 a 可分解为图 7-9 所示的一维数组。

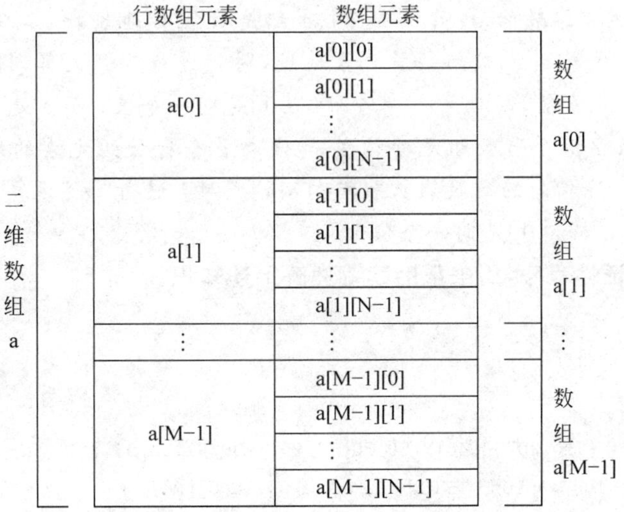

| 行数组元素 | 数组元素 | |
|---|---|---|
| a[0] | a[0][0] | 数组 a[0] |
| | a[0][1] | |
| | ⋮ | |
| | a[0][N−1] | |
| a[1] | a[1][0] | 数组 a[1] |
| | a[1][1] | |
| | ⋮ | |
| | a[1][N−1] | |
| ⋮ | ⋮ | ⋮ |
| a[M−1] | a[M−1][0] | 数组 a[M−1] |
| | a[M−1][1] | |
| | ⋮ | |
| | a[M−1][N−1] | |

图 7-9　二维数组中的一维数组

在上述分析的基础上不难确定数组指针与二维数组元素的对应关系。设 p 是指针变量，对于 M 行、N 列的二维数组 a，若有：

```
p = a[0];
```

则 p+j 将指向 a[0] 数组中的元素 a[0][j]。

由于 a[0]、a[1]、…、a[M−1] 等各个行数组依次连续存储,每个行数组包含 N 个数组元素,则对于数组 a 的任一元素 a[i][j] 将由指针 p+i*N+j 指向,元素 a[i][j] 相应的指针表示为 *(p+i*N+j)。当然,元素 a[i][j] 也可使用指针下标法表示为 p[i*N+j]。

例如有以下定义:

```
int a[3][4]={{10,20,30,40,},{50,60,70,80},{90,91,92,93}};
```

则数组 a 中有 3 个行数组元素,分别为 a[0]、a[1]、a[2]。每个行数组元素都是一个一维数组,各包含 4 个元素,例如 a[1] 的 4 个元素是 a[1][0]、a[1][1]、a[1][2]、a[1][3]。数组 a 的分解情况如图 7-10 所示。

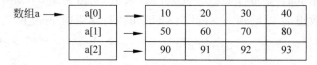

图 7-10 数组分解举例

若有:

```
int *p=a[0];
```

则数组 a 的元素 a[1][2] 对应的指针为 p+1*4+2。元素 a[1][2] 也就可以表示为 *(p+1*4+2)。用下标表示法,a[1][2] 表示为 p[1*4+2]。

**说明**:对于上述二维数组 a,虽然 a[0]、a 都是数组首地址,但二者指向的对象不同,a[0] 是一维数组名,代表 a[0] 数组的首元素地址,对其进行"*"运算,得到的是一个数组元素值,即 a[0] 数组首元素值,因此 *a[0] 与 a[0][0] 是同一个值;而 a 是一个二维数组名,该数组由 a[0]、a[1]、a[2] 3 个行数组元素构成,a 代表首个行数组元素的地址,它的指针移动单位是"行",所以 a+i 指向的行数组 i,即指向 a[i]。对 a 进行"*"运算,得到的是一维数组 a[0] 的首地址,即 *a 与 a[0] 是同一个值。

下面是一个验证性程序,用来帮助读者理解上述知识。

```
#include<stdio.h>
int main()
{
    int a[3][4]={{10,20,30,40},{50,60,70,80},{90,91,92,93}};
    printf("%-10d%-10d%-10d\n",*a,a[0],&a[0][0]);          /*验证地址信息*/
    printf("%-10d%-10d%-10d\n",*(*a),*a[0],a[0][0]);       /*输出数组元素值*/
    printf("%-10d%-10d\n",*(*(a+1)),*(*(a+2)));            /*验证行指针性质*/
    return 0;
}
```

程序执行结果:

```
1244952    1244952    1244952
10         10         10
50         90
```

【例 7-5】 用指针访问二维数组的方法,求二维数组元素的最大值。

该问题只需对数组元素遍历即可求解,因此可以通过顺序移动数组指针的方法予以实现。
程序如下:

```
#include<stdio.h>
int main()
{
    int a[3][4]={{3,17,8,11},{66,7,8,19},{12,88,7,16}};
    int *p,max;
    for(p=a[0],max= *p;p<a[0]+12;p++)  /*p初始时指向数组首元素*/
        if(*p>max)
            max= *p;
    printf("max=%d\n",max);
    return 0;
}
```

执行结果:

max=88

该程序的主要算法是在 for 语句中实现的:p 是一个 int 型指针变量;p=a[0]使指针变量指向数组 a[0]的首元素;max= *p 将数组的首元素值 a[0][0]作为最大值初值;p<a[0]+12 是将指针的变化范围限制在 12 个元素的位置内;p++使得每比较完一个元素指针即后移一个位置。指针变量 p 的变化情况如图 7-11 所示。

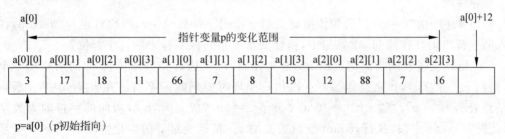

图 7-11 指针变量 p 的变化情况示意图

### 7.3.3 指针与字符串

使用指针访问和处理字符串是 C 语言中常用的字符串处理方法。它需要定义字符型指针变量,并使其指向字符串,然后通过该指针变量访问字符串,从而实现对字符串的操作。

以下方法都能使字符型指针变量指向字符串。

(1) 在定义指针变量时用字符串初始化,使其指向该字符串。例如:

char *p="a string";

该语句使指针变量 p 指向字符串"a string",因此通过 p 可访问"a string"字符串的任何字符。

(2) 使指针变量指向字符型数组,从而使其指向字符串。例如:

```
char name[20], * p;
p = name;
gets(p);
```

以上语句使字符型指针变量 p 指向字符数组 name,"gets(p);"将为 name 输入字符串,当然 p 也指向该字符串。

【例 7-6】 从键盘输入一个字符串,统计其中的数字字符个数,要求访问字符串的方法由字符串指针实现。

程序如下:

```c
#include<stdio.h>
#define N 100
int main()
{
    char str[N], * p;
    int count;
    p = str;                        /*使符串指针 p 指向字符数组 str*/
    gets(p);                        /*输入字符串*/
    for(count = 0; * p!= '\0';p++)  /*p++使 p 指向下一个字符*/
        if( * p >= '0'&& * p <= '9') /*判断数字字符*/
            count++;
    printf("Total: %d\n",count);
    return 0;
}
```

程序说明:

(1) 程序中的"p=str;"语句使指针变量 p 指向字符数组 str,当执行语句"gets(p);"后输入的字符串即被存储到 str 数组中,指针变量 p 指向该字符串的首字符位置。

(2) 指针变量 p 的指向情况由 for 语句控制,每次执行完循环体,p 即向后移动一个位置,指向下一个字符,该字符即为下一次执行循环时要判断的字符。在 if 语句中,p 所指向的字符表示为"*p",当"*p>='0'&&*p<='9'"成立时,p 所指向的字符即为数字字符,此时"count++"被执行,count 变量的值增 1。指针变量 p 的变化情况如图 7-12 所示。

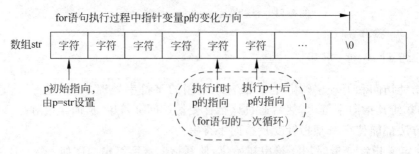

图 7-12　程序执行过程中指针变量 p 的变化情况

对于数字字符的统计问题已多次讨论,实现方法各不相同,请读者对比体会。

## 7.3.4 指针数组

数组元素为指针类型的数组称为指针数组,指针数组中的每一个元素都是指针变量。使用指针数组能够方便、灵活地实现多字符串操作,尤其是对长度不同的字符串的处理。一维指针数组的定义形式如下:

数据类型 *数组名[数组长度];

例如:

char *days[7];

该语句定义了名为 days 的字符型指针数组,其每一个元素都是字符型指针变量,通常用其存储字符串地址,因此使用指针数组可以访问多个字符串。

与其他数组一样,指针数组也可以在定义时初始化,还可以通过赋值语句对其赋指针值。由于指针数组的每个元素都是指针变量,只能存储地址值,所以对指向字符串的指针数组赋初值时,要把字符串的首地址赋给指针数组的对应元素。

例如:

char *days[7] = {"Sunday","Monday","Tuesday", "Wednesday", "Thursday","Friday","Saturday"};

初始化后,days 的每一个元素都指向一个字符串,元素值是对应字符串的首地址,如图 7-13 所示。

图 7-13 初始化后 days 数组元素的指向

【例 7-7】 分行输出上述 days 数组指向的各个字符串。
程序如下:

```
#include<stdio.h>
int main()
{
    int i;
    char *days[7] = {"Sunday","Monday","Tuesday", "Wednesday",
                    "Thursday","Friday","Saturday"};
    for(i = 0;i < 7;i++)
        puts(days[i]);                    /*输出字符串*/
    return 0;
}
```

程序说明：

（1）在该程序中，days 数组被初始化后它的每个元素存储一个特定字符串的首地址，即每个元素指向一个字符串，各个元素的具体指向与图 7-13 所示的相同。

（2）各个字符串的输出操作由 for 语句控制，具体输出由 puts(days[i])函数实现。第 1 次执行 puts()函数时输出 days[0]指向的字符串"Sunday"，第 2 次执行 puts()函数时输出 days[1]指向的字符串"Monday"，直到最后一次执行 puts()函数时输出 days[6]指向的字符串"Saturday"。

## 7.4 指针作函数参数

指针作函数参数是 C 语言最常见的函数形式，它与基本类型的变量作函数参数有极大的不同，它在函数间传递的不是变量的数值，而是变量的地址。关于函数间传递地址值的知识在数组名作函数参数的内容中已经有介绍。

### 7.4.1 简单变量指针作函数参数

简单变量指针作函数参数是指针作函数参数中最基本的内容，它能够实现简单变量的地址向函数的传递。先看下面的程序段：

```
temp = * p1;
* p1 = * p2;
* p2 = temp;
```

该程序段的功能是交换指针 p1、p2 所指向变量的值。为了使这段程序的功能通用化，可以使用指针变量 p1、p2 作形参，把这段程序编写成函数，用于交换任何两个变量的值。以下为函数实现：

```
void swap(int * p1,int * p2)        /*指针作函数的参数*/
{
    int temp;
    temp = * p1;
    * p1 = * p2;
    * p2 = temp;
}
```

swap()函数的形参 p1、p2 为 int 型指针变量，在调用该函数时实参应使用 int 型变量的地址形式。swap()函数调用举例如下：

```
int a = 20,b = 30;
swap(&a,&b);
```

执行 swap()函数后，p1 指向变量 a，p2 指向变量 b，最终使 a、b 的值发生交换。

【例 7-8】 输入两个整数，然后按照先大后小的顺序将其输出。

程序如下：

```
# include < stdio.h >
int main()
```

```
{
    void swap(int *,int *);          /*函数声明*/
    int x,y;
    scanf("%d,%d",&x,&y);
    if(x<y)
        swap(&x,&y);                 /*交换变量 x、y 的值*/
    printf("%d,%d\n",x,y);
    return 0;
}
void swap(int *p1,int *p2)
{
    int temp;
    temp = *p1; *p1 = *p2; *p2 = temp;
}
```

在该程序中用变量 x、y 的地址 &x 和 &y 作函数实参调用 swap()函数,形参指针变量 p1 得到地址值 &x,形参指针变量 p2 得到地址值 &y,从而使变量 x、y 的值发生了交换。程序执行结果如下:

78,992 ↵
992,78

读者要注意,该程序中 swap()函数的声明使用了简化形式,形参部分省略了指针变量名,只保留了"*"符号,保留的"*"符号说明相应的形参是指针变量。

**【例 7-9】** 用比较交换法将一维数组的最大值移到数组的最末元素位置,交换过程用上述 swap()函数实现。

程序如下:

```
#include<stdio.h>
int main()
{
    void swap(int *,int *);
    int i,a[10] = {33,-12,97,3,7,18,9,51,10,9};
    for(i = 0;i<9;i++)
        if(a[i]>a[i+1])
            swap(&a[i],&a[i+1]);    /*交换数组元素 a[i]与 a[i+1]的值*/
    for(i = 0;i<10;i++)
        printf("%5d",a[i]);
    printf("\n");
    return 0;
}
void swap(int *p1,int *p2)          /*指针作函数的参数*/
{
    int temp;
    temp = *p1;
    *p1 = *p2;
    *p2 = temp;
}
```

在该程序中调用 swap()时,函数实参是数组元素 a[i]和 a[i+1]的地址,即 &a[i]和

&a[i+1]，这两个相邻元素的地址值分别传送给形参指针变量 p1 和 p2，从而实现两个数组元素值的交换。

### 7.4.2 指向数组的指针作函数参数

在前一章讨论了数组名作函数参数时函数的设计和调用方法。由于数组名是数组的首地址，与指针具有一些相同的性质，因此用指向数组的指针作函数参数和用数组名作函数参数也有很多相同之处，希望读者注意与前面相关知识的对比学习。

【例 7-10】 设计求一维数组元素最大值的函数 pv_max()，并在主函数中调用它求数组元素的最大值。

1) 问题分析与算法设计

(1) 设计 pv_max() 函数。

在例 7-4 中设计了用指针法求一维数组最大值的程序，以下是求最大值的程序段：

```
max = *p;
for(i = 1;i < N;i++)
    if(max < *(p + i))
        max = *(p + i);
```

在该程序段中 p 是指向一维数组的指针变量，N 是数组长度，max 存储元素最大值，以这一段代码为基础即可方便地编写 pv_max() 函数。代码如下：

```
int pv_max(int *p,int n)
{
    int i,max = *p;              /*"*p"是数组的首元素值,作为max的初始值*/
    for(i = 1;i < n;i++)
        if(max < *(p + i))       /*"*(p+i)"是下标为i的元素的值*/
            max = *(p + i);      /*max为当前已访问元素的最大值*/
    return max;
}
```

其中，pv_max() 函数的形参 p 是指向 int 型一维数组的指针变量，形参 n 是一维数组的长度。该函数的功能是在长度为 n、由 p 指向的一维数组中求各个元素的最大值。

(2) 设计主函数 main()，在其中调用 pv_max() 函数，求得给定数组的各元素中的最大值。在进行函数调用时，第 1 个实参应是一维数组地址(对应于形参 p)，第 2 个实参为数组的长度值(对应于形参 n)。

2) 实现程序

程序如下：

```
#include<stdio.h>
#define N 10
int main()
{
    int pv_max(int *,int);       /*函数声明*/
    int a[N],i;
    for(i = 0;i < N;i++)
        scanf("%d",&a[i]);       /*为数组 a 输入数据*/
```

```
        printf("max = %d\n",pv_max(a,N));    /*调用函数 pv_max()求数组 a 的最大值*/
        return 0;
    }
    int pv_max(int * p,int n)              /*定义求数组元素最大值的函数*/
    {
        int i,max = * p;                    /*数组的首元素值作为 max 初值*/
        for(i = 1;i < n;i++)
            if(max < * (p + i))
                max = * (p + i);
        return max;
    }
```

程序说明:

(1) 在该程序中,pv_max()函数在语句"printf("max=%d\n",pv_max(a,N));"中被调用,实现对 a 数组求最大值。在函数调用时,实参和形参按照在参数表中的位置对应传值:第 1 个实参是数组名 a,它对应传给第 1 个形参变量 p,使 p 指向数组 a;第 2 个实参是数组的长度 N,它对应传给第 2 个形参变量 n。

(2) 用户也可以使用如下形式调用 pv_max()函数,因为 &a[0]也表示数组 a 的首地址。

```
pv_max(&a[0],N)
```

● 问题思考

(1) 为进一步提高程序的函数化程度,可以设计一个一维数组输入函数 input(),调用该函数为实参数组 a 输入数据。以下是 input()函数的实现代码,各个形参的含义与上述 pv_max()函数相同。

```
    void input(int * p,int n)              /*定义数组输入函数*/
    {
        int i;
        for(i = 0;i < n;i++)
            scanf(" %d",p + i);
        return;
    }
```

希望读者利用该函数修改上面的程序。

(2) 在第 6 章的例 6-13 中设计了求数组元素最大值的函数 v_max()(程序 e6-13-2.c),其函数原型为 int v_max((int a[],int n),功能是在具有 n 个元素的一维数组 a 中求最大值。本例所设计的 pv_max()函数的功能与 v_max()函数相同。试分析二者的异同。

### 7.4.3 字符串指针作函数参数

字符串指针作函数参数,与之前介绍的数组指针作函数参数没有本质的区别,函数间传递的都是地址值,仅是指针指向对象的类型不同而已。

【例 7-11】 输入一个字符串,统计其中的数字字符的个数。要求统计数字字符的过程由一个用户函数实现,且字符串指针作函数参数。

1) 问题分析与算法设计

（1）在例 7-6 程序中有一段字符串的数字字符统计代码，如下：

```
for(count = 0; * p!= '\0';p++)
    if( * p >= '0'&& * p <= '9') count++;
```

在该程序段中 p 是指向字符串的指针变量，程序的功能是统计 p 指向的字符串中数字字符的个数。以此为基础即可编写出数字字符统计函数，如下：

```
int count_p(char * p)
{
    int count;
    for(count = 0; * p!= '\0';p++)
        if( * p >= '0'&& * p <= '9') count++;
    return count;
}
```

该函数的功能为统计由 p 指向的字符串中的数字字符的个数。

（2）定义实参数组 string，将输入的字符串存储在 string 中，则通过函数调用 count_p(string)即可求得 string 中的数字字符的个数。

2）实现程序

程序如下：

```
#include <stdio.h>
#define N 100
int main()
{
    char string[N];                          /*定义字符数组,用于字符串的存储*/
    int count_p(char * );                    /*字符统计函数声明*/
    gets(string);                            /*输入字符串*/
    printf("Total: %d\n",count_p(string));   /*调用 count_p()对 string 串进行统计*/
    return 0;
}
int count_p(char * p)                        /*定义字符统计函数,p是指向字符串的指针变量*/
{
    int count;
    for(count = 0; * p!= '\0';p++)
        if( * p >= '0'&& * p <= '9')count++;  /*统计数字字符*/
    return count;
}
```

该程序与例 6-14 的程序功能相同，结构也十分相近，只是用户定义函数的参数形式不同。在例 6-14 的程序中，函数 count_s()的形参是字符数组，而本程序中函数 count_p()的形参是字符串指针，但其本质都是字符串地址，因此函数调用方式相同。在 C 语言程序设计中，字符串指针作函数参数的情况更为常用。

### 7.4.4　指针数组作函数参数

指针数组的元素是指针变量，用指针数组能够实现一组字符串的处理，当用指针数组作函数参数时,就可以设计通用的多字符串操作函数。

**【例 7-12】** 编写能对多个字符串排序的函数,并调用该函数将一组字符串按字典顺序排序。

1) 问题分析与算法设计

与之前讨论的数值排序相比,字符串排序要复杂一些。一方面,多字符串的存储比简单数值的存储复杂,在访问字符串时要使用指针数组辅助实现;另一方面,对字符串进行比较时要使用字符串比较函数实现。

(1) 为简化程序,假设待排序字符串序列为固定值,使用指针数组 days 存储。days 的定义如下:

```
char * days[7] = {
"Sunday","Monday","Tuesday", "Wednesday","Thursday","Friday","Saturday"};
```

指针数组 days 存储各个字符串的开始地址,数组 days 的各元素与字符串的指向关系如图 7-14 所示。

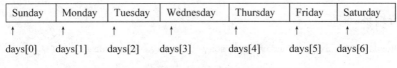

图 7-14　指针数组 days 与字符串的指向关系

(2) 字符串按字典顺序排序,即将各字符串由小到大排列。字符串的比较由函数 strcmp() 实现,其函数原型为 int strcmp( * str1, * str2),其中 str1、str2 是字符串指针。若两个字符串相同,strcmp()函数值为 0;若字符串 str1 大于 str2,strcmp()函数值为一个正数;若字符串 str1 小于 str2,strcmp()函数值为一个负数。

(3) 字符串排序函数用 string_sort() 实现,其函数原型如下:

```
void string_sort(char * string[],int n)
```

其中,string 为字符串的指针数组,n 为 string 的长度(待排序字符串的个数)。

2) 实现程序

程序如下:

```c
# include <stdio.h>
# include <string.h>
void string_sort(char *[],int);           /*字符串排序函数声明*/
void string_out(char *[],int);            /*字符串输出函数声明*/
int main()
{
    char * days[7] = {"Sunday","Monday","Tuesday","Wednesday",
                      "Thursday","Friday","Saturday"};
    string_sort(days,7);                  /*调用排序函数,对 days 排序*/
    string_out(days,7);                   /*调用输出函数,输出排序后的各个字符串*/
    return 0;
}
void string_sort(char * string[],int n)   /*定义字符串排序函数*/
```

```c
{
    char *temp;
    int i,j;
    for(i = 1;i < n;i++)
        for(j = 0;j < n - i;j++)
            if(strcmp(string[j], string[j+1])>0)    /*比较字符串大小*/
            {
                temp = string[j];
                string[j] = string[j+1];
                string[j+1] = temp;
            }
}
void string_out(char * string[],int n)    /*定义字符串输出函数*/
{
    int i;
    for(i = 0;i < n;i++)
        printf(" %s ", string[i]);    /*输出string[i]指向的字符串*/
}
```

程序执行结果：

Friday Monday Saturday Sunday Thursday Tuesday Wednesday

string_sort()函数使用冒泡排序算法进行排序，当有 n 个字符串时要进行 n−1 趟排序。第 1 趟排序结束后，指针数组 string 的最后一个元素指向最大的字符串，即 string[n−1]存储最大字符串的首地址；第 2 趟排序结束后，string[n−2]存储次大字符串的首地址，以此类推，最后一趟（第 n−1）排序结束后，指针数组 string 的首元素 string[0]存储最小字符串的首地址。

string_sort()函数在主函数中调用，函数调用语句"string_sort(days,7);"执行结束后，由 days 指向的各字符串的排序就完成了。在排序完成之后，指针数组 days 的各个元素的指向如图 7-15 所示。

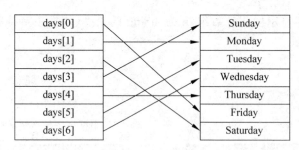

图 7-15　排序完成后指针数组 days 的指向

此时，调用 string_out()函数，顺序输出 days 数组指向的字符串，将得到按照字典顺序排列的字符串序列。

必须注意，程序在排序过程中并没有交换字符串，而是通过交换指向字符串的指针完成排序操作的。

## *7.4.5 使用带参数的 main() 函数

使用带参数的 main() 函数编写的程序,能够在程序运行时通过命令行向程序传递参数。例如,若一个具有文件复制功能的程序,其可执行文件是 fcopy.exe,在操作系统下输入以下命令行,即能将文件 f1.c 复制为 f2.c。

fcopy.exe f1.c f2.c ↲

该命令行中的 fcopy.exe 是程序可执行文件名,f1.c、f2.c 是通过命令行向程序传递的参数。

带参数的 main() 函数的一般形式如下:

```
int main (int argc, char * argv[ ])
{
    …
}
```

其中,argc 存储命令行的信息个数(包括执行文件名、各个参数),argv 是指向命令行的各部分信息的指针数组。

命令行的一般形式如下:

执行文件名 参数1 参数2 … 参数n

注意,执行文件名和参数之间、各个参数之间要用空格分隔。

指针 argv[0]指向的字符串是运行文件名,argv[1]指向的字符串是命令行参数1,argv[2]指向的字符串是命令行参数2,以此类推。

**【例 7-13】** 带参数的 main() 函数示例。

程序如下(程序文件名为 e7-13.c):

```
/* program e7-13.c */
#include<stdio.h>
int main(int argc,char * argv[])
{
    int i;
    printf("argc = %d\n",argc);              /* 输出参数 argc 的值 */
    for(i = 1;i<argc;i++)
        printf(" %s\n",argv[i]);             /* 输出作为命令行参数的各个字符串 */
    return 0;
}
```

若程序编译连接后的可执行文件是 e7-13.exe,在操作系统提示符下输入以下命令行:

e7-13 IBM-PC COMPUTER ↲

将得到如下执行结果:

argc = 3
IBM-PC
COMPUTER

使用带参数的main()函数,可以实现程序与操作系统的通信。

## 7.5 指针函数

函数返回值是指针类型的函数为指针函数,这类函数在C语言程序中的应用极为广泛。C语言的库函数中即有大量指针函数,例如在第5章曾使用过的字符串连接函数strcat()便是一个指针函数,其函数原型如下:

```
char * strcat(char * str1,char * str2)
```

strcat()函数的功能是将str2指向的字符串连接到str1指向的字符串之后,并返回连接之后的字符串地址作为函数值。

指针函数的定义与其他函数有一定区别,要在函数名前使用"*"符号。一般格式如下:

```
数据类型  *函数名(形参表)
{
    函数体
}
```

其中,函数体中的return命令要返回一个地址值。

【例7-14】 编写能够查找长度最大的字符串的函数,并调用该函数求一组字符串中的最长字符串。

1) 问题分析与算法设计

(1) 设计查找最长字符串的函数max_len(),其原型如下:

```
char * max_len (char * string[],int n)
```

其中,string为字符串指针数组,n为字符串个数。

函数的功能是在string指向的n个字符串中查找最长字符串,返回该字符串的地址。

(2) 设计主函数,其功能如下:

① 通过指针数组提供一组字符串,供查找使用。

② 调用函数max_len()求得最长字符串,并输出结果。

2) 实现程序

程序如下:

```
#include<stdio.h>
#include<string.h>
int main()
{
    char * max_len(char * [],int);              /*函数声明*/
    char * p_string[4]={"Sydney2000","Beijing2008","Athens1996","Korea1992"};
    puts(max_len(p_string,4));                  /*函数调用后返回最长字符串的首地址*/
    return 0;
}
char * max_len(char * string[],int n)           /*n是字符串个数*/
{
    int i,posion,max_l;
```

```
        posion = 0;                          /* posion 记录最长字符串的序号,初值为 0 */
        max_l = strlen(string[0]);           /* 最大字符串长度变量 max_l 置初值 */
        for(i = 1;i < n;i++)
            if(strlen(string[i])> max_l)     /* 字符串长度比较 */
            {
                max_l = strlen(string[i]);   /* 记录当前最长字符串的长度 */
                posion = i;                  /* 记录当前最长字符串的序号 */
            }
        return(string[posion]);              /* 将最长字符串的首地址作为函数返回值 */
    }
```

程序执行结果:

Beijing2008

程序中的 max_len()函数被调用后,实参指针数组的地址 p_string 传给形参数组 string,max_len()函数通过 string 访问各个字符串,string[i]是 i 号字符串的首地址,strlen (string[i])求得 i 号字符串的长度。posion 变量最终记录的是最长字符串的序号,由 return 语句返回该序号对应的字符串的首地址。

读者需要特别注意的是,对于指针函数,用 return 返回的值必须是一个指针值。

## 7.6 指针应用程序举例

在 C 语言引入指针概念之后,变量的访问方式变得更为灵活,因此指针在 C 语言程序中获得了广泛应用。本节通过几个典型实例进一步介绍应用指针的程序设计方法。

**【例 7-15】** 将例 6-16 的"学生成绩分等级统计"程序进一步函数化,把输出统计结果的过程改为由用户函数实现。

1) 问题分析与算法设计

(1) 定义一维数组的输出函数 output(),函数原型如下:

void output(int * p,int n)

其中,p 为指向一维数组的指针,n 为元素个数。函数功能为将指针变量 p 指向的一维数组的全部元素输出。

(2) 在例 6-16 的程序中使用一维数组 r 存储各等级的统计结果,本程序仍然使用数组 r 存储统计结果,输出 r 数组中各个元素的过程通过调用 output()函数实现,调用形式为 output(r,5)。

2) 实现程序

程序如下:

```
#include< stdio.h>
#define N 6                     /* 班级人数 */
int flag(int,int);              /* 函数声明 */
void output(int * ,int);        /* 函数声明 */
int main()
{
```

```c
    int s1,s2,i;
    static int r[5];                /*将r数组定义为静态类型,各元素初始值为0*/
    for(i = 0;i < N;i++)
    {
        printf("Score: ");
        scanf(" %d %d",&s1,&s2);    /*输入成绩数据*/
        r[flag(s1,s2)]++;           /*判定等级并统计*/
    }
    output(r,5);                    /*输出r数组的各元素值*/
    return 0;
}
int flag(int x,int y)               /*定义判定等级函数*/
{
    int ave;
    ave = (x + y)/2;                /*计算平均成绩*/
    if(ave > = 90) return 0;        /*优秀,函数值为0*/
    else if(ave > = 80) return 1;   /*良好,函数值为1*/
    else if(ave > = 70) return 2;   /*中等,函数值为2*/
    else if(ave > = 60) return 3;   /*及格,函数值为3*/
    else return 4;                  /*不及格,函数值为4*/
}
void output(int * p,int n)          /*定义输出数据函数*/
{
    int i;
    for(i = 0;i < n;i++)
        printf(" %d ", * (p + i));
    printf("\n");
}
```

该程序中有两个用户函数,即 flag()函数和 output()函数。flag()函数用于判定成绩等级,在例 6-16 中有详细说明,在此不再赘述。output()函数用于输出存储在 r 数组中的统计结果,该函数被调用后使得指针变量 p 指向一维数组 r,由此实现 r 数组中各个元素的输出操作。

【例 7-16】 三色球问题。有红、黄、蓝、白、黑 5 种颜色的球若干个,每次取出 3 个球,打印出 3 种不同颜色球的可能取法。

1) 问题分析与算法设计

(1) 定义表示颜色的指针数组 p,使其元素 p[0]、p[1]、p[2]、p[3]、p[4]分别指向字符串"red"、"yellow"、"blue"、"white"、"black",这 5 个字符串用于表示 5 种彩球颜色。指针数组 p 的定义方式如下:

```c
char * p[5] = {"red","yellow","blue","white","black"};
```

(2) 使用 0、1、2、3、4 分别代表红、黄、蓝、白、黑 5 种颜色,使用穷举法生成各种组合方案,具体控制通过三重循环实现。设每次取出的球分别为 i、j、k,它们分别是 0、1、2、3 和 4 等 5 种取值。外循环取第 1 个球,第二重循环取第 2 个球,第三重循环取第 3 个球。由于 3

个球的颜色不能相同,所以只有当i≠j≠k时才为所求,得到一种3色球组合方案。

(3) 将每一种组合的i、j、k转化为相应的颜色字符串,具体颜色由指针p[i]、p[j]、p[k]指向。

2) 实现程序

程序如下:

```
#include<stdio.h>
int main()
{
    int i,j,k,n=0;                          /*n为不同颜色的组合序号*/
    char *p[5]={"red","yellow","blue","white","black"};
    for(i=0;i<=4;i++)                       /*第1个球从red到black*/
        for(j=0;j<=4;j++)                   /*第2个球从red到black*/
            for(k=0;k<=4;k++)               /*第3个球从red到black*/
                if((i!=j)&&(k!=i)&&(k!=j))  /*当3个球的颜色都不相同时输出*/
                {
                    n++;
                    printf("%-4d",n);       /*输出组合序号*/
                    printf("%-8s%-8s%-8s\n",p[i],p[j],p[k]);/*输出球的颜色*/
                }
    printf("Total: %d\n", n);               /*输出所有彩球组合的统计结果*/
    return 0;
}
```

程序执行结果(前10行,其他省略)如下:

```
1    red    yellow   blue
2    red    yellow   white
3    red    yellow   black
4    red    blue     yellow
5    red    blue     white
6    red    blue     black
7    red    white    yellow
8    red    white    blue
9    red    white    black
10   red    black    yellow
```

3) 程序说明

(1) 语句"printf("%-8s%-8s%-8s\n",p[i],p[j],p[k]);"输出彩球组合,p[i]、p[j]、p[k]分别指向表示第1个彩球、第2个彩球和第3个彩球颜色的字符串。例如,i为4时p[i]等价于p[4],其指向字符串"black",printf语句对应输出的字符串为"black"。

(2) 变量n用于记录输出的彩球组合序号,最终作为所有彩球组合的统计结果。

## 小　　结

本章介绍了程序中的指针知识,主要有指针变量的概念、特点、定义和使用,数组与指针的关系,指针与函数的关系,典型的指针程序设计实例等。

(1) 指针变量用于存储变量或数据的地址，通过指针变量可以实现对其他变量或数据的间接访问。使用以下形式定义指针变量：

数据类型 *指针变量;

(2) 指针变量使数组的访问更加灵活。若 p 是指向一维数组 a 的指针变量，则数组元素 a[i]可用指针表示为 *(p+i)、p[i]，a[i]的地址可以表示为 &a[i]、p+i。

(3) 使用字符型指针变量处理字符串是 C 语言常用的一种方法，它首先通过一定的方式使字符指针指向字符串，然后通过字符指针访问字符串。

(4) 指针数组中的每一个元素都是指针变量，它们指向相同类型的数据。引入指针数组提高了多个字符串操作的方便性和灵活性，尤其适合于对长度不等的字符串的处理。用指针数组作函数参数可以实现多字符串处理的通用函数。

(5) 当指针作函数的参数时，在函数间传递的是变量的地址。简单变量指针作函数参数是指针作函数参数中最基本的内容，它的作用是实现一个简单变量的地址在函数间的传递。字符串指针作函数参数与数组指针作函数参数本质相同，参数间传递的都是地址值。

(6) 函数返回值是指针类型的函数称为指针函数，使用指针函数可以获得更多的处理结果。对于指针函数，用 return 返回的值必须是一个指针值。

# 习 题 七

**一、选择题**

1. 有如下定义：

```
int k = 2;
int * ptr1 = &k, * ptr2 = &k;
```

下面不能正确执行的赋值语句是_____。

  A. k= * ptr1＋ * ptr2;    B. ptr2=k;
  C. ptr1=ptr2;    D. k= * ptr1 * ( * ptr2);

2. 若有如下定义：

```
char s[20], * ps = s;
```

则以下赋值语句正确的是_____。

  A. s=ps＋s;    B. ps=20;
  C. s[5]=ps[9];    D. ps=s[0];

3. 以下程序的输出结果是_____。

```
#include<stdio.h>
int main()
{
    char * s[] = {"one","two","three"}, * p;
    p = s[1];
    printf(" %c, %s\n", * (p+1),s[0]);
    return 0;
}
```

A. n,two      B. t,one      C. w,one      D. o,two

4. 有程序如下：

```c
#include <stdio.h>
int main()
{
    int i,j,k,temp;
    int *p1,*p2;
    scanf("%d%d%d",&i,&j,&k);
    p1 = &i, p2 = &k;
    temp = *p1;
    *p1 = *p2, *p2 = temp;
    printf("%d,%d,%d\n",i,j,k);
    return 0;
}
```

执行该程序，输入数据 7 ↲ 11 ↲ 9 ↲，则程序的输出结果为_____。

A. 7,11,9      B. 9,11,7      C. 9,7,11      D. 7,9,11

5. 下面程序的输出结果是_____。

```c
#include <stdio.h>
int main()
{
    int *p,a[2000];
    p = a;
    p = p + 2000;
    printf("%d\n",*p);
    return 0;
}
```

A. 2000      B. 2001      C. 2008      D. 不确定

6. 有程序如下：

```c
#include <stdio.h>
int main()
{
    int k=10,m=20,n=30;
    int *pk,*pm,*pn;
    pk = &k;
    pm = &m;
    *(pn = &n) = *pk * (*pm);
    printf("%d\n",n);
    return 0;
}
```

执行该程序之后的输出结果为_____。

A. 100                            B. 程序错误,不能正确运行
C. 200                            D. 程序能运行,但结果不确定

7. 有数组定义语句如下：

    static int arr[20][30];

   若要表示数组元素 arr[9][0]的地址，除了可以使用＆arr[9][0]的表示形式之外，还可以使用其他的表示形式。在以下表示形式中错误的是_____。

   A. arr[9]
   B. arr＋9＊30
   C. ＊(arr＋9)
   D. ＆arr[0][0]＋9＊30

8. 以下4种说法中正确的是_____。

   A. "char ＊a="china";"等价于"char ＊a; ＊a="china";"
   B. "char str[]={"china"};"等价于"char str[10]; str[]={"china"};"
   C. "char ＊s="china";"等价于"char ＊s; s="china";"
   D. "char a[4]="abc",b[4]="abc";"等价于"char a[4]=b[4]="abc";"

9. 有程序如下：

```
#include<stdio.h>
#define N 100
int count(char *p);
int main()
{
    char str[N];
    printf("Data:");
    gets(str);
    printf(" %d\n",count(str));
    return 0;
}
int count(char *p)
{
    int num = 0;
    while(*p++!='\0') num++;
    return(num);
}
```

   运行该程序，并按以下形式输入数据，程序的输出结果是_____。

   Data:C␣Language.↵

   A. 1
   B. 10
   C. 11
   D. 12

10. 有程序如下：

```
#include<stdio.h>
void xyz(int *);
int main()
{
    int a[3][2] = {19,9,6,3,7,1};
    xyz(a[1]);
    return 0;
}
```

```
void xyz(int *m)
{
    printf("%d\n",*m);
}
```

运行该程序后的输出结果是_____。

  A. 9      B. 6      C. 3      D. 7

## 二、程序分析题

1. 以下程序的运行结果是_____。

```
#include<stdio.h>
int main()
{
    static int arr[]={6,7,8,9};
    int *ptr=arr,i;
    for(i=0;i<4;i++)
        printf("%d",*ptr++);
    return 0;
}
```

2. 以下程序的运行结果是_____。

```
#include<stdio.h>
int main()
{
    static int arr[]={6,7,8,9};
    int i;
    for(i=0;i<4;i++)
        printf("%d",*(arr+i));
    return 0;
}
```

3. 以下程序的输出结果是_____。

```
#include<stdio.h>
int main()
{
    int *beijing,value;
    value=2000;
    beijing=&value;
    value=*beijing+8;
    printf("%d\n",*beijing);
    return 0;
}
```

4. 写出以下程序执行后的输出结果。

```
#include<stdio.h>
int main()
{
    char *p[10]={"abc","aabdfg","dcdbe","abbd","cd"};
```

```c
        printf("%d\n",strlen(p[4]));
        return 0;
}
```

5. 写出以下程序执行后的输出结果。

```c
#include<stdio.h>
int main()
{
    char *s[3]={"one","two","three"};
    printf("%c,%s\n",*(s[1]+1),s[0]);
    return 0;
}
```

6. 写出以下程序执行后的输出结果。

```c
#include<stdio.h>
int main()
{
    int x[8]={8,7,6,5,0,0},*s;
    s=x+3;
    printf("%d\n",s[2]);
    return 0;
}
```

7. 以下函数的功能是_____。

```c
int length(char *s)
{
    int i;
    for(i=0;*s++!='\0';i++);
    return(i);
}
```

8. 以下程序运行时若输入数据为 17 18 19 ↵,则程序的输出结果为_____。

```c
#incliude<stdio.h>
void rcircle(int *p1,int *p2,int *p3);
int main()
{
    int a,b,c;
    int *p1,*p2,*p3;
    printf("Input three integers:");
    scanf("%d%d%d",&a,&b,&c);
    p1=&a;p2=&b;p3=&c;
    rcircle(p1,p2,p3);
    printf("%5d%5d%5d\n",a,b,c);
    return 0;
}
void rcircle(int *pr1,int *pr2,int *pr3)
{
    int temp;
    temp=*pr3;*pr3=*pr2;*pr2=*pr1;*pr1=temp;
}
```

9. 以下是一个字符串连接函数,它将字符串 src 连接到字符串 dst 之后。在横线位置填上适当的代码。

```
char *connect(char *dst,char *src)
{
    char *q,*p;
    for(p=dst;*p;p++);
    for(q=src;*q;q++,p++)
            ①         ;
    _____②_____;
    return dst;
}
```

### 三、编程题

1. 有指针指向如图 7-16 所示。试编写程序,通过指针操作使 m1、m2、m3 的值顺序交换,即把 m1 的原值赋给 m2,把 m2 的原值赋给 m3,把 m3 的原值赋给 m1。数据的输入与输出也通过指针变量实现。

2. 杰克将最近5次的网购做了记录,凡是超值的记为1,其他记为0,如表 5-5 所示(第5章的编程题1)。按以下要求编程:
(1) 设置指针变量 p,将网购数据输入到一维数组后使 p 指向该一维数组,如图 7-17 所示。
(2) 试用指针访问一维数组的方法按如下格式输出每一次网购评价的结果。

第1次,超值
第2次,一般
第3次,超值
第4次,超值
第5次,一般

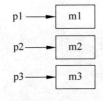

图 7-16 编程题 1 的指针指向示意图　　图 7-17 编程题 2 的指针与数组示意图

3. 有 20 个整数存储在一维数组中,要求用指针法访问数组,通过冒泡方式将其中的最大值移到数组尾部,然后输出该数组的全部数据。

4. 从键盘输入一个字符串,然后提取其中的数字字符,将其排列在其他字符之后。例如输入字符串 this7is89♯@hg,排列后的结果为 thisis♯@hg789。要求字符串的操作用指针方法实现。

5. 用指针访问字符串,判断是否为回文(回文是顺读和倒读都一样的字符串,例如 ASDFDSA 是回文,而 ASDFDAS 不是回文)。输入一个字符串,若是回文,则输出 Yes,否则输出 No。

6. 设计一个一维数组的排序函数 p_sort,并调用它对 10 个整数进行排序。p_sort 函数的原型如下：

　　void p_sort(int * p, int n)

其中，p 是指向 int 型一维数组的指针变量，n 是数组长度。

　　7. 编写一个判断回文的函数 f()，在主程序中调用该函数判断一个字符串是否为回文。若是回文，则输出 Yes，否则输出 No。f() 函数原型如下：

　　int f(char * p)

其中，p 是指向字符串的指针。当是回文时，函数值为 1，否则为 0。

　　8. 将字符串中指定位置的字符删除。要求删除字符的操作通过函数 delete() 实现，其原型如下：

　　char delete(char * p, int n)

其中，p 是指向字符串的指针变量，n 是指定的位置。若删除成功，则函数返回被删字符，否则返回空值。

　　9. 用一维数组作为存储结构，用指针访问一维数组的方法，编写程序，实现 Josephus 环报数游戏（关于 Josephus 环报数游戏的详细描述请参考第 5 章习题中编程题的第 10 题）。

# 第8章 结构体程序设计

C语言的基本数据类型有整数型、实数型及字符型,使用这些基本数据类型可以构造数组类型,并且可以定义相关数据类型的指针。本章要讨论的结构体数据类型区别于以上任何数据类型,它能够把各种不同类型的数据组合成一个数据整体,使一个数据体内包括多种不同类型的数据。本章详细介绍结构体的基本概念、定义和使用方法,介绍结构体的典型应用——链表,通过具体实例介绍应用结构体的程序设计方法。

## 8.1 结构体数据概述

结构体数据是由多个数据项组合而成的数据,如表8-1所示的学生信息表,当把每一行视为一个完整数据时该数据就是一个结构体数据。表中的每一行反映了一个学生的综合信息,由多个数据项组成,包括学生的学号、姓名、性别、成绩,各数据项的数据类型也不尽相同。如果要表示这样一个组合数据,仅靠单一的任何一种数据类型(如整数型、实数型、数组等)都是不能实现的。为了有效地处理这样一类组合数据,C语言提供了"结构体"技术,它可以把多个数据项组合起来作为一个数据整体进行处理。

表 8-1 学生信息表

| 学 号 | 姓 名 | 性 别 | 成 绩 |
| --- | --- | --- | --- |
| 9901 | liujia | M | 87 |
| 9902 | wangkai | M | 89 |
| 9903 | xiaohua | F | 81 |
| 9904 | zhangli | F | 82 |
| 9905 | wangfeng | M | 88 |

与使用其他数据类型不同,在使用结构体数据时需要经过更多的步骤。下面是在程序中使用结构体数据的一般过程:

(1) 针对具体的组合数据定义专门的结构体数据类型。
(2) 使用已定义的结构体数据类型定义要使用的结构体变量。
(3) 使用定义的结构体变量存储和表示结构体数据。

## 8.2 结构体类型和结构体变量

如果要处理结构体数据,就要定义相应的结构体数据类型和结构体变量,本节结合学生信息处理示例对相关知识进行介绍。

### 8.2.1 结构体程序示例

【例 8-1】 利用结构体变量存储表 8-1 中第 1 行的学生数据,并输出其姓名和成绩。
程序如下:

```c
#include<stdio.h>
struct student                       /*定义结构体数据类型*/
{
    int num;
    char name[20];
    char sex;
    int score;
};
int main()
{
    struct student stu = {9011,"liujia",'M',87};
    printf("name: %s\n",stu.name);
    printf("score: %d\n",stu.score);
    return 0;
}
```

程序执行结果:

name:liujia
score:87

程序解析:

(1) 程序第 2 行到第 8 行定义了结构体数据类型 struct student,它由 4 个数据项构成,即 num、name、sex、score。

(2) 语句"struct student stu={9011,"liujia",'M',87};"定义结构体变量 stu,其数据类型为 struct student;大括号"{}"中的信息是 stu 变量的初始化数据,共有 4 项,分别是第 1 个学生的学号、姓名、性别和成绩。

(3) 语句"printf("name:%s\n",stu.name);"输出 stu.name 的值。stu.name 是结构体变量的使用形式,表示 stu 变量的 name 数据项,即学生的姓名信息。

(4) 语句"printf("score:%d\n",stu.score);"输出学生的成绩。

### 8.2.2 定义结构体数据类型

定义结构体数据类型的一般格式如下:

```
struct 结构体名
{
    成员表
};
```

说明:

(1) "结构体名"是用户定义的结构体的名字,在以后定义结构体变量时使用该名字进行类型标识。

(2)"成员表"是对结构体数据中每一个数据项的详细说明,其格式与说明一个变量的格式相同。如下:

数据类型　成员名称;

(3) struct 是关键字,"struct 结构体名"是结构体类型标识符,在进行类型定义和类型使用时 struct 都不能省略。

以下是例 8-1 程序中定义的结构体数据类型。

```
struct student
{
    int num;                    /*学号*/
    char name[20];              /*姓名*/
    char sex;                   /*性别*/
    int score;                  /*成绩*/
};
```

该结构体类型名称为 struct student,它包括 num、name、sex、score 共 4 个成员。该数据类型被定义之后,在程序中就可以与系统提供的其他数据类型一样使用。

C 语言结构体成员的数据类型既可以是简单的数据类型,也可以是复杂的数据类型,成员也可以是一个结构体。当结构体的成员又是结构体时构成结构体嵌套。例如:

```
struct date
{
    int month;
    int day;
    int year;
};
struct stud
{
    int num;
    char name[20];
    char sex;
    struct date birthday;         /* birthday 是在前面定义的 struct date 类型*/
};
```

由此定义的 struct stud 结构如图 8-1 所示。

| num | name | sex | birthday | | |
| --- | --- | --- | --- | --- | --- |
| | | | month | day | year |

图 8-1　struct stud 结构

在程序中,结构体的定义可以在一个函数的内部进行,也可以在所有函数的外部进行。在函数内部定义的结构体仅在该函数内部有效,而定义在外部的结构体在其后出现的所有函数中都可以使用。

### 8.2.3　结构体变量的定义及使用

**1. 定义结构体变量**

结构体类型的定义只说明了它的组成,如果要使用该结构必须定义结构体类型的变量。

在程序中，结构体类型的定义要先于结构体变量的定义，不能用尚未定义的结构体类型对变量进行定义。定义结构体变量有 3 种方法，下面分别予以介绍。

(1) 先定义结构体类型，再定义结构体变量。

一般格式如下：

struct 结构体名　变量名表；

若已经定义了结构体类型 struct student，即可用它来定义变量。例如：

struct student student1,student2;

定义了 student1、student2 两个 struct student 类型的结构体变量。

在存储时，结构体变量的各个成员按照定义时的顺序依次占用连续的内存空间，结构体变量所占内存空间的长度不小于结构体中每个成员的存储长度之和。

- 内容拓展

用 sizeof() 函数计算结构体数据的存储长度。

程序如下：

```
/* program struct_size.c */
#include <stdio.h>
struct sample                    /*结构体类型 1*/
{
    int num;
    char name[20];
    int score;
}try_1;
struct student                   /*结构体类型 2*/
{
    int num;
    char name[20];
    char sex;
    int score;
}try_2;
int main()
{
    printf("lenth(sample) = %d, lenth(student) = %d\n",sizeof(try_1),sizeof(try_2));
    return 0;
}
```

程序执行结果：

lenth(sample) = 28, lenth(student) = 32

由程序执行结果可知，结构体数据所占内存空间的长度并不是每个成员存储长度简单相加的结果。实际上，系统在存储结构体数据时对各成员有一种地址对齐要求，使得结构体数据所占内存的长度往往超过各成员理论存储长度之和，既与各成员的数据类型有关，也与各成员的排列顺序有关。其详细内容不再赘述。

(2) 在定义结构体类型的同时定义结构体变量。

一般格式如下：

struct 结构体名
{
    成员表
}
结构体变量 1,结构体变量 2,…,结构体变量 n;

例如：

struct student
{
    int num;
    char name[20];
    char sex;
    int score;
}
student1,student2;

(3) 不定义结构体类型名,直接定义结构体类型变量。

一般格式如下：

struct
{
    成员表;
}
结构体变量 1,结构体变量 2,…,结构体变量 n;

例如：

struct
{
    int num;
    char name[20];
    char sex;
    int score;
}
student1, student2;

**2. 引用结构体成员**

在引用结构体成员时,既要指明结构体变量名称,也要指明被引用的成员名称。一般格式如下：

结构体变量名.成员名称

例如,当引用 student1 变量的 score 成员时用以下方式：

student1. score

【例 8-2】 输入两个学生的信息（如表 8-1 所示）,然后输出学习成绩高的学生的姓名和成绩。成绩相同时,只输出第 1 个学生的信息。

1) 问题分析与算法设计

(1) 定义学生信息结构体数据类型 struct student，并用其定义变量 stu1、stu2。

(2) 将第 1 个学生信息存储到变量 stu1 中，将第 2 个学生信息存储到变量 stu2 中。

(3) 比较 stu1 与 stu2 的"成绩"成员的值，以确定输出信息。

2) 实现程序

程序如下：

```c
#include<stdio.h>
struct student
{
    int num;
    char name[20];
    char sex;
    int score;
}stu1,stu2;
int main()
{
    printf("Data1: ");
    scanf("%d%s %c%d",&stu1.num,stu1.name,&stu1.sex,&stu1.score);
    printf("Data2: ");
    scanf("%d%s %c%d",&stu2.num,stu2.name,&stu2.sex,&stu2.score);
    if(stu1.score>=stu2.score)  /* 比较学习成绩 */
        printf(" %s, %d\n",stu1.name,stu1.score);
    else
        printf(" %s, %d\n",stu2.name,stu2.score);
    return 0;
}
```

程序执行结果：

```
Data1: 9904 zhangli F 82 ↵
Data2: 9905 wangfeng M 88 ↵
wangfeng,88
```

- 关于结构体变量的使用说明

(1) 结构体变量输入与输出时只能以成员引用的方式进行，不能对结构体变量进行整体的输入与输出。

(2) 当成员又是一个结构体类型时，若要引用它的成员，要从高到低逐级引用。

例如，有结构体定义如下：

```c
struct date
{
    int month;
    int day;
    int year;
};
struct stud
{
    int num;
    char name[20];
    char sex;
```

```
    struct date birthday;        /* birthday 是在前面定义的 struct date 类型 */
}new_stu;
```

结构体变量 new_stu 中的 birthday 成员的逐级引用形式为 new_stu.birthday.month、new_stu.birthday.day、new_stu.birthday.year，例如，使用以下语句为 birthday 的 year 成员输入数据：

```
scanf("%d",&new_stu.birthday.year);
```

(3) 与其他变量一样，结构体变量成员可以进行各种运算。作为代表结构整体的结构体变量，如果要进行整体操作有很多限制，仅在以下两种情况下可以把结构体变量作为一个整体来访问：

① 结构体变量整体赋值，此时必须是同类型的结构体变量。例如：

```
student2 = student1;
```

该赋值语句把 student1 变量中各成员的值对应传送给 student2 变量的同名成员，从而使 student2 具有与 student1 完全相同的值。

② 取结构体变量地址。例如：

```
&student1
```

通常把结构体变量的地址用作函数的参数。

### 3. 结构体变量的初始化

结构体变量初始化的一般形式如下：

struct 结构体名 结构体变量 = {初始化数据};

例如：

```
struct student
{
    int num;
    char name[20];
    char sex;
    int score;
}stu = {9901,"liujia",'M',87};
```

变量 stu 的各个成员将依次获得初始化数据集合中的对应常量值。num、score 对应的数据为数值型常量，sex 对应的数据为字符型常量，name 对应的数据为字符串。变量 stu 的各成员的初始化数据如表 8-2 所示。

表 8-2 变量 stu 的各成员的初始化数据

| 成 员 | 初始化数据 | 数 据 类 型 |
| --- | --- | --- |
| stu.num | 9901 | int |
| stu.name | liujia | char |
| stu.sex | M | char |
| stu.score | 87 | int |

**说明：**

（1）初始化数据的个数应与结构体成员的个数相同，它们是按成员的先后顺序一一对应赋值的。

（2）每个初始化数据必须符合与其对应的成员的数据类型。

以下是含有嵌套结构的一个结构体变量的初始化举例，其中 struct stud 为在前面所定义的结构体数据类型，它的最后一个成员 birthday 是结构体数据类型 struct date，其对应的初始化数据在大括号子集中。

```
struct stud new_stu = {9901,"liujia",'M',{10,27,2017}};
```

该初始化数据的任何一个数据项，必须与 new_stu 变量的各个成员（含嵌套的成员）对应一致。

## 8.3 结构体数组

数组元素是结构体类型的数组称为结构体数组。结构体数组具有之前讨论的数组的一切性质：数组元素具有相同的类型；数组中元素的起始下标从 0 开始；数组名称表示数组的首地址；数组名和指向数组的指针都可以作函数的参数等。

### 8.3.1 结构体数组的定义及元素引用

用结构体类型定义的数组为结构体数组，它的定义方法与其他结构体变量的定义方法相同，只需用数组的形式说明即可。以下是定义结构体一维数组的一般形式：

结构体类型　数组名[长度]

例如，若在程序中已经定义了学生信息结构体类型 struct student，那么就可以使用该类型定义结构体数组 information，用于存储一批学生的数据。定义形式如下：

```
struct student information[100];
```

该语句定义了类型为 struct student 的结构体数组 information，它有 100 个元素，分别为 information[0]、information[1]、information[2]、…、information[99]，每个元素均为 struct student 类型。

当指明了数组元素后即可访问该数组元素的某个成员。一般形式如下：

结构体数组名[下标].成员名

例如，以下语句将为结构体数组元素 information[20] 的 score 成员赋值：

```
information[20].score = 91;
```

8.2 节曾讨论过结构体变量的 3 种定义方法，这同样适用于结构体数组的定义。例如，下面的语句定义结构体类型 struct date，同时定义了结构体数组 date1 和 date2。

```
struct date
{
    int year;
```

```
        int month;
        int day;
}date1[10],date2[10];
```

## 8.3.2 结构体数组的初始化

结构体数组的初始化是在定义结构体数组时为它的元素赋初值。例如,下面的语句定义了 struct student 类型的结构体数组 info,并对数组元素 info[0]、info[1]、info[2]进行了初始化:

```
struct student info[3] =
{ {9901,"liujia",'M', 87},{9902,"wangkai",'M', 89},{9903,"xiaohua",'F',81}};
```

初始化后的 info 数组如图 8-2 所示。

|  | 成员<br>num | 成员<br>name | 成员<br>sex | 成员<br>score |
|---|---|---|---|---|
| info[0] | 9901 | liujia | M | 87 |
| info[1] | 9902 | wangkai | M | 89 |
| info[2] | 9903 | xiaohua | F | 81 |

图 8-2 初始化后的 info 数组

## 8.3.3 结构体数组应用实例

【例 8-3】 参照表 8-1 的数据输入一个班级的学生数据,并把成绩超过全班平均值的学生找出来,输出这部分学生的姓名和成绩。

1) 问题分析与算法设计

(1) 定义学生数据结构体类型,定义存储学生数据的结构体数组。

(2) 向结构体数组输入学生数据,并计算成绩平均值。

(3) 查找结构体数组中符合条件的数据,并输出结果。

2) 实现程序

程序如下:

```
#include<stdio.h>
#define N 5                         /*班级学生数为 N*/
struct student                      /*定义结构体类型*/
{
    int num;
    char name[20];
    char sex;
    int score;
};
int main()
{
    struct student stu[N];          /*定义 struct student 类型的结构体数组 stu*/
    int i,ave = 0;
    printf("Input Data:\n");
```

```
        for(i = 0;i < N;i++)                /* 输入 N 个学生数据 */
        {
            scanf(" %d %s  %c %d",&stu[i].num,stu[i].name,&stu[i].sex,&stu[i].score);
            ave += stu[i].score;
        }
        ave = ave/N;                        /* 计算成绩平均值 */
        printf("Average: %d\n",ave);
        for(i = 0;i < N;i++)                /* 查找成绩超过平均值的记录并输出 */
            if(stu[i].score > ave)
                printf(" % - 20s %d\n",stu[i].name,stu[i].score);
        return 0;
    }
```

程序执行结果：

```
Input Data:
9901 liujia M 87 ↵
9902 wangkai M 89 ↵
9903 xiaohua F 81 ↵
9904 zhangli F 82 ↵
9905 wangfeng M 88 ↵
Average: 85
liujia              87
wangkai             89
wangfeng            88
```

3) 程序说明

(1) 该程序在 main() 函数之前定义结构体类型 struct student，并在 main() 函数中使用该类型定义结构体数组 stu。

(2) 程序中的第 1 个 for 循环用于输入学生数据，并累加成绩到 ave 变量中。

(3) 程序中的第 2 个 for 循环用于查找符合条件的记录，并输出结果。

## 8.4  结构体指针变量

指向结构体数据的指针变量简称为结构体指针变量。与其他类型的指针变量一样，结构体指针变量既可以指向单一的结构体变量，也可以指向结构体数组，结构体指针变量还可以作函数的参数。

### 8.4.1  结构体指针变量的定义及使用

以下是定义指针变量的一般形式：

数据类型  *指针变量名;

结构体指针变量也是一个指针变量，因此上述一般形式也适用于结构体指针变量的定义，只是"数据类型"要使用结构体的数据类型。下面是定义结构体指针变量的一般形式：

struct 结构体名  *指针变量名;

例如，如果已定义结构体类型 struct student，则可用以下形式定义结构体指针变量：

struct student * p, * q;

上述语句定义了两个指针变量 p 和 q，它们都是 struct student 型的，即 p、q 是指向 struct student 型的结构体指针变量。指针变量 p、q 既可以指向单一的结构体变量，也可以指向结构体数组。例如：

```
struct student stud1,info[10], * p, * q;
p = &stud1;                    /* p 指向结构体变量 stud1 */
q = info;                      /* q 指向结构体数组变量 info */
```

当定义的结构体指针变量指向具体的对象之后，凡是可以使用结构体变量名引用的成员都可通过指针变量用指向运算符"->"引用结构体中的成员。例如，变量 stud1 的成员 num 既可以用 std1.num 引用，也可以用 p->num 引用，二者是等价的。当用指向结构体数组的指针引用成员时可以使用指针的下标形式。例如，对于 info 数组中 info[1]元素的 num 成员，既可以用 info[1].num 引用，也可以用 q[1].num 引用。

对于指向结构体数组的指针变量，当指针进行加 1 运算时，其结果是指向下一个结构体数组元素，如图 8-3 所示。

图 8-3 结构体指针与结构体数组

【例 8-4】 结构体指针用法示例。

程序如下：

```
#include<stdio.h>
#include<string.h>
struct student                 /* 定义结构体类型 */
{
    int num;
    char name[20];
    char sex;
    int score;
};
int main()
{
    struct student stu, * p;
    p = &stu;                  /* p 指向结构体变量 student */
    p->num = 9911;
    strcpy(p->name,"changjiang");  /* 用字符串复制函数为 name 成员添加数据 */
    p->sex = 'F';
    p->score = 91;
    printf("num: %d\n name: %s\n",p->num,p->name);
    printf("sex: %c\n score: %d\n",p->sex,p->score);
    return 0;
}
```

程序执行结果：

```
num:9911
name:changjiang
sex:F
score:91
```

该程序首先定义结构体类型 struct student,然后用该类型定义结构体变量 stu、结构体指针变量 p,并使 p 指向 stu。在程序中使用指针指向的形式引用结构体的成员。

【例 8-5】 指向结构体数组的指针应用示例。

程序如下:

```
#include<stdio.h>
struct student                    /*定义结构体类型,定义结构体数组并初始化*/
{
    int num;
    char name[20];
    char sex;
    int score;
}stu[3]={9913,"xiaoli",'F',81,9914,"zhanghua",'M',88,9915,"wangjun",'F',82};
int main()
{
    struct student *p;
    for(p=stu;p<stu+3;p++)        /*p指向结构体数组stu*/
        printf("%d%20s%3c%4d\n",p->num,p->name,p->sex,p->score);
    return 0;
}
```

程序执行结果:

```
9913        xiaoli      F   81
9914        zhanghua    M   88
9915        wangjun     F   82
```

该程序定义了结构体数组 stu,并对其进行了初始化。main()函数的 for 循环控制输出结构体数组中的 3 个元素。在循环开始时,p 指针指向结构体数组元素 stu[0],第 2 次指向 stu[1],第 3 次指向 stu[2]。可见,结构体数组指针的移动也是以数组元素为单位的。

### 8.4.2 结构体指针作函数的参数

结构体指针作函数的参数与以前学习的其他数据类型的指针作函数的参数本质上没有区别,只是指针的数据类型不同而已。

【例 8-6】 结构体指针作函数参数示例。

程序如下:

```
#include<stdio.h>
#define N 3
struct student
{
    int num;
    char name[20];
    char sex;
```

```
    int score;
}stu[N] = {9913,"xiaoli",'F',81,9914,"zhanghua",'M',85,9915,"wangjun",'F',82};
int main()
{
    void output(struct student *,int);    /*output()函数声明*/
    output(stu,N);                         /*调用output()函数*/
    return 0;
}
void output(struct student *p,int n)      /*定义output()函数*/
{
    int i;
    for(i=0;i<n;i++,p++)
        printf("%d%20s%3c%4d\n",p->num,p->name,p->sex,p->score);
}
```

程序中的 output() 函数有两个形参，其中的形参 p 指向 struct student 结构体类型，主函数中的 output() 函数调用，对应于该形参的实参数组名 stu，它是数据类型为 struct student 的结构体数组。希望读者对照例 8-5 的程序对该程序进行分析理解。

● 问题思考

在该程序中，结构体数组 stu 是通过初始化方式建立的。若要求编写为 stu 数组输入数据的函数 input()，并在 main() 函数中调用它建立 stu 数组，程序应该怎样修改？

## 8.5　使用链表存储数据

如果要求把 100 个整数存储起来，毫无疑问使用数组是一种简单可行的方法。只要定义一个长度是 100 的整数型数组就能方便地实现数据存储。但是，如果存储的批量数据的数量可动态变化时，数组这种存储结构就不那么适应了。例如，在其中插入数据时，会产生大量的数据后移操作；而在其中删除数据时，会产生大量的数据前移操作。那么有没有更好的存储方法呢？答案是肯定的，链表就是解决上述问题的有效方法。

### 8.5.1　使用链表存储数据示例

链表是结构体最重要的应用，它是一种非固定长度的数据结构，是一种动态存储技术，它能够根据数据的结构特点和数量使用内存，尤其适用于数据个数可变的数据的存储。

为便于建立链表概念，了解用链表存储数据的过程和链表的结构，本节讨论一个使用链表存储数据的示例。

示例：使用链表存储表 8-1 中前 3 个学生的数据。

先看使用数组存储的情况。如果用数组存储 3 个学生的数据，一般需要定义一个长度不小于 3 的结构体数组，例如 8.3.2 节中的 info 数组，然后把这 3 个数据存储在数组的 3 个元素中，如图 8-2 所示。每个数组元素使用一段连续内存来存储各个成员数据，3 个数组元素在存储位置上依次连续相邻。

使用链表存储数据的原理与数组不同，它不需要事先说明要存储的数据数量，系统也不会提前为它准备存储空间，而是当需要存储数据时通过动态内存管理函数向系统申请一定数量的内存，用于数据存储。下面是对用链表存储学生数据的概括描述：

（1）申请一段内存 M,并把它分成两部分,一部分为数据区,用于存储数据;另一部分为地址区,用于存储下一次申请到的内存段的首地址。

（2）将一个学生数据存储在 M 的数据区中。

（3）若当前是第 1 个数据,则将 M 的首地址保存在指针变量 head 中,否则将 M 的首地址保存在存储上一个数据的内存段中。

（4）重复(1)、(2)、(3)的过程,直到所有数据存储完毕,在最后一段内存的地址区位置存储一个结束标志。产生的链表如图 8-4 所示。

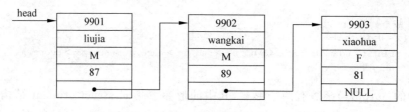

图 8-4　一个链表示例

构成链表的每一个独立的内存段称为一个链表结点,结点中存储数据的部分称为结点数据域,存储下一个结点地址的部分称为结点指针域,指向第 1 个结点的指针称为链表的头指针。只要有了头指针就能沿着指针链遍历链表的每一个结点。如果链表不提供头指针,那么链表的任何一个结点都将无法访问。

由图 8-4 可见,head 指向链表的第 1 个结点,第 1 个结点利用指针域存储的地址指向第 2 个结点,同样,第 2 个结点指向第 3 个结点。由于第 3 个结点是最后一个结点,它的指针域存储了一个空指针。如果要访问该链表的任何一个结点,必须从 head 开始。

### 8.5.2　链表的特点

链表作为一种动态的数据结构,具有以下特点:

（1）链表中的结点具有完全相同的结构,每一个结点存储一个独立的结构体数据。

（2）链表的结点由系统随机分配,它们在内存中的位置可能是相邻的,也可能是不相邻的,结点之间的联系通过指针实现。

（3）每个链表有一个表头指针,从表头指针开始,沿指针链能遍历链表中的所有结点。

（4）链表中的结点是在需要时用相关函数(如 calloc())申请的,当不再需要时应使用 free()函数释放所占用的内存段。

（5）一个链表不需要事先说明它要包括的结点数目,在需要存储新的数据时就增加结点,在需要删除数据时就减少结点,链表的结点数是动态变化的。

与数组相比,其特点是存储长度可变;在插入、删除数据时不需要大量移动其他数据;但在访问数据时不如数组方便。

### 8.5.3　动态内存管理函数

C 语言通过动态内存管理函数实现动态内存管理,常用的动态内存管理函数有 malloc()、calloc()、free()。链表中每一个结点的建立和删除过程都需要使用动态内存管理函数。

**1. malloc()函数**

1) 函数原型

void * malloc(unsigned int size)

2) 功能

分配一块长度为 size 个字节的连续空间,并将该空间的首地址作为函数的返回值。如果函数没有成功执行,返回值为空指针(NULL 或 0)。返回的指针的基类型为 void,要通过显式类型转换后才能赋值给其他基类型的指针变量。

3) 用法举例

int * p;
p = (int * )malloc(sizeof(int))

sizeof 运算符返回某类型所需的内存字节数或某变量所分配的字节数,该处返回一个整数型变量所需要的字节数,它即为动态分配内存空间的大小。返回的指针首先通过(int *)转换成整数型指针,然后赋值给整数型指针变量 p。

**2. free()函数**

1) 函数原型

void free(void * block)

2) 功能

释放分配给指针变量 block 的动态空间,但指针变量 block 不会自动变成空指针。

3) 用法举例

释放由 p 指向的一段内存空间:

free(p);

**3. calloc()函数**

1) 函数原型

void * calloc(unsigned int n,unsigned int size);

2) 功能

分配 n 个连续的单元块,每个单元块大小为 size 个字节,并将该空间的首地址作为函数的返回值。如果函数没有成功执行,返回值为空指针(NULL 或 0)。

3) 用法举例

int * p;
p = (int * )calloc(10,sizeof(int));

## 8.5.4 定义链表结构

链表结点是一个结构体类型的数据结构,它至少拥有一个指针类型的成员,该成员用于指向链表中的其他结点,它的指针类型就是链表结点的数据类型。因此定义链表结点的结构需要包括两方面的内容,一是定义数据存储所对应的各个成员;二是定义指向其他结点的指针成员。

例如,假如要用链表逐个存储一批整数,其结点结构可定义如下:

```
struct node
{
    int data;
    struct node * next; /* 指向 struct node 类型的指针 */
};
```

其中,data 是数据域的一个成员,用于表示一个整数,next 是指针类型的成员,它指向的数据类型为 struct node 类型。当申请一段 struct node 型内存时,next 成员就用于存储链表中下一个结点的地址,通过 next 指针使结点一个个被连接起来,生成链表。

以下是生成链表结点的一般过程:

(1) 向系统申请一个内存段,其大小由结点的数据类型决定。例如,对于 struct node 类型的结点,大小为 sizeof(struct node)。在前面介绍的 malloc() 函数和 calloc() 函数都可以实现申请动态内存的操作,例如 calloc(1,sizeof(struct node)),该函数的返回值是获得的内存段的首地址。

(2) 指定内存段的数据类型。由于动态内存分配函数只负责为程序分配指定大小的内存段,并不规定这段内存存储数据的类型,内存段的指针类型是 void 型,因此在使用时需要为该内存段指定数据类型,并使用一个与结点类型一致的指针变量指向它。形式如下:

```
p = (结点数据类型 * )calloc(1,sizeof(结点数据类型));
```

例如,可以使用如下形式申请一个 struct node 类型的结点:

```
p = (struct node * )calloc(1,sizeof(struct node));
```

(3) 为申请的结点添加数据。这一个过程就是为结构体变量的各个成员赋值。对指针域成员赋值的目的是使一个独立的结点链接到链表上。

struct node 类型的结点形成的链表如图 8-5 所示。

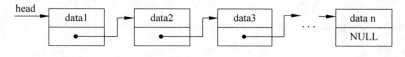

图 8-5　结点是 struct node 型的链表

为了描述方便,通常用图 8-6 所示的形式表示上述链表。

图 8-6　链表的另一种图示形式

下面是图 8-4 所示链表的结点结构定义:

```
struct student
{
    int num;                          /*学号*/
    char name[20];                    /*姓名*/
```

```
    char sex;                      /* 性别 */
    int score;                     /* 成绩 */
    struct student * next;         /* 指向 struct student 类型的指针 */
};
```

其中，num、name、sex、score 是结点数据域的成员，next 是结点指针域的成员。

读者请注意，在这里定义的 struct student 类型与前面定义的 struct student 类型不同，该 struct student 类型增加了指向 struct student 的指针成员 next，有了该成员就能使 struct student 类型的结点指向其他 struct student 结点，构成链表。

## 8.6 链表的基本操作

对链表的操作有多种，基本操作是在链表中插入结点、删除结点、查找结点等，这些基本操作也是链表其他操作的基础，下面分别予以介绍。为方便叙述，约定如下：

(1) 不特别指明链表的头指针时 head 即为链表的头指针。
(2) 在一般性描述中使用的结点类型为 struct node 型。
(3) 把 p 指针指向的结点称为 p 结点。

### 8.6.1 链表结点的插入

在链表中插入结点就是把一个新结点连接到链表中。通常有两种情况：一是在空链表中插入一个结点，此时插入的结点既是链表的第 1 个结点，也是链表的最后一个结点；二是在链表的 p 结点之后插入一个结点。

**1. 在空链表中插入一个结点**

空链表是头指针 head 为空的链表。

(1) 申请一个 new 结点。

new = (struct node * )calloc(1,sizeof(struct node))

申请得到的结点如图 8-7 所示。

(2) 为 new 结点填充数据。

将要存储的数据对应赋值给 new 结点数据域的各个成员。

(3) 修改有关指针的指向。

① 将 new 的 next 成员置空，使 new 结点成为链表的最后一个结点。

② 将 head 指向 new 结点。

插入一个结点之后的 head 链表如图 8-8 所示，指针域的"∧"符号为空指针标志，表示该结点没有后继结点，是链表的最后一个结点。

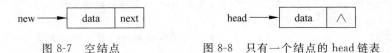

图 8-7　空结点　　　　　图 8-8　只有一个结点的 head 链表

**2. 在 head 链表的 p 结点之后插入一个结点**

设 head 链表及要插入结点 new 如图 8-9 所示。将 new 结点插入到 p 结点之后，就是将 new 结点变成结点 C 的下一个结点,使 new 的下一个结点成为结点 D。

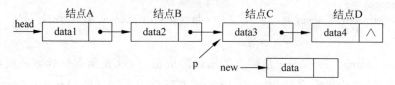

图 8-9　head 链表和要插入的结点 new

要实现这样一种链接,需对 new 和 p 结点的指针域进行如下操作:

(1) 使 new 的指针域存储结点 D 的首地址。

由链表可见,在插入结点 new 之前,结点 D 的首地址保存在 p 结点的指针域中,其地址值为 p->next。因此要使 new 的指针域存储结点 D 的首地址,需进行以下赋值操作:

new->next = p->next

(2) 把 new 的首地址存储到结点 p 的指针域中。操作如下:

p->next = new

如上两步操作完成后,即在 p 结点之后插入了 new 结点。插入之后的链表如图 8-10 所示。

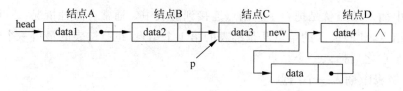

图 8-10　插入结点之后的 head 链表

● 问题思考

如果在上述操作中将(1)、(2)两个步骤颠倒过来,将会出现怎样的结果?

下面是 insert() 函数,其功能是在 head 链表的 p 结点之后插入值为 x 的结点,函数的返回值是链表的头指针。

```
/* insert()函数 */
#include <stdlib.h>
#include <stdio.h>
struct node * insert(struct node * head, struct node * p, int x)
{
    struct node * new;                /* 定义 struct node 类型的指针变量 */
    new = (struct node * )calloc(1,sizeof(struct node));   /* 申请 struct node 型结点 */
    new->data = x;                    /* 为结点的 data 成员赋值 */
    if(head == NULL)
    {                                 /* head 为空链表,new 作为链表的第 1 个结点 */
        head = new;
        head->next = NULL;
    }
    else
```

```
            {                      /*将new结点插入到p结点之后*/
                new->next = p->next;
                p->next = new;
            }
        return(head);
}
```

【例 8-7】 用插入结点的方法建立图 8-11 所示的学生成绩链表,链表 head 中有 10 个结点,每个结点存储一个学生的学号和学习成绩数据。

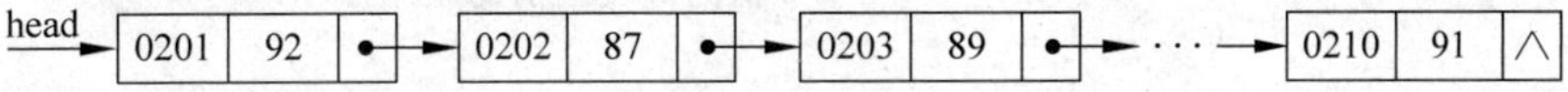

head → | 0201 | 92 |•| → | 0202 | 87 |•| → | 0203 | 89 |•| → ··· → | 0210 | 91 |∧|

图 8-11 学生成绩链表

程序如下:

```c
#include<stdlib.h>
#include<stdio.h>
#define N 10
struct s_node                       /*定义结点类型*/
{
    char num[5];                    /*学号*/
    int score;                      /*成绩*/
    struct s_node * next;           /*指向struct s_node类型的指针*/
};
struct s_node * create_node(void);  /*生成链表结点函数声明*/
struct s_node * create_list(int n); /*建立链表函数声明*/
void out_list(struct s_node * head);/*输出链表函数声明*/
int main()
{
    struct s_node * head = NULL;    /*定义链表的头指针,并初始化为空*/
    head = create_list(N);          /*调用建立链表的函数,生成链表*/
    out_list(head);                 /*输出头指针为head的链表*/
    return 0;
}
/*以下是生成一个链表结点的函数,函数返回值是结点的指针*/
struct s_node * create_node()
{
    struct s_node * p;
    p = (struct s_node *)calloc(1,sizeof(struct s_node));  /*申请一个空结点*/
    printf("Data: ");
    scanf("%s%d",p->num,&(p->score));                      /*输入数据*/
    p->next = NULL;                 /*将结点的指针域置为空*/
    return (p);                     /*返回当前结点的地址*/
}
/*以下是建立含有n个结点的链表的函数,函数返回值是链表的头指针*/
struct s_node * create_list(int n)
{
    struct s_node * head = NULL;    /*head为链表的头指针*/
    struct s_node * new, * p;
    int i;
```

```c
        if(n>=1)
        {
            head = create_node();          /*生成链表的第一个结点*/
            p = head;                       /*p指向链表当前的尾结点*/
        }
        for(i=2;i<=n;i++)                   /*以在尾结点接入的方式生成链表*/
        {
            new = create_node();            /*调用create_node()函数生成一个结点*/
            p->next = new;                  /*将新生成的结点作为链表的尾结点*/
            p = new;                        /*p指向链表当前的尾结点*/
        }
        return(head);
    }
    /*以下是输出head链表中所有结点的函数*/
    void out_list(struct s_node *head)
    {
        struct s_node *p;
        p = head;
        while(p!=NULL)
        {
            printf("%s%d\n",p->num,p->score);
            p = p->next;
        }
    }
```

程序说明：

(1) create_node()函数的功能是生成链表的一个结点，函数返回值是结点的首地址，结点的指针域被置成空指针。它首先使用calloc()函数申请一个struct s_node类型的结点，然后通过键盘输入一个学生的学号和学习成绩，并将输入的数据分别存储在结点的num和score两个成员中。create_node()函数由create_list()函数调用。

(2) create_list()函数的功能是生成有n个struct s_node型结点的链表，函数的返回值是链表的头指针。create_list()函数的执行过程包括两个方面：一是调用create_node()生成由new指向的结点；二是将new结点链接到链表中。在create_list()函数中首先生成的结点作为链表的第1个结点，由head指向。函数体中的指针变量p始终指向链表的尾结点，每一个新结点都链接在p结点之后。

(3) out_list()函数用于输出head链表的各结点值。在函数体中设置了指针变量p，printf语句用于输出p指向结点的num和score成员的值。p开始指向链表的第1个结点，每输出一个结点值后p就指向下一个结点，直到最后一个结点值输出为止。

(4) 程序的main()函数主要进行函数调用：create_list(N)生成含有N个结点的链表，链表的头指针由create_list()函数返回，然后保存到指针变量head中；out_list(head)将生成的head链表输出。

### 8.6.2 链表结点的删除

从链表中删除结点就是撤销结点在链表中的链接，把结点从链表中孤立出来。在链表中删除结点一般有两个过程：一是把指定的结点从链表中摘下来，该操作需要通过修改有关结点的指针域实现；二是释放该结点占用的内存空间，该操作需要使用 free() 函数实现。例如，图 8-9 给出了一个 head 链表，以下是在其中删除 p 结点的过程：

(1) 若 p 结点是链表的第 1 个结点，则将 p 指针域的地址保存到 head 中，使 p 的后继结点成为 head 链表的第 1 个结点。

修改指针的操作如下：

head = head -> next 或 head = p -> next

(2) 若 p 结点不是链表的第 1 个结点，则首先从 head 开始，找到 p 结点的前一个结点 q，然后使 q 的指针域存储 p 的后继结点的地址，这样沿链表的指针访问链表中的结点时 p 结点将不会被访问到，即 p 结点被从链表 head 中删除了。

修改指针的操作如下：

q -> next = p -> next

进行删除操作时指针的变化情况如图 8-12 所示，虚线示意把指向 r 的指针存储到 q 结点的指针域。图 8-13 为删除结点 p 后的 head 链表。

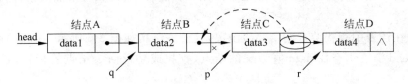

图 8-12　删除 p 结点时的指针变化情况示意图

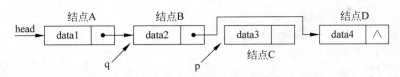

图 8-13　删除 p 结点后的 head 链表

(3) p 结点被删除之后，释放 p 结点使用的内存空间。操作如下：

free(p)

下面是 delete() 函数，其功能是在如图 8-12 所示的 head 链表中删除 p 结点，函数返回值是链表的头指针 head。

```
/* delete()函数 */
struct node * delete(struct node * head, struct node * p)
{
    struct node * q;
    if(p == NULL)
        return(head);
    if(p == head)                    /* 删除的结点是链表的第 1 个结点 */
        head = head -> next;         /* 修改链表头指针 */
    else                             /* 所删结点不是第 1 个结点 */
    {
```

```
            q = head;
            while(q->next!= p)
                q = q->next;
            q->next = p->next;          /*删除p结点*/
        }
        free(p);                        /*释放p结点占用的内存*/
        return(head);
    }
```

### 8.6.3 链表结点的查找

在链表中查找指定值的结点是链表的常用操作,插入和删除操作通常与查找操作联系在一起。例如,对于head链表,要求在data值是100的结点之后插入一个值是108的结点,如果要实现结点的插入,必须要找到值是100的结点。同样,要求删除值是100的结点也需要把这个结点先找出来。

在链表中进行查找,就是从链表的第1个结点开始,沿着指针链用查找值与链表结点逐个比较的过程。找到符合要求的结点之后停止查找过程,返回相应结点的指针,否则返回一个空指针。

下面是在链表中查找结点的find()函数,其链表结构如图8-6所示。find()函数的具体功能是在head链表中查找data值为x的结点,查找成功返回x结点的指针,否则,返回空指针。

```
    struct node *find(struct node *head,int x)     /*find()函数*/
    {
        struct node *p = head;
        while(p!= NULL&&p->data!= x)
            p = p->next;
        return(p);
    }
```

在find()函数中,p是指向链表结点的指针,其初始值为链表的头指针head,p = p->next使p指向当前结点的下一个结点,每执行一次,p指针后移一个结点。当p结点的data值是x时,返回p指针的值,查找过程结束;当依次查找了链表的全部结点后,没有找到data值为x的结点,p的值为NULL(链表最后一个结点的指针域存储NULL,即空指针),返回一个空指针。

【例8-8】 在如图8-6所示的head链表中,删除其值是x的结点。

1) 问题分析

在head链表中删除结点时,其操作过程有两个关键步骤,一是查找data值是x的结点p,二是删除结点p。查找结点可由之前定义的find()函数实现,删除结点可由delete()函数实现。

2) 实现程序
程序如下:

```
#include<stdio.h>
#include<stdlib.h>
```

```c
struct node                                    /*定义结点类型*/
{
    int data;
    struct node * next;
};
struct node * find(struct node * ,int);        /*查找结点函数声明*/
struct node * delete(struct node * ,struct node * );    /*删除结点函数声明*/
struct node * create_number(int);              /*创建链表函数声明*/
void out_list(struct node * );                 /*输出链表函数声明*/
int main()
{
    int n,x;
    struct node * head, * p;
    printf("Create List, input n: ");
    scanf("%d",&n);                            /*输入链表结点数*/
    head = create_number(n);                   /*自动生成n个结点的链表*/
    printf("List: ");
    out_list(head);                            /*输出创建的链表*/
    printf("x: ");
    scanf("%d",&x);                            /*输入要删除的结点值*/
    p = find(head,x);                          /*在head链表中查找值是x的结点*/
    if(p == NULL)
        printf("no find!\n");                  /*找不到值是x的结点时*/
    else
        head = delete(head,p);                 /*找到x时,删除x结点*/
    printf("Result: ");
    out_list(head);                            /*输出删除操作后的链表*/
    return 0;
}
/*以下是在head链表中查找x的函数*/
struct node * find(struct node * head, int x)  /*find()函数*/
{
    struct node * p = head;
    while(p!= NULL&&p->data!= x)
        p = p->next;
    return(p);
}
/*以下是在head链表中删除p结点的函数*/
struct node * delete(struct node * head,struct node * p)   /*delete()函数*/
{
    struct node * q;
    if(p == NULL)
        return(head);                          /*head是空链表时立即返回*/
    if(p == head)                              /*删除的结点是链表的第1个结点*/
        head = head->next;                     /*修改链表头指针*/
    else
    {
        q = head;
        while(q->next!= p)
            q = q->next;
        q->next = p->next;                     /*删除p结点*/
```

```c
        }
        free(p);                        /* 释放 p 结点占用的内存 */
        return(head);
    }
    /* 以下是自动建立 head 链表的函数 */
    struct node * create_number(int n)  /* 建立有 n 个结点的链表 */
    {
        int i;
        struct node * head = NULL, * new, * p;
        if(n >= 1)                      /* 建立链表的第 1 个结点 */
        {
            head = (struct node * )malloc(sizeof(struct node));
            head -> data = 1;
            head -> next = NULL;
            p = head;                   /* 生成链表的头指针 */
        }
        for(i = 2;i <= n;i++)           /* 生成链表的第 2 到第 n 个结点 */
        {
            new = (struct node * )malloc(sizeof(struct node));
            new -> data = i;
            new -> next = NULL;
            p -> next = new;
            p = new;
        }
        return(head);
    }
    /* 以下是输出 head 链表的函数 */
    void out_list(struct node * head)   /* out_list 函数 */
    {
        struct node * p;
        p = head;
        while(p != NULL)
        {
            printf("%d ",p -> data);    /* 输出链表结点 */
            p = p -> next;
        }
        printf("\n");
    }
```

程序说明：

(1) 该程序在删除链表结点时需要先建立一个 head 链表，它由 create_number() 函数实现。

(2) 为了调试程序方便，create_number() 函数建立了一个示意性的链表，链表结点的数据是相应结点的序号。

(3) 删除 x 结点的操作由 find() 函数和 delete() 函数实现，find() 函数在 head 链表中把 x 结点找出来，然后返回 x 结点的地址，delete() 函数使用这个返回的地址值完成删除操作。

程序执行结果：

Create List, input n: 10 ↵

```
List: 1 2 3 4 5 6 7 8 9 10
x: 7 ↵
Result: 1 2 3 4 5 6 8 9 10
```

本次运行程序建立了有 10 个结点的链表，然后将数值域是 7 的结点删除。下面是程序再次执行的结果：

```
Create List, input n: 8 ↵
List: 1 2 3 4 5 6 7 8
x: 19 ↵
no find!
Result: 1 2 3 4 5 6 7 8
```

本次运行程序建立了有 8 个结点的链表，要删除的是数值域为 19 的结点，由于该结点不在链表中，所以链表没有任何变化。

● 问题思考

本例使用 create_number() 函数自动建立了一个示意性的链表，若要求通过键盘输入链表各结点的数据，程序应怎样修改？

## 8.7 结构体应用程序举例

结构体在实际问题处理中具有广泛的应用，本节通过几个典型实例进一步介绍结构体程序设计方法和过程。

【例 8-9】 将输入的一个字符串加密后输出，加密对照表如表 8-3 所示，加密表中未出现的源字符原样输出。

表 8-3 字母加密对照表

| 源 字 符 | 加密后的字符 | 源 字 符 | 加密后的字符 |
|---|---|---|---|
| a | f | b | g |
| w | d | f | 9 |
| v | * | x | s |
| m | 3 | h | k |
| p | t | u | ? |

1) 问题分析与算法设计

（1）设计数据结构存储字母加密对照表，可以使用普通的字符数组，也可以使用结构体数组。本例使用结构体数组，其数据类型如下：

```
struct table
{
    char input;
    char output;
};
```

（2）定义 struct table 型数组用于存储密码表，用 input 成员存储源字符，用 output 成员存储加密后对应的字符。

(3) 输入一个字符串,在密码表的 input 成员中查找每一个输入的字符,查找成功后使用对应的 output 成员加密输出,否则原样输出源字符。

2) 实现程序

程序如下:

```
#include<stdio.h>
struct table                        /*定义结构体 table*/
{
    char input;                     /*成员 input 存储输入的源字符*/
    char output;                    /*成员 output 存储加密后的字符*/
};
int main()
{
    char ch;
    int i;
    struct table t[10] =
        {'a','f','b','g','w','d','f','9','v','*','x','s','m','3',
         'h','k','p','t','u','?'};  /*建立加密对照表*/
    while((ch = getchar())!= '\n')
    {
        for(i = 0;t[i].input!= ch&&i<10;i++);
        if(i<10)
            putchar(t[i].output);   /*对表中的字符加密输出*/
        else
            putchar(ch);            /*对其他字符原样输出*/
    }
    return 0;
}
```

程序执行结果:

This is a example. ↵
Tkis is f esf3tle.

3) 程序说明

(1) 该程序中的 t 数组用于存储加密表,共有 10 个元素,每个元素有两个成员,其中的 input 成员用于存储源字符,output 成员用于存储加密后的字符。t 数组如图 8-14 所示。

图 8-14　t 数组示意图

(2) 程序中的"for(i=0;t[i].input!=ch&&i<10;i++);"语句是没有循环体的循环控制语句,用于在加密表中检索输入的字符。该语句执行结束后,若 i<10,则输入字符为要

加密的字符,否则为非加密字符。

(3) 运行程序时,从键盘逐个读取输入的字符存入变量 ch 中,将 ch 的值与结构体数组 t 中的 input 比较,如果是要加密的字符,则输出加密后的字符 output,否则 ch 原样输出。

● 问题思考

如果要求使用简单类型的数组存储加密表,应该怎样编写上述加密程序?

【例 8-10】 某班级学生数据如表 8-4 所示,将这批数据存储在结构体数组中,并分别统计各等级人数,统计标准与第 4 章中"学生成绩分等级统计"的标准相同。

表 8-4 某班学生数据表

| 学　号 | 姓　名 | 课程1成绩 | 课程2成绩 |
| --- | --- | --- | --- |
| 99001 | malong | 87 | 91 |
| 99002 | lijia | 67 | 82 |
| 99003 | wangli | 56 | 72 |
| 99004 | liuhua | 90 | 86 |
| 99005 | zhangjia | 92 | 89 |
| 99006 | huangshan | 88 | 77 |

1) 问题分析与算法设计

(1) 定义结构体数据类型,并定义结构体数组。

```
struct new_stu
{
    int num;              /*学号*/
    char name[20];        /*姓名*/
    int s1;               /*课程1成绩*/
    int s2;               /*课程2成绩*/
} stu[N];
```

(2) 定义学生数据输入函数 input(),其功能是将学生数据存储到 struct new_stu 类型的结构体数组中。函数原型如下:

void input(struct new_stu a[ ],int n)

其中,a 表示存储学生数据的结构体数组,n 为数组 a 中的元素个数,即学生人数。

(3) 定义分等级统计函数 count(),其功能是对结构体数组中的学生数据分等级统计,将结果存储在一维数组中。函数原型如下:

void count(struct new_stu a[ ],int b[ ],int n)

该函数的第 1 个形参表示存储学生数据的结构体数组,第 2 个形参表示存储统计结果的一维数组,第 3 个形参表示结构体数组的元素个数,即学生人数。该函数调用 flag()函数判定等级。

(4) 在主函数中调用 input()函数输入学生数据、调用 count()函数进行分等级统计。

2) 实现程序

程序如下:

```c
#include<stdio.h>
#define N 6                                    /*班级人数*/
void input(struct new_stu [],int);             /*输入数据函数声明*/
void count(struct new_stu [],int [],int);      /*分等级统计函数声明*/
int flag(int,int);                             /*判断等级函数声明*/
struct new_stu
{
    int num;                /*学号*/
    char name[20];          /*姓名*/
    int s1;                 /*成绩1*/
    int s2;                 /*成绩2*/
}stu[N];                    /*定义存储学生数据的结构体数组*/
int main()
{
    static int r[5];
    int i;
    input(stu,N);                       /*调用输入数据函数*/
    count(stu,r,N);                     /*调用分等级统计函数*/
    printf("Result: ");
    for(i=0;i<5;i++)                    /*输出统计结果*/
        printf(" %d ",r[i]);
    printf("\n");
    return 0;
}
void input(struct new_stu a[],int n)    /*定义数据输入函数*/
{
    int i;
    for(i=0;i<n;i++)
    {
        printf("Data %d: ",i+1);
        scanf(" %d %s %d %d",&a[i].num,a[i].name,&a[i].s1,&a[i].s2);
    }
}
void count(struct new_stu a[],int b[],int n)   /*定义分等级统计函数*/
{
    int i;
    for(i=0;i<n;i++)
        b[flag(a[i].s1,a[i].s2)]++;     /*调用判定等级函数,并分等级统计*/
}
int flag(int x,int y)                   /*定义判定等级函数*/
{
    int ave;
    ave=(x+y)/2;
    if(ave>=90) return 0;               /*优秀,函数值为0*/
    else if(ave>=80) return 1;          /*良好,函数值为1*/
    else if(ave>=70) return 2;          /*中等,函数值为2*/
    else if(ave>=60) return 3;          /*及格,函数值为3*/
    else return 4;                      /*不及格,函数值为4*/
}
```

程序执行结果：

Data1: 99001 malong 87 91 ↵
Data2: 99002 lijia 67 82 ↵
Data3: 99003 wangli 56 72 ↵
Data4: 99004 liuhua 90 86 ↵
Data5: 99005 zhangjia 92 89 ↵
Data6: 99006 huangshan 88 77 ↵
Result: 1 3 1 1 0

● 问题思考

(1) 在第 7 章的例 7-15 中，输出统计结果的过程是通过 output() 函数实现的。试修改本程序，用 output() 函数输出统计结果。

(2) 扩展程序功能，使其能够输出所有"优秀"等级的学生的全部信息。

【例 8-11】 学生数据的排序。按照表 8-4 所示的学生数据结构编写程序，对一个班级的学生数据按"课程 1 成绩"进行降序排序，并输出结果。

1) 问题分析与算法设计

(1) 继续使用上一题目的数据结构，结构体类型为 struct new_stu，结构体数组为 stu。

(2) 继续使用 input() 函数为结构体数组 stu 输入数据。

(3) 定义数据输出函数 output_s()，用于输出结构体数组的各个元素值。函数原型如下：

void output_s(struct new_stu a[ ], int n)

其中，a 为 struct new_stu 类型的结构体数组，n 为数组 a 中的元素个数。

(4) 定义排序函数 sort_s1()，用于对结构体数组排序，排序方法选用冒泡排序法。sort_s1() 函数的原型如下：

void sort_s1(struct new_stu a[ ], int n)

其中，a 为 struct new_stu 类型的结构体数组，n 为数组 a 中的元素个数。

(5) 在主函数中调用 input() 函数、sort_s1() 函数、output_s() 函数。

2) 实现程序

程序如下：

```
#include<stdio.h>
#define N 6                              /*班级人数*/
struct new_stu
{
    int num;                             /*学号*/
    char name[20];                       /*姓名*/
    int s1;                              /*成绩1*/
    int s2;                              /*成绩2*/
}stu[N];                                 /*定义存储学生数据的结构体数组*/
void input(struct new_stu [ ],int);      /*输入数据函数声明*/
void output_s(struct new_stu [ ],int);   /*数据输出函数声明*/
void sort_s1(struct new_stu [ ],int);    /*排序函数*/
int main()
```

```c
    {
        input(stu,N);                    /*调用输入数据函数*/
        sort_s1(stu,N);                  /*调用分等级统计函数*/
        output_s(stu,N);
        return 0;
    }
    void input(struct new_stu a[],int n)  /*定义数据输入函数*/
    {
        int i;
        for(i = 0;i < n;i++)
        {
            printf("Data %d: ",i + 1);
            scanf("%d%s%d%d",&a[i].num,a[i].name,&a[i].s1,&a[i].s2);
        }
    }
    void output_s(struct new_stu a[],int n) /*定义数据输出函数*/
    {
        int i;
        for(i = 0;i < n;i++)              /*输出结构体数组元素*/
            printf("%d%20s%4d%4d\n",a[i].num,a[i].name,a[i].s1,a[i].s2);
    }
    void sort_s1(struct new_stu a[],int n)  /*排序函数*/
    {
        int i,j;
        struct new_stu temp;
        for(i = 1;i < n;i++)
            for(j = 0;j < n - i;j++)
                if(a[j].s1 < a[j + 1].s1)
                {                          /*交换两个结构体元素的数据*/
                    temp = a[j];
                    a[j] = a[j + 1];
                    a[j + 1] = temp;
                }
    }
```

程序执行结果：

```
Data1: 99001 malong 87 91 ↵
Data2: 99002 lijia 67 82 ↵
Data3: 99003 wangli 56 72 ↵
Data4: 99004 liuhua 90 86 ↵
Data5: 99005 zhangjia 92 89 ↵
Data6: 99006 huangshan 88 77 ↵
99005          zhangjia   92   89
99004            liuhua   90   86
99006         huangshan   88   77
99001            malong   87   91
99002             lijia   67   82
99003            wangli   56   72
```

● 问题思考

(1) 该程序的学生数据排序是按照"课程 1 成绩"进行的，若要求按照总成绩排序，应怎样修改程序?

(2) 上述两个程序分别实现分等级统计和数据排序功能,若要求将这两项功能合并在同一个程序中实现,应怎样编写程序?

## 8.8 动 态 数 组

数量不确定的批量数据的存储,除可以使用链表存储结构之外,动态数组也是一种常用的存储结构。动态数组实际上是利用动态内存管理函数分配的一段连续存储区间,通过指针实现该区间访问。例如,以下程序段将创建一个长度是 n 的动态一维数组,该动态数组由指针变量 p 指向,可存储 n 个 int 型数据:

```
int n, * p;
scanf("%d",&n);
p = (int * )calloc(n,sizeof(int));
```

【例 8-12】 定义一个动态数组,存储表 8-1 中的学生数据,具体的数据数量在执行程序时确定。

程序如下:

```
#include<stdio.h>
#include<stdlib.h>
struct student                          /*定义结构体数据类型*/
{
    int num;
    char name[20];
    char sex;
    int score;
};
int main()
{
    int n,i;                            /*n为动态数组元素数量*/
    struct student * p;                 /*定义动态数组指针*/
    printf("Input n: ");
    scanf("%d",&n);                     /*输入动态数组长度,即数据数量*/
    p = (struct student * )calloc(n,sizeof(struct student));  /*定义动态数组*/
    for(i = 0;i<n;i++)                  /*为动态数组输入数据*/
    {
        printf("data %d: ",i + 1);
        scanf("%d %s %c %d",&p[i].num,p[i].name,&p[i].sex,&p[i].score);
    }
    printf("Result:\n");
    for(i = 0;i<n;i++)                  /*将动态数组数据输出*/
        printf("%d %20s %3c %4d\n",p[i].num,p[i].name,p[i].sex,p[i].score);
    return 0;
}
```

程序执行结果:

Input n: 3 ↙

```
data1: 9901 liujia   M 87 ↵
data2: 9902 wangkai  M 89 ↵
data3: 9903 xiaohua  F 81 ↵
Result:
9901        liujia   M 87
9902        wangkai  M 89
9903        xiaohua  F 81
```

该程序中,由"p=(struct student *)calloc(n,sizeof(struct student));"语句创建一个动态数组(其实质是一段连续的内存块,每个内存块可存储一个 struct student 型数据),该数组由 p 指向,其长度为 n(即有 n 个内存块)。该动态数组的实际长度由执行程序时 n 的具体值确定。例如,在上面的程序执行结果中,n 的值为 3,则创建一个长度为 3 的动态数组,如图 8-15 所示。

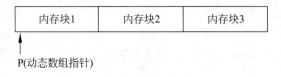

图 8-15  动态数组示意图

上述程序执行过程中,所输入的 3 个结构体数据依次存储在内存块 1、内存块 2 和内存块 3 中,该动态数组通过数组指针 p 实现访问。

# 小　　结

本章介绍了程序中的结构体知识,主要有结构体的概念、特点,结构体数据类型及结构体变量的定义和使用,结构体数组、结构体指针、结构体与函数关系、链表、典型的结构体程序实例等。

(1) 结构体数据是多个不同成员的集合,这些成员可以具有不同的类型。一个程序中可以有多个不同的结构体类型和结构体变量,一般通过引用结构体成员的方式使用结构体变量。

(2) 数组元素是结构体类型的数组称为结构体数组,结构体数组具有数组的一切性质。

(3) 指向结构体变量的指针称为结构体指针,结构体指针既可以指向单一的结构体变量,也可以指向结构体数组变量,结构体指针也可以作函数的参数。注意,使用结构体指针作函数的参数时实参和形参必须是同一种结构体类型。

(4) 链表是结构体类型的典型应用,它的每一个结点都是相同类型的结构体数据。链表的基本操作有插入结点、删除结点、查找结点、结点数据的读写等,向链表插入结点前必须先用动态内存分配函数获得存储空间,从链表中删除的结点要进行释放操作。

(5) 本章内容综合性较强,是 C 程序设计的进阶内容,对于其中的链表知识,初学者只需一般了解即可。

(6) 数量不确定的批量数据可使用动态数组存储。动态数组是利用动态内存管理函数分配的一段连续存储区间,通过指针实现该区间访问。

## 习 题 八

一、选择题

1. 关于结构体类型的定义,下列描述正确的是_____。
   A. 在定义结构体类型时系统会根据各个成员的大小为其分配内存空间
   B. 在定义结构体类型时系统会根据最大成员的大小为其分配内存空间
   C. 在定义结构体类型时不会产生内存分配
   D. 以上说法都不对

2. 在 C 程序中使用结构体的目的是_____。
   A. 将一组相关的数据作为一个整体,以便程序使用
   B. 将一组相同数据类型的数据作为一个整体,以便程序使用
   C. 将一组数据作为一个整体,以便其中的成员共享存储空间
   D. 将一组数值一一列举出来,该类型变量的值只限于列举的数值范围内

3. 以下各项用于定义结构体类型并定义结构体变量,其中正确的是_____。

   A. struct student
      { char num[5];
        int score;
      };
      student stu1,stu2;

   B. struct student stu1,stu2;
      struct student
      { char num[5];
        int score;
      };

   C. struct student
      { char num[5];
        int score=96;
      };
      struct student stu1,stu2;

   D. struct student
      { char num[5];
        int score;
      };
      struct student stu1,stu2;

4. 以下形式定义了结构体变量 member,对其成员 name 的引用有多种形式,在下面的引用形式中错误的是_____。

```
struct
{
    char name[10];
    int age;
}member, * p;
P = &menber;
```

   A. member.name     B. name
   C. p—>name        D. (*p).name

5. 有程序如下:

```
# include <stdio.h>
struct date
{
    int year,month,day;
```

```
}today;
int main()
{
    printf(" %d, %d\n",sizeof(struct date),sizeof(today));
    return 0;
}
```

该程序能够实现的功能是_____。

  A. 输出结构体变量 data 的值      B. 输出结构体变量 today 的值

  C. 输出结构体类型的长度值      D. 输出 data 和 today 的值

6. 有定义如下：

```
struct info
{
    char name[20];
    int age;
};
struct info class[6] = {"Zhang",17,"Wang",19,"Mao",18,"Liu",16};
```

下列能输出字母"M"的选项是_____。

  A. printf("%c\n",class[3].name);

  B. printf("%c\n",class[3].name[1]);

  C. printf("%c\n",class[2].name[0]);

  D. printf("%c\n",class[2].name[1]);

7. 有程序如下：

```
#include<stdio.h>
struct cmplx
{
    int x;
    int y;
}cnum[2] = {1,3,2,7};
int main()
{
    printf(" %d\n",cnum[0].y/cnum[0].x * cnum[1].x);
    return 0;
}
```

该程序执行后输出的结果是_____。

  A. 0      B. 1      C. 3      D. 6

8. 有程序如下：

```
struct info
{
    char book[20];
    float price;
};
int main()
{
```

```
        struct info * p, * q;
        p = (struct info * )malloc(sizeof(struct info) * 2);
        q = p;
        scanf("%s %s",p->book,q->book);
        printf("%s %s\n",p->book,q->book);
        return 0;
    }
```

运行该程序时,若从键盘输入数据"basic ␣vc++␤",则输出结果是_____。

    A. basic vc++                     B. vc++ basic

    C. basic basic                   D. vc++ vc++

9. 在以下定义的结构体数据类型中,能够用来定义链表结点的是_____。

    A. struct node                   B. struct node

       { char name[10];               { char name[10];

         char * next;                     int next;

      };                                   };

    C. struct node                   D. struct node

       { char name[10];               { char name[10];

         struct node * next;             char * node;

      };                                   };

10. head 是只有一个结点的单链表,链表结点由 struct node 型指针 head 指向。现用语句"new=(struct node * )calloc(1,sizeof(struct node));"申请一个 new 结点。在以下操作中,将 new 结点插入为链表的第 1 个结点的是_____。

      A. head-> next=new;

         new-> next=head;

      B. new-> next=head;

         head=new;

      C. new-> next=head;

         head=new; new-> next=NULL;

      D. head-> next=NULL;

         head-> next=new;new-> next=head;

## 二、程序分析题

1. 下面的程序运行后的输出结果为_____。

```
#include<stdio.h>
struct stu
{   int num;
    char name[10];
    int age;
};
void fun(struct stu * p)
{
    printf("%s\n",p->name);
}
```

```
int main()
{
    struct stu students[3] = {{9801,"Zhang",20},{9802,"Wang",19},{9803,"Zhao",18}};
    fun(students + 1);
    return 0;
}
```

2. 下面程序的运行结果是_____。

```
#include <stdio.h>
struct date
{
    int month,day,year;
};
struct stu_type
{
    char name[10];
    int age;
    char sex;
    struct date brithday;
    float score;
};
int main()
{
    struct stu_type stu1 = {"wang hong",19,'F',11,26,1986,97.5};
    struct stu_type stu2;
    stu2 = stu1;
    printf(" %s, %d, %c, %d, %d, %d, % 5.2f\n",stu2.name,stu2.age,stu2.sex,
            stu2.brithday.year,stu2.brithday.month,stu2.brithday.day,stu2.score);
    return 0;
}
```

3. 运行以下程序,输入数据"10 ␣20 ␣30 ␣40 ␣50 ↵",程序输出的结果是_____。

```
#include <stdio.h>
#include <stdlib.h>
struct student
{
    int score;
    struct student * next;
};
int main()
{
    struct student * head, * p;
    int i;
    head = NULL;
    for(i = 0;i < 5;i++)
    {
        p = (struct student * )malloc(sizeof(struct student));
        scanf(" %d",&p->score);
        p->next = head;
        head = p;
```

```
        }
        p = head;
        while(p!= NULL)
        {
            printf(" %d", p -> score);
            p = p -> next;
        }
        return 0;
}
```

4. 以下 value_min()的功能是在带有头结点 p1 的单向链表中查找结点数据域的最小值,并作为函数值返回,请在横线位置填上适当的代码。带有头结点的单链表,其头结点与链表的其他结点的结构相同。头结点的指针域指向链表的第 1 个实际结点,当链表没有任何实际数据时头结点是链表的唯一结点,其指针域为空。在任何情况下,头结点的数据域都不存储任何有效数据。

```
struct stru
{
    int age;
    struct stru * next;
};
int value_min(struct stru * p1)
{
    struct stru * p2;
    int min;
    p2 = p1 -> next;
    min = p2 -> age;
    for(p2 = p2 -> next;p2!= NULL;p2 = _____①_____ )
        if( _____②_____ ) min = p2 -> age;
    return (min);
}
```

### 三、编程题

1. 一个学生信息的简单处理。

每个学生的数据包括姓名、课程 1 成绩、课程 2 成绩共 3 项信息,作为一个结构体数据管理使用。要求按以下格式输入数据,并显示相关信息。

Data: zhangxiaohu 86 90 ↵(该行是数据输入行)
Name: zhangxiaohu
Score - 1: 86
Score - 2: 90
Average: 88

其中,Name 为姓名信息,Score-1、Score-2 为课程 1 和课程 2 的成绩,Average 为两门课程的平均成绩。

2. 多个学生信息的简单处理。

有 10 个学生,每个学生的数据包括姓名、课程 1 成绩、课程 2 成绩。从键盘输入 10 个学生的数据,将其存储在一个数组中,并计算每门课程的总平均成绩,然后按以下格式输出相关信息。

```
Name           Score-1      Score-2
zhangxiaohu    86           90
liming         78           83
  ⋮             ⋮            ⋮
wangxiaoya     88           91
leijingtian    90           77
Average:       83           81
```

3. 多个学生信息的综合处理。

有 10 个学生,每个学生的数据包括姓名、课程 1 成绩、课程 2 成绩。从键盘输入 10 个学生的数据,要求输出每门课程的总平均成绩,以及最高分的学生数据(姓名、各门课程成绩、平均分数)。数据的输出格式如下:

```
Average-1:83, Average-2:81
NO.1: wangxiaoya,88,91,89
```

4. 学生信息处理问题的函数化。

将上面的学生成绩问题用多个具有独立功能的函数实现,要求如下:

(1) 在主函数 main() 中输入学生数据,建立学生数据结构体数组。

(2) 用 average() 函数求所有课程的总平均分(注意,不再计算每门课程的总平均成绩)。

(3) 用 v_max() 函数找出最高分的学生数据并输出。

5. 用链表作为存储结构,实现 Josephus 环报数游戏(关于 Josephus 环报数游戏的详细描述见第 5 章编程题的第 10 题)。

6. 建立图书链表。

将表 8-5 中的图书信息用链表 book 存储起来。

表 8-5　图书信息表

| 编　号 | 作　者 | 单　价 | 数　量 |
|---|---|---|---|
| 0001 | zhang | 22.6 | 10 |
| 0002 | wang | 19.7 | 20 |
| 0003 | li | 21.0 | 4 |
| 0004 | zhao | 26.5 | 15 |
| 0005 | liu | 16.8 | 9 |

7. 在图书链表中查找图书。

将 book 链表中单价在 n 元以上的图书全部显示出来。

8. 在图书链表中插入结点。

在上面的 book 链表中插入一个新的图书结点,插入要求如下:若在 book 链表中存在与新书数量相同的结点,则将新结点插入到同数量结点之后,否则作为链表的最后一个结点。

9. 在图书链表中删除结点。

在 book 链表中将数量达不到 m 册的图书删除,当有多个结点符合条件时只把首先查到的结点删除。

# 第 9 章　文件程序设计

C语言的文件功能允许将数据独立于程序之外,单独以磁盘文件的形式存储起来,当程序需要时即可通过一定的方式访问这些文件。存储在磁盘上的数据文件既可以是程序所需的源数据文件,也可以是程序运行后的结果数据文件。显然,C语言的文件功能为方便批量数据输入以及保存程序运行结果提供了支持。

C语言的文件功能是通过相应的文件操作函数实现的,本章将系统介绍相关知识,包括文件的概念、文件操作的基本方法和相关函数,并结合具体实例介绍文件应用程序的设计方法。

## 9.1　文件概述

从上机实现第1个C语言程序开始,"文件"即与学习C语言程序设计密不可分,实现任何一个C语言程序都会涉及多种类型的文件,例如在编辑阶段建立的源程序文件、在编译阶段生成的目标代码文件、在连接阶段构建的可执行文件等,因此"文件"并不是一个新概念,但是C语言中的"文件"有其自身的特点。

### 9.1.1　文件的概念

文件是计算机中的一个重要概念,通常是指存储在外部介质上的信息的集合。例如上面提到的源程序文件、目标代码文件等。计算机对文件的操作从总体上分成输入和输出两大类,文件的输入与输出(I/O)过程通过操作系统进行管理。C语言程序的文件管理功能通过C语言系统提供的文件操作函数实现,使用这些函数可以简单、高效、安全地访问文件。

在C语言中所有的外部设备也作为文件对待,这种文件称为设备文件。通过外部设备实现的输入与输出操作实际上是读写设备文件的过程。例如,标准输入设备键盘作为标准输入文件管理,由标准输入文件输入的信息即是从键盘设备输入的信息;标准输出设备显示器作为标准输出文件管理,向标准输出文件输出的信息即是向显示设备输出的信息。

C语言主要使用缓冲文件系统在程序和文件之间交换数据。程序处理的数据在写入文件之前首先经"输出文件缓冲区"暂存,然后再输出到文件中,这一过程称为"写文件",是数据输出过程。"写文件"的逆向操作是将文件中的数据输入内存,作为程序处理数据,这一过程称为"读文件",是数据输入过程。来自文件的输入数据经"输入文件缓冲区"暂存,然后再传送给程序。

文件缓冲区是连接计算机内存数据与外存文件的桥梁。图9-1所示为使用文件缓冲区的文件读写示意图,这种数据的读写方式提高了程序的执行效率。

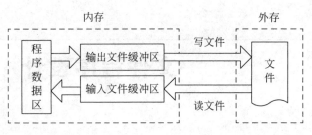

图 9-1 使用缓冲区的文件读写示意图

### 9.1.2 文件的分类

按照数据在文件中的编码方式，C 语言把数据文件分为文本文件和二进制文件两类，但无论是哪一类文件，都以 0 和 1 组成的二进制数代码进行存储。

文本文件基于字符编码，每个字符(数值型数据为一个数位)对应一个编码，是一种字符流数据文件。多数文本编辑软件(例如 Windows"记事本"程序、程序语言编辑软件等)都可阅读这类文件。最常见的一种文本文件是 ASCII 码文件，每个字符以其 ASCII 值存储。

二进制文件基于值编码，与文本文件的根本区别在于数值型数据的编码方式不同，二进制文件中的数值型数据按照值的大小进行编码。在二进制文件中，字节流与实际的数据位并不一一对应，因此，若直接显示二进制文件内容时，常会出现一些乱码。

下面通过一个具体的例子，说明文本文件和二进制文件的区别。对于整数 2501，如果用文本文件存储，则需要把每一个数位表示为对应的 ASCII 码，即分别将 2、5、0、1 这 4 个数字表示为 ASCII 码，如图 9-2(a)所示；如果是用二进制文件存储，则存储十进制整数 2501 的二进制编码，如图 9-2(b)所示。

图 9-2 整数 2501 的两种存储形式

作为一般编程人员，可不必深究文件的内部编码问题，只需在建立和使用文件时，指明文件类型即可。

### 9.1.3 文件的一般操作过程

使用过 Microsoft Office Word 的读者会知道，编辑 Word 文件需要 3 个基本步骤，即打开 Word 文件(若文件尚不存在，需新建 Word 文件)，然后进行录入编辑操作，操作完成之后将文件关闭。就文件操作步骤而言，C 语言的文件操作与 Word 的文件操作是一样的，也需要 3 个基本步骤，即打开文件、操作文件、关闭文件。所不同的是，Word 的文件操作是手工实现的，而 C 语言的文件操作是用程序实现的。以下是对 C 语言文件操作过程的简要说明。

**1. 打开文件**

打开文件是使用文件的第 1 个步骤，该步骤建立用户程序与文件的联系，系统为文件开辟文件缓冲区。

**2. 操作文件**

操作文件是打开文件之后对文件施行的操作,包括文件的读、写、追加和定位等。

(1) 读操作:从文件中读出数据,即将文件中的数据输入到计算机内存。
(2) 写操作:向文件写入数据,即将计算机内存中的数据输出到文件。
(3) 追加操作:将新的数据写到文件原有数据的后面。
(4) 定位操作:移动文件读写位置指针。

**3. 关闭文件**

关闭文件是使用文件的最后一个步骤,该步骤切断文件与程序的联系,并释放文件缓冲区。

C语言的文件操作通过相应的函数予以实现,有关知识将在后续内容中陆续介绍。需要特别说明的是,标准设备文件由系统自动打开和关闭,C语言的文件打开和关闭函数只适用于磁盘文件等非标准设备文件。

### 9.1.4 文件类型指针

为了能正常使用文件,C语言系统对打开的每一个文件进行多方面跟踪管理,例如文件缓冲区的大小、文件缓冲区的位置、文件缓冲区使用的程度、文件使用方式、文件内部读写位置等,这些信息被记录在"文件信息区"的结构体变量中,该变量的数据类型由C语言系统预定义,数据类型标识符为 FILE,对应的头文件为 stdio.h。

任何打开的文件都需要有一个 FILE 类型指针变量与其关联,因此在使用文件之前要先定义 FILE 类型指针变量,以供文件操作。

FILE 类型指针变量的定义方法如下:

`FILE * 变量 1, * 变量 2, …;`

例如,下面的语句将定义 FILE 类型指针变量 fp。

`FILE * fp;`

当程序同时处理多个文件时需定义多个 FILE 类型的指针变量,以保证每个打开的文件都有独立的文件指针指向它。

## 9.2 文件的基本操作

C语言的文件操作是通过函数实现的,每一个函数都有其规定的使用格式。本节介绍文件操作的7个函数,即文件打开与关闭函数 fopen()和 fclose()、文件字符读写函数 fgetc()和 fputc()、文件数据块读写函数 fread()和 fwrite()以及文件状态测试函数 feof()。

### 9.2.1 打开和关闭文件

打开文件是使用文件的第1个步骤,关闭文件则是使用文件的最后一个步骤。C语言系统分别使用 fopen()函数和 fclose()函数实现文件的打开和关闭操作。

**1. 文件打开函数 fopen()**

fopen()函数用来打开文件,它解决以下3个问题:

(1) 指定要打开的文件名。
(2) 指定文件的使用方式,比如是读文件还是写文件等。
(3) 为打开的文件指定文件指针,以跟踪文件的访问过程。

fopen()函数的原型为 FILE * fopen(char * fname,char * mode),其最常用的调用方式如下:

```
fp = fopen("文件名", "文件使用方式");
```

其中,fp 为 FILE 类型指针变量,即文件指针。与其他变量一样,FILE 类型的指针变量在使用之前也需要先行定义。

以下是 fopen()函数打开文件的用法示例:

```
fp = fopen("example.txt", "r");
```

它表示打开 example.txt 文件,文件使用方式是"r"方式,文件指针是 fp。在 example.txt 文件被关闭之前,对该文件进行的访问只能以 fp 标识。

当被打开的文件含有路径信息时,路径连接符"\"要表示为转义符形式"\\"。以下是打开文件 D:\try\example.txt 的 fopen()函数用法示例,请读者注意路径信息所发生的变化:

```
fp = fopen("D:\\try\\example.txt","r");
```

被打开的文件,其文件名信息和文件使用方式可以存储在字符数组中。例如,若有定义语句"char f_name[]="example.txt"; char f_mode[]="w";",则可用如下 fopen()函数打开 example.txt 文件:

```
fp = fopen(f_name,f_mode);
```

使用 fopen()函数打开的文件可以有多种使用方式,在使用时以具有特定含义的符号表示,表 9-1 是对文件使用方式的详细说明。

表 9-1  文件使用方式表

| 文件使用方式 | 作　用 |
| --- | --- |
| r | 以"只读"方式打开一个文本文件 |
| w | 以"只写"方式打开一个文本文件 |
| a | 向文本文件尾增加数据 |
| rb | 以"只读"方式打开一个二进制文件 |
| wb | 以"只写"方式打开一个二进制文件 |
| ab | 向二进制文件尾增加数据 |
| r+ | 以"读/写"方式打开一个文本文件 |
| w+ | 以"读/写"方式建立一个新的文本文件 |
| a+ | 以"读/写/追加"方式打开一个文本文件 |
| rb+ | 以"读/写"方式打开一个二进制文件 |
| wb+ | 以"读/写"方式建立一个新的二进制文件 |
| ab+ | 以"读/写/追加"方式打开一个二进制文件 |

**说明：**

(1) 用"r"方式打开的文件只能将文件内容读入到计算机内存中，不能对文件进行任何写操作，而且用"r"方式打开的文件必须是已经存在的文件，不能打开一个并不存在的用于"r"方式的文件，否则会出现错误。

(2) 用"w"方式打开的文件只能用于向该文件写数据，任何试图读取文件内容的操作都会被系统禁止。如果要打开的是一个并不存在的文件，则在打开时自动新建该文件。如果要打开的文件已经存在，则在打开时会将原文件内容清除。

(3) 如果希望向文件末尾添加新数据，应使用"a"方式打开，但此时文件必须存在，否则将出现出错信息。打开时位置指针移到文件末尾。

(4) 用"r+"方式打开文件时，指定的文件必须是已经存在的文件，以便从文件向计算机内存输入数据；用"w+"方式则建立一个文件，先向文件写数据，然后可以读此文件中的数据。

在程序中使用 fopen() 打开文件时通常要检查文件打开的正确性，以便决定程序是否继续向下执行。当文件能正常打开时 fopen() 函数返回文件指针，否则返回 NULL 值，即返回一个空指针。下面是打开文件，并对文件打开状态进行检查的一段程序代码，通常使用类似代码打开一个文件。

```
if((fp = fopen("example.txt","r")) == NULL)
{
    printf("cannot open this file\n ");
    exit(1);
}
```

函数 exit() 的作用是终止程序运行，关闭打开的所有文件，使控制返回操作系统。exit(1) 表示非正常终止程序。

**2. 文件关闭函数 fclose()**

fclose() 函数的一般格式如下：

```
fclose(文件指针);
```

该函数实现的功能是关闭"文件指针"所指向的文件，释放打开文件时使用的结构体变量，断开文件指针与文件的联系。文件被正常关闭后，fclose() 函数的返回值为 0，否则为非 0 值。

例如，在前面曾用 fopen() 函数打开 example.txt 文件，在打开时指定 fp 指针指向该文件，因此可使用如下语句将 example.txt 文件关闭：

```
fclose(fp);
```

读者务必注意，在关闭文件时并不使用文件名，而是使用打开文件时赋予该文件的文件指针。

### 9.2.2 文件的字符读写

fputc() 和 fgetc() 是文件读写操作的两个最基本的函数，前者的作用是把一个字符写到指定的文件中，后者的作用是从指定的文件中读取一个字符。

## 1. fputc()函数

其一般形式如下:

fputc(ch,fp);

其中,ch 是要写到文件中的字符,它可以是一个字符常量,也可以是一个字符变量;fp 是文件指针变量,它从 fopen()函数得到返回值。

fputc()函数的作用是将字符(ch 的值)输出到 fp 所指向的文件中,即向指定文件中写入一个字符。如果输出成功,fputc()函数的返回值就是输出的字符,否则返回 EOF。

【例 9-1】 把从键盘输入的一个字符串写入到磁盘文件 example.txt 中。

程序如下:

```
#include<stdio.h>
int main()
{
    char ch;
    FILE * fp;                          /* 定义文件指针 */
    fp = fopen("example.txt","w");      /* 以"写"方式打开 example.txt 文件 */
    printf("Input a string: ");
    while((ch = getchar())!= '\n')      /* 逐个字符读取从键盘输入的字符串 */
        fputc(ch,fp);                   /* 将字符顺序写入文件 example.txt 中 */
    fclose(fp);                         /* 关闭文件 */
    return 0;
}
```

该程序使用"w"方式打开 example.txt 文件,实际是创建 example.txt 文件,文件内容是通过键盘输入的信息。example.txt 是一个文本文件,使用任何文本编辑程序都能够阅读该文件。例如,可以使用 Windows 的记事本程序打开 example.txt 文件查看它的内容。

## 2. fgetc()函数

fgetc()函数的功能是从指定文件读入一个字符,该文件必须是以读或读写方式打开的。

通常使用如下形式调用 fgetc()函数:

ch = fgetc(fp)

其中,fp 为文件指针,ch 为字符变量。在正常情况下,fgetc()函数的返回值是从文件中读出的一个字符。

当打开文件并立即使用 fgetc()读文件时,fgetc()函数从文件开始位置读取一个字符。每读取一个字符后,文件的位置指针后移一个字符位置。若当前读取的是文本文件,当遇文件结束标记时 fgetc()函数的返回值为 EOF。在程序中经常使用 EOF 作为读取文本文件字符的控制条件。

【例 9-2】 使用 fgetc()函数输出文件 example.txt 的内容。

程序如下:

```
#include<stdio.h>
int main()
{
```

```
    char ch;
    FILE *fp;
    fp = fopen("example.txt","r");   /*以"读"方式打开文件 example.txt*/
    while((ch = fgetc(fp))!= EOF)    /*从 example.txt 文件中逐个读出字符*/
        putchar(ch);                 /*输出用 fgetc()函数读出的字符*/
    fclose(fp);                      /*关闭文件*/
    return 0;
}
```

程序执行后将从头开始逐个读出 example.txt 文件中的字符,然后逐个显示在屏幕上。程序中的 while 语句也可以写成如下形式,这样看起来更容易理解:

```
ch = fgetc(fp);
while(ch!= EOF)
{
    putchar(ch);
    ch = fgetc(fp);
}
```

关于 EOF 的说明:

(1) EOF 是在标准输入输出头文件 stdio.h 中定义的一个宏(符号常量),与 $-1$ 等价。

(2) 对于任何一个文本文件,系统都会自动将 $-1$ 设置为文件结束符。

### 9.2.3 文件结束状态测试

测试文件结束状态是常用的文件操作,常用的测试函数是 feof()。不管是文本文件还是二进制文件,当文件处于结束状态时,若再发生读取文件的操作,则 feof()函数的值是一个非 0 值,否则其值为 0。

feof()函数的使用格式如下:

feof(fp);

其中,fp 是文件指针。

【例 9-3】 使用 feof()函数进行文件读取控制,输出文件 example.txt 的内容。

程序如下:

```
#include<stdio.h>
#include<stdlib.h>
int main()
{
    char ch;
    FILE *fp;
    if((fp = fopen("example.txt","r")) == NULL)   /*对文件打开状态进行检查*/
    {
        printf("file can not open!\n");
        exit(1);
    }
    ch = fgetc(fp);                               /*首次读文件*/
    while(!feof(fp))                              /*feof()为 0 时继续读文件*/
    {
```

```
            putchar(ch);            /* 输出读出的字符信息 */
            ch = fgetc(fp);         /* 继续读文件 */
        }
        fclose(fp);
        return 0;
    }
```

说明：

(1) 使用 feof() 函数判定文件结束状态时要先进行文件读取操作，再检测该函数值，当其为非 0 值时文件结束。

(2) 在二进制文件中不使用 −1 作为文件结束标记，因此不能使用 EOF 检测文件尾。

## 9.2.4 文件的数据块读写

文件的数据块读写是指对文件进行读写操作时一次读写多个数据，C 语言提供的操作函数是 fread() 和 fwrite()，使用数据块读写函数可以对任何数据类型的二进制文件进行读写操作。

### 1. fwrite() 函数

fwrite() 函数的功能是把内存中的一些数据块写到指定的文件中。其一般调用形式如下：

fwrite(buffer, size, count, fp);

说明：

(1) fp：接受数据的文件指针。

(2) buffer：数据块的内存首地址，通常是指针变量名、数组名等。

(3) size：一个数据块的字节数（即数据块的大小）。

(4) count：执行一次 fwrite() 函数从内存写到 fp 文件的数据块数目。

例如：

```
struct student stu[40];
for(i = 0; i < 40; i++)
    fwrite(&stu[i], sizeof(struct student), 1, fp);
```

该 for 语句将把结构体数组 stu 的数据写到 fp 指向的文件中，每执行一次循环体，fwrite() 函数向文件中写入一个数组元素的数据。

当然，使用下面的语句一次就把 40 个学生数据写到文件中。

fwrite(stu, sizeof(struct student), 40, fp);

### 2. fread() 函数

fread() 函数的功能是把指定文件中的一个数据块读到内存中。其一般调用形式如下：

fread(buffer, size, count, fp);

说明：

(1) fp：要读取数据的文件指针。

(2) buffer：接受数据的内存首地址，通常是指针变量名、数组名等。

(3) size：一个数据块的字节数（即数据块的大小）。

(4) count：执行一次 fread()函数读取的数据块的数目。

【例 9-4】 通过键盘输入表 8-4 所示的学生数据,然后存储到文件名为 stu_list 的磁盘文件中。

1) 问题分析与算法设计

(1) 该问题的关键步骤有 3 个,即以写文件的方式打开 stu_list 文件；从键盘输入数据；将输入的数据写到 stu_list 文件中。

(2) 考虑到学生数据是一组结构体数据,本例定义一个结构体数组 stu,首先将学生数据全部存储到该数组中。

(3) 将存储在数组 stu 中的数据一次性写到 stu_list 文件中。

2) 实现程序

程序如下：

```c
# include < stdio.h >
# include < stdlib.h >
# define N 6                                    /* 班级人数 */
struct new_stu
{
    int num;                                    /* 学号 */
    char name[20];                              /* 姓名 */
    int s1;                                     /* 课程1 成绩 */
    int s2;                                     /* 课程2 成绩 */
}stu[N];                                        /* 定义结构体数组 */
int main()
{
    FILE * fp;
    int i;
    if((fp = fopen("stu_list","wb")) == NULL)   /* 以"wb"方式打开文件 stu_list */
    {
        printf("Can not open file\n");
        exit(1);
    }
    for(i = 0;i < N;i++)                        /* 将学生数据存储到数组 stu 中 */
    {
        printf("Data %d: ",i + 1);              /* 输出友好提示信息 */
        scanf(" %d %s %d %d",&stu[i].num,stu[i].name,&stu[i].s1,&stu[i].s2);
    }
    fwrite(stu,sizeof(struct new_stu),N,fp);    /* 将 stu 中的数据写到文件中 */
    fclose(fp);                                 /* 关闭文件 */
    printf("All right.\n");
    return 0;
}
```

程序执行结果：

Data1: 99001 malong 87 91 ↵
Data2: 99002 lijia 67 82 ↵
Data3: 99003 wangli 56 72 ↵

```
Data4: 99004 liuhua 90 86 ↵
Data5: 99005 zhangjia 92 89 ↵
Data6: 99006 huangshan 88 77 ↵
All right.
```

该程序执行后,从键盘输入的数据先由结构体数组 stu 存储,然后写到磁盘文件 stu_list 中。向结构体数组输入数据的操作由 for 语句实现,向文件传送数据的操作由 fwrite() 函数实现。fwrite() 函数一次就把存储在 stu 数组中的 N 个学生数据写到 stu_list 文件中。

**【例 9-5】** 编写程序,将上述 stu_list 文件的内容显示在屏幕上。

1) 问题分析与算法设计

(1) 该问题的关键步骤有 3 个:以读文件的方式打开 stu_list 文件;将文件中的数据读出来存储到相应的结构体变量中;将结构体变量中的数据输出。

(2) 定义与 stu_list 文件中数据类型一致的结构体变量 stud,用于存储从文件中读出的结构体数据。

(3) 使用 fread() 函数将 stu_list 文件中的数据读出并存储到 stud 中,然后输出。

2) 实现程序

程序如下:

```c
/* program e9-5-1.c */
#include <stdio.h>
#include <stdlib.h>
#define N 6                                    /* 班级人数 */
struct new_stu
{
    int num;                                   /* 学号 */
    char name[20];                             /* 姓名 */
    int s1;                                    /* 课程1成绩 */
    int s2;                                    /* 课程2成绩 */
}stud;                                         /* 定义存储学生数据的结构体变量 */
int main()
{
    int i;
    FILE *fp;
    if((fp=fopen("stu_list","rb"))==NULL)      /* 以"rb"方式打开 stu_list 文件 */
    {
        printf("Can not open file.\n");
        exit(1);
    }
    for(i=0;i<N;i++)                           /* 读文件 stu_list 并显示 */
    {
        fread(&stud,sizeof(struct new_stu),1,fp);   /* 一次读入一个学生数据 */
        printf(" %d %s %d %d\n",stud.num,stud.name,stud.s1,stud.s2);   /* 显示 */
    }
    fclose(fp);
    return 0;
}
```

程序执行结果:

```
99001 malong 87 91
99002 lijia 67 82
99003 wangli 56 72
99004 liuhua 90 86
99005 zhangjia 92 89
99006 huangshan 88 77
```

由结果可见,文件 stu_list 中的数据即是执行例 9-4 的程序时输入的学生数据。

以下程序也能显示文件 stu_list 的内容,它先将文件数据读出来,存储到结构体数组中,然后再显示输出。

```c
/* program e9-5-2.c */
#include<stdio.h>
#include<stdlib.h>
#define N 6                                    /* 班级人数 */
struct new_stu
{
    int num;                                   /* 学号 */
    char name[20];                             /* 姓名 */
    int s1;                                    /* 课程 1 成绩 */
    int s2;                                    /* 课程 2 成绩 */
}stu[N];                                       /* 定义存储学生数据的结构体变量 */
int main()
{
    int i;
    FILE * fp;
    if((fp = fopen("stu_list","rb")) == NULL)  /* 以"rb"方式打开 stu_list 文件 */
    {
        printf("Can not open file.\n");
        exit(1);
    }
    fread(stu,sizeof(struct new_stu),N,fp);    /* 一次读入 N 个学生数据 */
    for(i = 0;i<N;i++)                         /* 显示学生数据 */
        printf(" %d %s %d %d\n",stu[i].num,stu[i].name,stu[i].s1,stu[i].s2);
    fclose(fp);
    return 0;
}
```

该程序定义了结构体数组 stu,"fread(stu,sizeof(struct new_stu),N,fp);"语句一次就从 stu_list 文件中读出 N 个学生数据,并存储到 stu 数组中,然后由 for 语句将数组 stu 的 N 个元素输出。

如果需要对文件中的数据进行排序,应将文件内容先存储到数组中。

## 9.3  文件的其他操作

前面已经介绍了 7 个文件操作函数,即文件打开与关闭函数 fopen() 和 fclose()、文件字符读写函数 fgetc() 和 fputc()、文件数据块读写函数 fwrite() 和 fread() 以及文件状态检测函数 feof(),本节对文件操作的其他函数进行介绍。

### 9.3.1 文件位置指针的定位

前面讨论的文件读写操作都是顺序进行的,文件位置指针在打开文件时即有确定位置,或在文件开始,或在文件末尾,文件读写操作自该位置依次进行。但在使用文件时往往还要对其中某个特定的数据进行处理,即随机读写文件。如果要实现文件的随机读写,首先必须实现文件位置指针的随机定位。C 语言的文件定位操作主要由 fseek()、rewind() 和 ftell() 3 个函数实现。

**1. fseek()函数**

fseek()函数的功能是改变文件位置指针,其调用形式如下:

fseek(fp,offset,position);

说明:

(1) fp 为文件指针。

(2) 文件位置指针的定位由参数 offset 和 position 共同确定。position 规定指针定位时的基准位置,offset 规定文件位置指针离开基准位置的偏移量,它的单位是字节。position 的取值是 0、1 或 2,其意义如下。

① 0:表示基准位置为文件的开头位置。

② 1:表示基准位置为文件的当前位置。

③ 2:表示基准位置为文件的结尾位置,该位置在文件内容的最后一个字节之后。

表 9-2 是 fseek()函数调用实例。

表 9-2　fseek()函数调用实例

| 函 数 调 用 | 文件位置定位 |
| --- | --- |
| fseek(fp,50L,0) | 将位置指针从文件头向后移动 50 个字节 |
| fseek(fp,100L,1) | 将位置指针从当前位置向文件尾方向移动 100 个字节 |
| fseek(fp,-20L,2) | 将位置指针从文件末尾向文件头方向移动 20 个字节 |

【例 9-6】 在例 9-4 中建立了学生数据文件 stu_list,编写程序修改其中第 3 个学生的"课程 1 成绩"的值,修改用数据通过键盘输入。

1) 问题分析与算法设计

该问题的关键步骤如下:

(1) 以读写文件的方式打开文件。

(2) 使用 fseek()函数将文件位置指针定位到第 3 个记录的开始位置。

(3) 将第 3 个记录的全部数据读出来,存储到数据类型与之一致的结构体变量 stud 中。

(4) 修改 stud 中指定成员的数据。

(5) 将 stud 中的数据回写到 stu_list 文件中。

2) 实现程序

程序如下:

```
#include<stdio.h>
```

```c
#include<stdlib.h>
struct new_stu
{
    int num;                          /*学号*/
    char name[20];                    /*姓名*/
    int s1;                           /*课程1成绩*/
    int s2;                           /*课程2成绩*/
}stud;                                /*定义结构体变量*/
int main()
{
    int size;
    FILE * fp;
    size = sizeof(struct new_stu);    /*用 sizeof()函数计算结构体数据的长度*/
    if((fp = fopen("stu_list","rb+")) == NULL)   /*以读写方式打开文件 stu_list*/
    {
        printf("file open error.\n");
        exit(1);
    }
    fseek(fp,2*size,0);               /*将文件位置定位在第3个数据的开始位置*/
    fread(&stud,size,1,fp);           /*读第3个学生数据*/
    printf(" %d %s %d %d\n",stud.num,stud.name,stud.s1,stud.s2);   /*输出学生数据*/
    printf("new score: ");
    scanf(" %d",&stud.s1);            /*输入学生数据*/
    fseek(fp, -size,1);               /*将文件位置定位在第3个学生数据的开始处*/
    fwrite(&stud,size,1,fp);          /*将新输入的学生数据写到文件 stu_list 中*/
    fclose(fp);
    return 0;
}
```

程序执行结果：

99003 wangli 56 72
new score: 86 ↵

程序执行后，第3个学生（学号99003）的"课程1成绩"的值被修改为86。执行在例9-5中编写的程序即可读出 stu_list 文件数据，查看修改结果。

本例程序中有两处使用了 fseek()函数，第1个用于读数据时的定位，第2个用于回写数据时的定位。由于读出一个学生数据后文件位置指针下移了一个记录位置，故回写学生数据时要先将文件位置指针回移，定位在第3个学生数据的开始位置。读者还需注意，本程序对文件的操作既有读又有写，所以打开文件的方式是"rb+"方式（若在建立 stu_list 文件时使用的是 ASCII 文件，则打开文件的方式应为"r+"方式）。

**2. rewind()函数**

rewind()函数的作用是将文件位置指针复位。其调用形式如下：

rewind(fp);

其中，fp 为文件型指针。

执行 rewind()函数后，对于 fp 指向的文件，不管当前的文件位置指针在何处，都使它复位到文件的开始位置。

**【例 9-7】** rewind()函数示例程序。将文本文件 nature.txt 的内容连续显示两遍。

程序如下：

```c
#include <stdio.h>
#include <stdlib.h>
int main()
{
    char ch;
    FILE *fp;
    if((fp = fopen("nature.txt","r")) == NULL)          /* 以读方式打开文件 */
    {
        printf("file open error.\n");
        exit(1);
    }
    while((ch = fgetc(fp))!= EOF)
        putchar(ch);                                     /* 逐个字符显示文件的内容 */
    putchar('\n');
    rewind(fp);                                          /* 文件位置指针复位 */
    while((ch = fgetc(fp))!= EOF)
        putchar(ch);                                     /* 逐个字符显示文件的内容 */
    fclose(fp);                                          /* 关闭文件 */
    return 0;
}
```

该程序的功能是将文本文件 nature.txt 的内容连续显示两次。文件打开后，文件位置指针定位在文件开始位置，第 1 个 while 语句将读出并显示文件的全部内容，该语句执行结束时文件位置指针处于文件结束位置。执行 rewind(fp) 函数后，文件位置指针复位到文件开始位置，因此第 2 个 while 语句同样会读出并显示文件的全部内容。

**3. ftell()函数**

ftell()函数用于获取文件位置指针，其调用形式如下：

```c
ftell(fp);
```

其中，fp 为文件指针。

ftell()函数的返回值是 fp 所指向文件的当前读写位置，该值是一个长整数型值，是位置指针从文件开始到当前位置的位移量，单位为字节。

**【例 9-8】** 新建 data.txt 文件，检查文件位置指针值，然后将字符串"Beijing 2008"写入文件中，再检查文件位置指针的值。

程序如下：

```c
#include <stdio.h>
int main()
{
    FILE *fp;
    fp = fopen("data.txt","w");                          /* 打开文件 */
    printf("position = %ld\n",ftell(fp));                /* 输出开始时的文件位置 */
    fweite("Beijing 2008",1,12,fp);                      /* 向文件中写入一个字符串 */
    printf ("position = %ld\n", ftell(fp));              /* 输出写入字符串后的文件位置 */
```

```
        fclose(fp);
        return 0;
}
```

程序执行结果:

```
position = 0
position = 12
```

结果的第 1 行信息说明打开文件时位置指针在文件开始处,结果的第 2 行信息说明写入字符串后位置指针在文件的最后一个字符之后。

### 9.3.2 文件的格式化读写

相信每一位读者对 scanf()和 printf()这两个函数都已经十分熟悉,前者通过标准输入设备有格式地输入数据,后者通过标准输出设备有格式地输出数据。由于 C 语言把所有的设备都视为文件,因此从文件的角度理解,函数 scanf()的功能是从 stdin 文件(标准输入设备)有格式地输入数据,函数 printf()的功能是向 stdout 文件(标准输出设备)有格式地输出数据,所以可以把 scanf()和 printf()视为文件的格式化输入输出的一种特殊情况,它们所用的文件是设备终端而不是磁盘文件。在 C 语言中,通用的文件格式化读写函数是 fscanf()和 fprintf()。

**1. 文件的格式化读操作**

文件的格式化读操作由 fscanf()函数实现,它的功能是从指定的文件中按照所描述的格式向变量提供数据。其一般使用格式如下:

```
fscanf(fp,"格式控制字符串",变量地址表);
```

说明:

(1) fp 是要读出数据的文件指针。

(2) "格式控制字符串"和"变量地址表"与 scanf()函数的相关内容相同。

例如:

```
fscanf(fp," %d",&m);
```

该语句被执行后将从指定文件向变量 m 输入一个整数,所提供数据的文件由 fp 指向。当从标准输入设备输入数据时指定文件为 stdin。

**2. 文件的格式化写操作**

文件的格式化写操作由 fprintf()函数实现,它的功能是将指定表达式的值按照所描述的格式写到指定的文件中。其一般使用格式如下:

```
fprintf(fp, "格式控制字符串",表达式表);
```

说明:

(1) fp 是要写入数据的文件指针。

(2) "格式控制字符串"和"表达式表"与 printf()函数的相关内容相同。

例如:

```
fprintf(fp," %d",m);
```

该语句被执行后,变量 m 的值按"%d"格式输出到文件中,所接收数据的文件由 fp 指向。当从标准输出设备输出数据时指定文件为 stdout。

【例 9-9】 从键盘输入一个字符串和一个十进制整数,然后显示在屏幕上。

程序如下:

```
#include<stdio.h>
int main()
{
    char s[100];
    int a;
    fscanf(stdin," %s %d",s,&a);        /* 从键盘输入数据 */
    fprintf(stdout," %s %d\n",s,a);     /* 在显示器输出结果 */
    return 0;
}
```

程序执行结果:

```
Math - score 97 ↵(输入数据)
Math - score 97(显示的结果)
```

### 9.3.3 文件的字符串读写

文件的字符串操作函数是 fgets() 和 fputs(),fgets() 函数从文件中读出一个字符串,fputs() 函数把一个字符串写到文件中。

#### 1. fgets()函数

fgets()函数的一般调用形式如下:

```
fgets(buffer,n,fp);
```

其作用是从 fp 指向的文件中读取长度不超过 n-1 个字符的字符串,然后存储到以 buffer 为首地址的内存空间中,通常 buffer 是一个指针变量名、数组名等。如果在读入 n-1 个字符的过程中遇到字符串结束符或 EOF,读入即结束。字符串读入后在最后加一个 '\0' 字符作为字符串结束标志。

#### 2. fputs()函数

fputs()函数的一般调用形式如下:

```
fputs(buffer,fp);
```

其作用是将内存 buffer 中的字符串写到 fp 指向的文件中,buffer 可以是一个字符串常量,也可以是字符串的首地址。

【例 9-10】 将字符串"Visual C++"和"Visual Basic"依次存入文件 text.txt 中,然后将第 1 个字符串读出并显示出来。

程序如下:

```
#include<stdio.h>
int main()
```

```c
{
    FILE * fp;
    char string[20];
    fp = fopen("text.txt","w + ");         /* 以先写后读方式打开文件 */
    fputs("Visual C++\n",fp);              /* 向 text 写入第 1 个字符串 */
    fputs("Visual Basic\n",fp);            /* 向 text 写入第 2 个字符串 */
    rewind(fp);                            /* 将文件指针复位到开始位置 */
    fgets(string,20,fp);                   /* 从文件中读一个字符串 */
    puts(string);                          /* 显示字符串 */
    fclose(fp);
    return 0;
}
```

程序执行结果：

Visual C++

该程序中有两个 fputs() 函数,这两个函数被执行后,依次向 text.txt 文件写入两个字符串,此时文件的内部位置指针位于文件末尾,执行 rewind() 函数后,该指针复位到文件开始位置,之后的 fgets() 函数从文件开始读出一个字符串,并由 puts() 函数将其输出。

## 9.4 文件应用程序举例

【例 9-11】 文件的复制。设计一个程序,实现任意文本文件的复制。

1) 问题分析与算法设计

(1) 由于源文件是任意的,所以源文件名应通过键盘输入;同样,生成的目标文件名也应由键盘输入。

(2) 源文件以只读方式打开,目标文件以写方式打开。

(3) 从第 1 个字符开始,顺序逐字符读出源文件,每读出一个字符立即写入目标文件中,直到源文件遇到文件结束标志为止。

2) 实现程序

程序如下：

```c
#include<stdio.h>
#include<stdlib.h>
int main()
{
    char ch,source[20],target[20];
    FILE * fp_s, * fp_t;
    printf("输入源文件名:");
    scanf("%s",source);                    /* 输入源文件名 */
    printf("输入目标文件名:");
    scanf("%s",target);                    /* 输入目标文件名 */
    if((fp_s = fopen(source,"r")) == NULL) /* 以读方式打开源文件 */
    {
        printf("Cannot open source file.\n");
        exit(1);
```

```
            }
            if((fp_t = fopen(target,"w")) == NULL)      /*以写方式打开目标文件*/
            {
                printf("Cannot open target file.\n");
                exit(1);
            }
            while((ch = fgetc(fp_s))!= EOF)              /*从头开始逐个字符读取源文件*/
                fputc(ch,fp_t);                          /*将读出的字符写到文件中*/
            fclose(fp_s);
            fclose(fp_t);
            return 0;
        }
```

程序执行结果：

输入源文件名：example.txt ↵
输入目标文件名：try.txt ↵

其中，example.txt 是要复制的源文件名，它是已经存在的一个文本文件。try.txt 是要形成的目标文件名。程序运行结束后，example.txt 文件被复制到 try.txt 文件中。执行结果可以通过 C 语言系统的文件编辑环境进行查看。

**【例 9-12】** 文件数据的排序。在例 9-4 中建立了存储学生数据的 stu_list 文件，要求编写程序，将该文件的内容按"课程 1 成绩"降序排序后显示出来。

1) 问题分析与算法设计

该问题的关键步骤有两个，一是读出文件内容，二是对读出的内容进行排序。在例 9-5 中实现了 stu_list 文件的读出操作，在第 8 章的例 8-11 中实现了学生数据的排序操作，将这两个例题程序结合起来即可解决该问题，具体如下：

(1) 定义 struct new_stu 类型的结构体数组 stu(在 stu_list 文件中，学生数据的数据类型为 struct new_stu 类型)。

(2) 以只读方式打开 stu_list 文件，将文件内容读出后存储到 stu 数组中。

(3) 对 stu 数组按 s1 成员进行降序排序，该过程调用 sort_s1()函数实现(关于 sort_s1()函数的说明参见例 8-11)。

(4) 输出 stu 数组，该过程调用 output_s()函数实现。

2) 实现程序

程序如下：

```
#include<stdio.h>
#include<stdlib.h>
#define N 6                              /*班级人数*/
struct new_stu
{
    int num;                             /*学号*/
    char name[20];                       /*姓名*/
    int s1;                              /*课程1成绩*/
    int s2;                              /*课程2成绩*/
};                                       /*定义结构体数据类型*/
```

```c
void sort_s1(struct new_stu[],int);              /*排序函数声明*/
void output_s(struct new_stu[],int);             /*输出函数声明*/
int main()
{
    struct new_stu stu[N];                       /*定义存储学生数据的结构体数组*/
    FILE *fp;
    if((fp = fopen("stu_list","rb")) == NULL)    /*打开 stu_list 文件*/
    {
        printf("Can not open file.\n");
        exit(1);
    }
    fread(stu,sizeof(struct new_stu),N,fp);      /*读文件数据,存储到数组 stu 中*/
    sort_s1(stu,N);         /*调用 sort_s1()函数,对数组 stu 中的数据排序*/
    output_s(stu,N);        /*调用 output_s()函数,输出排序后数组 stu 的数据*/
    fclose(fp);
    return 0;
}
void sort_s1(struct new_stu a[],int n)           /*定义排序函数*/
{
    int i,j;
    struct new_stu temp;
    for(i = 1;i < n;i++)
        for(j = 0;j < n - i;j++)
            if(a[j].s1 < a[j + 1].s1)            /*按"课程 1 成绩"排序*/
            {                                    /*交换两个结构体元素的数据*/
                temp = a[j];
                a[j] = a[j + 1];
                a[j + 1] = temp;
            }
}
void output_s(struct new_stu a[],int n)          /*定义数据输出函数*/
{
    int i;
    for(i = 0;i < n;i++)                         /*输出结构体数组元素*/
        printf(" %d % 20s % 4d % 4d\n",a[i].num,a[i].name,a[i].s1,a[i].s2);
}
```

程序执行结果：

```
99005        zhangjia     92   89
99004        liuhua       90   86
99006        huangshan    88   77
99001        malong       87   91
99003        wangli       86   72
99002        lijia        67   82
```

在例 9-6 中曾修改过 99003 的成绩,该排序结果也反映了修改的情况。

## 小　　结

本章介绍了程序中的文件知识，主要有文件的概念、特点，文件操作过程和文件操作函数，文件程序设计方法及文件程序实例。

(1) 文件是计算机中的一个重要概念，C 语言中的文件分为设备文件和磁盘文件两类，磁盘文件进一步分为文本文件和二进制文件。

(2) 打开文件是使用文件的第 1 步操作，使用 fopen()函数实现，关闭文件是使用文件的最后一步操作，使用 fclose()函数实现。

(3) 任何打开的文件都要指定文件指针，文件指针的类型是 FILE 型，它是在 stdio.h 中预定义的一种结构体类型。文件指针和文件使用方式是文件操作的重要概念，任何一个文件被打开时必须指明它的读写方式，并确定一个文件指针。

(4) 文件操作是由函数实现的，fgetc()和 fputc()函数用于文件的字符读写，fread()和 fwrite()函数用于文件的数据块读写，fgets()和 fputs()函数用于文件的字符串读写，fscanf()和 fprintf()函数用于文件的格式化读写，fseek()和 rewind()函数用于文件的随机读写定位，feof()函数用于文件结束状态测试。

(5) 文件程序设计具有基础性和综合性特点，既可主要应用本章知识进行简单的文件程序设计，也可将文件作为数据载体，综合运用所学知识进行较大规模的程序设计。

## 习　题　九

**一、选择题**

1. 下列关于 C 语言数据文件的叙述中正确的是_____。
   A. 文件由 ASCII 码字符序列组成，C 语言只能读写文本文件
   B. 文件由二进制数据序列组成，C 语言只能读写二进制文件
   C. 文件由记录序列组成，可按数据的存储形式分为二进制文件和文本文件
   D. 文件由数据流组成，可按数据的存储形式分为二进制文件和文本文件

2. 以下叙述中不正确的是_____。
   A. C 语言中的文本文件是基于字符编码的流式文件
   B. C 语言中的二进制文件是基于值编码的流式文件
   C. 在 C 语言中随机读写文件时可用 fseek()函数随机定位文件位置
   D. 在 C 语言中，顺序读写方式不适用于二进制文件

3. 已知 fp 为文件类型指针，若要打开 E 盘 text 文件夹(目录)下的 word.dat 文件，下列各选项中正确的是_____。
   A. fp=fopen(E:text\word.dat,"r")
   B. fp=fopen(E:\text\word.dat,"r")
   C. fp=fopen("E:\text\word.dat","r")
   D. fp=fopen("E:\\text\\word.dat","r")

4. 使用 fclose(fp)函数正常关闭 fp 文件后，fclose()函数的返回值是_____。

A. 1　　　　　　B. 0　　　　　　C. −1　　　　　　D. 非零值

5. 若要用 fopen() 打开一个新的二进制文件,该文件既能读也能写,则文件使用方式应是_____。

　　A. "ab+"　　　　B. "wb+"　　　　C. "rb+"　　　　D. "ab"

6. 若以 "a+" 方式打开一个已存在的文件,则以下叙述中正确的是_____。

　　A. 原有文件内容不被删除,位置指针移到文件末尾,可作追加和读操作
　　B. 原有文件内容不被删除,位置指针移到文件开头,可作重写和读操作
　　C. 原有文件内容被删除,只可作写操作
　　D. 以上说法都不正确

7. 以下程序试图把从终端输入的字符输出到名为 abc.txt 的文件中,直到从终端读入字符 '#' 时结束输入和输出操作,但程序存在错误。

```
# include <stdio.h>
int main()
{
    FILE *fout;
    char ch;
    fout = fopen('abc.txt','w');
    ch = fgetc(stdin);
    while(ch!='#')
    {
        fputc(ch,fout);
        ch = fgetc(stdin);
    }
    fclose(fout);
    return 0;
}
```

出错的原因是_____。

　　A. 函数 fopen() 调用形式错误　　　　B. 输入文件没有关闭
　　C. 函数 fgetc() 调用形式错误　　　　D. 文件指针 stdin 没有定义

8. 函数调用 fseek(fp,−20L,2) 的含义是_____。

　　A. 将文件位置指针移到距离文件头 20 个字节处
　　B. 将文件位置指针从当前位置向后移动 20 个字节
　　C. 将文件位置指针从文件末尾处向文件头方向移动 20 个字节
　　D. 将文件位置指针移到离当前位置 20 个字节处

9. 有如下定义:

```
struct stu a[20];
FILE *fp;
```

某学生数据文件存储了若干个 struct stu 型的学生数据记录,文件处于打开初始状态,fp 为文件指针。若要从文件中读出 20 个学生的数据存储到 a 数组中,以下语句不正确的是_____。

　　A. for(i=0;i<20;i++) fread(&a[i],sizeof(struct stu),1,fp);

B. for(i=0;i<20;i++) fread(a+i,sizeof(struct stu),1,fp);

C. fread(a,sizeof(struct stu),20,fp);

D. for(i=0;i<20;i++) fread(a[i],sizeof(struct stu),1,fp);

10. 有如下定义：

struct stu stu1[30];

若要将 stu1 中的 30 个元素写到文件 fp 中，以下形式不正确的是_____。

A. fwrite(stu1,sizeof(struct stu),30,fp);

B. fwrite(stu1,30 * sizeof(struct stu),1,fp);

C. fwrite(stu1,15 * sizeof(struct stu),15,fp);

D. for(i=0;i<30;i++)fwrite(stu1+i,sizeof(struct stu),1,fp);

二、程序分析题

1. 下面程序的功能是统计文件 file.txt 中的字符数，在程序中的横线位置填入适当的代码。

```c
#include<stdio.h>
#include<stdlib.h>
int main()
{
    ____①____;
    int count = 0;
    if((fp = fopen("file.txt","r")) == NULL)
    {
        printf("Can't open file!\n");
        exit(1);
    }
    fgetc(fp);
    while(____②____)
    {
        count++;
        fgetc(fp);
    }
    printf("Total = %d\n",count);
    ____③____;
    return 0;
}
```

2. 有如下程序：

```c
#include<stdio.h>
int main()
{
    FILE * fp;
    char s[80];
```

```
        fp = fopen("f.txt","w");
        if(fp == NULL)
        {
            printf("Can't open file");
            exit(1);
        }
        while(strlen(gets(s))>0)
        {
            fputs(s,fp);
            fputs("\n",fp);
        }
        fclose(fp);
        return 0;
    }
```

运行以上程序,并从键盘输入以下数据:

This is a program!↵
↵

然后用"记事本"打开 f.txt,其中的内容是_____。

### 三、编程题

1. 从键盘输入一个字符串,然后把它输出到磁盘文件 file1.dat 中。

2. 从键盘输入一个字符串,将其中的小写字母全部转换成大写字母,然后输出到磁盘文件 test.txt 中保存。

3. 有两个磁盘文件 f1.txt 和 f2.txt,各存放一行字母(数量少于 100 个),现要求把这两个文件中的信息合并,并按字母顺序排列后输出到新文件 f3.txt 中。

4. 在磁盘文件 word.txt 中存储了一篇英语短文,编写程序统计这篇文章中大写字母的个数和句子数(句子的结束标志是句点后跟一个或多个空格)。

5. 从键盘输入若干行字符(每行不超过 80 个),输入后把它们存储到一个磁盘文件中,再从该文件中读入这些数据,将其中的小写字母转换成大写字母后显示在屏幕上。例如,在运行时从键盘输入:

Hello,world!↵
I␣am␣a␣student.↵
↵

则程序的运行结果如下:

HELLO,WORLD!
I␣AM␣A␣STUDENT.

6. 某单位职工数据存储在文件 worker.dat 中,每个职工的数据包括职工姓名、职工号、性别、年龄、住址、工资、健康状况、文化程度,要求将职工姓名和工资信息单独抽出,另建一个简明的职工工资文件 worker_pay.dat。

7. 将 Josephus 环报数游戏的结果存储到一个数据文件中。具体描述如下:

（1）游戏规则。有10个队员站成一圈，从1到10依次编号，每次游戏都是从1号队员开始报数，数到m者出列，依次排成一个目标队列。

（2）共做10次游戏，m依次取值为1、2、3，直到10为止。

（3）每次游戏结束后将目标队列的排列结果（以队员编号表示）依次存储到数据文件target.dat中。

# 第10章 综合程序设计

综合程序设计是对以前各章知识的系统应用。本章以通讯录程序设计为实例,按照软件工程的方法,针对C语言结构化程序设计的特点,从程序的需求分析、功能设计、数据设计、函数设计、函数编码及测试等方面,详细介绍C语言应用程序的设计方法与过程。

希望读者通过本章学习,加深对所学知识的理解,掌握结构化程序设计的方法,提高用C语言解决实际问题的能力,为后续程序设计课程的学习奠定良好的基础。

## 10.1 软件开发流程

按照软件工程的方法,较大规模的软件开发分为7个阶段,即需求分析、概要设计、详细设计、编码、测试、交付与验收、维护。

**1. 需求分析**

需求分析是软件开发的第一阶段,这一阶段要求软件开发人员与用户进行充分交流沟通,确定软件要实现的功能,并形成描述软件功能的说明文档,包括软件的大功能模块、每个大功能模块细化的小功能模块以及相关的界面描述等内容。

**2. 概要设计**

概要设计是在需求分析的基础上,将一个复杂系统按功能进行模块的划分,确定模块的层次结构及调用关系,确定模块间的接口及人机界面,确定数据的结构等,从而建立软件系统的逻辑模型。

**3. 详细设计**

详细设计是对概要设计的细化,在这一阶段,要详细描述具体模块所涉及的主要算法、局部的数据结构、模块层次的调用关系、各个层次中每一个模块的设计考虑等。详细设计报告是编码和测试的第一手资料。

**4. 编码**

编码即编写程序代码,在详细设计报告完成之后即进入编码阶段。在该阶段,程序开发人员根据详细设计报告的设计要求进行具体的程序编码,分别实现各模块的功能,从而实现软件的功能。

**5. 测试**

软件编码完成后要经过严密的测试,以发现软件存在的问题并加以纠正。在测试阶段,开发方要采用多种测试方法对软件进行测试,然后将测试通过的软件交给用户使用。

**6. 交付与验收**

交付与验收是在软件经过测试达到要求后,开发者向用户交付相关软件,用户进行确认接收。开发者向用户交付的软件除程序软件之外,还应包括安装手册、使用手册、需求报告、设计报告、测试报告等相关文档资料。

**7. 维护**

维护是指所开发的软件交付用户使用后持续进行的修改与完善。在该阶段,软件开发方根据用户需求的变化或环境的变化对应用程序进行相应的修改、完善或升级。

在软件开发流程中,各阶段任务的概括描述如表 10-1 所示。

表 10-1 软件开发流程中各阶段任务的描述表

| 序 号 | 阶 段 名 称 | 阶 段 任 务 |
| --- | --- | --- |
| 1 | 需求分析 | 确定做什么 |
| 2 | 概要设计 | 确定怎么做 |
| 3 | 详细设计 | |
| 4 | 编码 | 编写程序代码 |
| 5 | 测试 | 检验实现程序是否符合要求 |
| 6 | 交付与验收 | 用户验收应用 |
| 7 | 维护 | 对交付软件的持续修改与完善 |

## 10.2 通讯录程序设计

通讯录程序是一个综合性实用程序,其开发设计应按照软件工程的方法进行。为方便读者学习,在介绍通讯录程序设计相关内容时,将上述软件开发流程进行了适当整合,分 5 个方面作介绍,即通讯录程序需求分析、通讯录程序功能设计、通讯录程序数据设计、通讯录程序函数设计、函数编码及测试,至于软件开发流程中的软件交付验收及维护的相关内容,本节不作介绍。

### 10.2.1 通讯录程序需求分析

通讯录程序属于信息管理系统范畴,数据的输入与输出、显示与查询、修改与删除等应是其具备的基本功能。

**1. 功能需求**

通讯录程序应具有以下功能:

1) 通讯录信息输入功能

要求能随时使用该项功能实现记录的输入,一次可以输入一条记录,也可以输入多条记录。所谓一条记录,是指通讯录中一个人员的完整信息。

2) 通讯录信息显示功能

要求提供以下显示方式:

(1) 按自然顺序显示。即按照向通讯录输入数据时各条记录的先后顺序显示通讯录中已有的记录信息。

(2) 按照一定的排序顺序显示通讯录信息。排序顺序有多种,例如按姓名排序、按年龄排序、按所在城市排序、按所在单位排序等,具体使用的排序顺序由设计者确定,但至少要包括上述两种排序方式。

3) 通讯录信息查询功能

要求至少提供两种查询方式,例如按姓名查询、按所在城市查询等,任何一种查询都要有明确的查询结果。

4) 通讯录信息修改功能

提供浏览修改功能,在浏览的基础上能够按通讯录记录序号修改。所谓记录序号是指通讯录记录的自然顺序编号。

5) 通讯录信息删除功能

通过询问的方式进行物理删除,并至少提供两种删除方式。

**2. 其他需求**

(1) 通讯录管理结束后能正常退出通讯录程序。

(2) 以菜单方式实现功能的选择控制。

(3) 本通讯录程序能够实现对 100 条记录的管理。

### 10.2.2 通讯录程序功能设计

根据需求分析,设计通讯录程序的功能如图 10-1 所示。

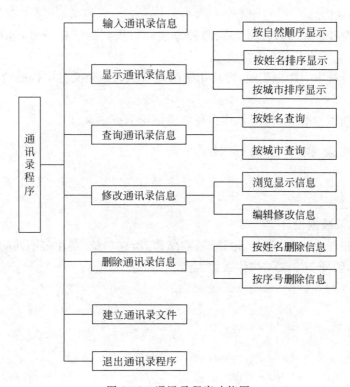

图 10-1 通讯录程序功能图

各功能的具体说明如下:

**1. 输入通讯录信息**

(1) 通过显示信息项目,逐项输入通讯录的记录信息。

(2) 每次输入记录后,通过询问的方式决定是否继续进行记录的输入,因此,使用该功能既可录入一条记录,也可连续录入多条记录。

**2. 显示通讯录信息**

(1) 按自然顺序显示,即将存储在通讯录文件中的记录按照先后顺序逐个显示出来。

(2) 按排序顺序显示,即将通讯录中的记录进行排序后再按照排序结果显示出来。不管使用何种排序算法,排序显示不能改变通讯录中记录的物理顺序。

(3) 当通讯录信息较多时实行分屏显示,每屏最多显示 20 条记录信息。

(4) 在显示记录时,对每一条记录增加与显示顺序一致的序号。

**3. 查询通讯录信息**

(1) 提供按姓名查询和按城市查询两种查询方式。

(2) 查找成功后,显示每一条符合条件记录的完整信息,当一屏不能完成显示时实行分屏显示,每屏最多显示 20 条符合条件的记录,当找不到符合条件的记录时给出相应的提示信息。

**4. 修改通讯录信息**

(1) 按照指定的记录序号对通讯录记录进行修改。首先显示指定记录的当前数据,然后通过重新输入该记录数据的方法完成数据的修改操作。

(2) 为方便确认记录序号,该功能项同时提供通讯录记录的浏览功能。

**5. 删除通讯录信息**

(1) 提供按姓名删除和按序号删除两种方式。当找到指定记录时,进行删除操作;若找不到指定记录,则给出相应的提示信息。

(2) 所有的删除均为物理删除,即将指定的记录从通讯录文件中彻底清除。

**6. 建立通讯录文件**

第 1 次使用通讯录程序时,用于建立存储通讯录数据的文件。

### 10.2.3 通讯录程序数据设计

在通讯录程序中,需统一进行的数据设计主要有两项,一是通讯录记录数据设计,二是通讯录数据文件设计。

**1. 通讯录记录数据设计**

每个通讯录记录由姓名、年龄、电话、所在城市、所在单位、备注等不同的数据项构成,是一个结构体数据,因此要定义结构体数据类型。如下:

```
struct record
{
    char name[12];        /*姓名*/
    int age;              /*年龄*/
    char tele[12];        /*电话*/
    char city[15];        /*所在城市*/
    char units[15];       /*所在单位*/
    char note[20];        /*备注*/
};
```

考虑到结构体数据类型 struct record 是通讯录程序中的通用数据类型,将在多个函数中使用,故将其在头文件中定义。

**2. 通讯录数据文件设计**

通讯录程序的每一项功能都会使用通讯录数据文件,必然涉及的信息是文件名称、文件类型以及文件存储位置等,因此要对相关信息予以设计确定,如表 10-2 所示。

表 10-2 通讯录数据文件信息表

| 序 号 | 项 目 | 确 定 信 息 |
|---|---|---|
| 1 | 通讯录数据文件名称 | address.txl |
| 2 | 通讯录数据文件类型 | 二进制文件 |
| 3 | 通讯录数据文件存储位置 | 存储在通讯录程序的文件目录中 |

## 10.2.4 通讯录程序函数设计

一个综合性程序需要设计若干个函数,各个函数功能各异,所处的层次也不尽相同。为了使总体设计协调有序的进行,需要在程序编码之前对主要的函数进行预先设计,包括函数功能设计和函数调用设计两个方面。

(1) 函数功能设计。对应程序功能框图,确定各项功能要使用的主要函数,描述函数原型,说明函数功能。

(2) 函数调用设计。对函数的调用关系进行描述,明确说明,在实现程序功能时,函数之间将发生的调用和被调用关系。

通讯录程序函数功能设计如表 10-3 所示,函数调用设计如表 10-4 所示。

表 10-3 通讯录程序函数功能设计表

| 序号 | 函数 | 函数原型 | 函数功能 |
|---|---|---|---|
| 1 | main() | int main() | 通讯录程序主函数,实现程序功能的主菜单显示,通过各功能函数的调用实现整个程序的功能控制 |
| 2 | append() | void append() | 输入数据函数,实现通讯录的数据输入 |
| 3 | display() | void display() | 显示通讯录信息的主控函数,实现显示功能的菜单显示,并进行不同显示功能的函数调用,以实现程序的显示功能 |
| 4 | locate() | void locate() | 查询通讯录信息的主控函数,它显示查询功能的菜单,并根据查询要求进行相应的函数调用,以实现程序的查询功能 |
| 5 | modify() | void modify() | 修改通讯录信息的主控函数,它显示修改功能菜单,进行相应的函数调用,以实现程序的修改功能 |
| 6 | dele() | void dele() | 删除通讯录信息的主控函数,它显示删除功能的菜单,并根据删除要求进行相应的函数调用,以实现程序的删除功能 |
| 7 | disp_arr() | void disp_arr(struct record[],int) | 显示 struct record 型结构体数组的全部数据,其第 2 个参数是结构体数组的长度。这里的结构体数组存储通讯录文件 address.txl 中的数据,数组长度对应于通讯录文件中的记录数量 |

续表

| 序号 | 函数 | 函数原型 | 函数功能 |
|---|---|---|---|
| 8 | disp_row() | void disp_row(struct record) | 显示一个 struct record 型结构体数据（通讯录中的一个记录），disp_arr()函数在进行数组输出时，每一个数组元素都调用 disp_row()函数实现输出 |
| 9 | sort_name() | void sort_name(struct record[],int) | 对 struct record 型结构体数组实现按姓名排序操作 |
| 10 | sort_city() | void sort_city(struct record[],int) | 对 struct record 型结构体数组实现按城市排序操作 |
| 11 | modi_seq() | void modi_seq(struct record[],int) | 对 struct record 型结构体数组实现按序号修改操作 |
| 12 | del_name() | void del_name(struct record[],int *) | 对 struct record 型结构体数组实现按姓名删除操作 |
| 13 | del_sequ() | void del_sequ(struct record[],int *) | 对 struct record 型结构体数组实现按序号删除操作 |
| 14 | disp_str() | void disp_str(char,int) | 输出 n 个字符,用于菜单的字符显示,每一个有菜单显示功能的函数都调用该函数 |
| 15 | disp_table() | void disp_table() | 显示一行表头,用于输出记录时的标题显示 |
| 16 | create() | void create() | 建立存储通讯录信息的文件 address.txt |

表 10-4  通讯录程序函数调用设计表

| 序号 | 主调函数 | 直接调用的函数 |
|---|---|---|
| 1 | main() | disp_str()、append()、display()、locate()、modify()、dele()、create() |
| 2 | append() | 无 |
| 3 | display() | disp_str()、disp_arr()、sort_name()、sort_city() |
| 4 | locate() | disp_str()、disp_row() |
| 5 | modify() | disp_str()、modi_seq() |
| 6 | dele() | disp_str()、del_name()、del_sequ() |
| 7 | disp_arr() | disp_row()、disp_table() |
| 8 | sort_name() | disp_arr() |
| 9 | sort_city() | disp_arr() |
| 10 | modi_seq() | disp_row() |
| 11 | del_name() | disp_table()、disp_row() |
| 12 | del_sequ() | disp_table()、disp_row() |
| 13 | create() | 无 |

### 10.2.5 函数编码及测试

**1. 头文件 address.h 的设计**

头文件 address.h 包含以下信息：

（1）通讯录记录的结构体类型定义。

(2) 通讯录管理程序中使用的 C 语言系统的宏包含命令。
(3) 通讯录管理程序的用户函数原型声明。
(4) 通讯录管理程序使用的结构体数组长度定义。

下面是头文件 address.h 的具体内容：

```c
/* 以下是通讯录程序所用系统头文件的宏包含命令 */
#include "stdio.h"
#include "stdlib.h"
#include "string.h"
/* 以下是结构体数据类型定义,与通讯录记录的数据项相同 */
struct record
{
    char name[20];                      /* 姓名 */
    int age;                            /* 年龄 */
    char tele[15];                      /* 电话 */
    char city[20];                      /* 所在城市 */
    char units[30];                     /* 所在单位 */
    char note[20];                      /* 备注 */
};
/* 以下定义符号常量 */
#define M 100                           /* 结构体数组的长度,存储100条记录 */
/* 以下是用户函数声明 */
void create();                          /* 建立通讯录文件函数 */
void append();                          /* 输入数据函数 */
void display();                         /* 显示通讯录文件函数 */
void locate();                          /* 查询通讯录主控函数 */
void modify();                          /* 修改通讯录主控函数 */
void dele();                            /* 删除记录主控函数 */
void disp_arr(struct record *,int);     /* 显示数组函数 */
void disp_row(struct record);           /* 显示一个记录的函数 */
void disp_table();                      /* 显示一行表头的函数 */
void modi_seq(struct record[],int);     /* 按序号编辑修改记录函数 */
void disp_str(char,int);                /* 显示 n 个字符的函数 */
void sort_name(struct record[],int);    /* 按姓名排序函数 */
void sort_city(struct record[],int);    /* 按城市排序函数 */
void del_name(struct record[],int *);   /* 按姓名删除记录函数 */
void del_sequ(struct record[],int *);   /* 按序号删除记录函数 */
```

以上为头文件 address.h 的全部内容,在通讯录程序的开头用 include 命令包含,宏包含命令为 #include "address.h"。头文件 address.h 与通讯录程序文件在同一个目录下存储。

**2. main()函数的编码及测试**

main()函数是通讯录程序的主控函数,其设计测试需要反复多次。在开始时,将其直接调用的函数先设计为简单的字符串输出函数,以测试 main()函数的菜单控制功能,之后每实现一个主功能函数,都对 main()函数的调用和菜单控制功能进行测试。

1) main()函数的代码

以下是 main()函数的代码：

```c
#include "address.h"
int main()                                          /*主函数,实现菜单控制*/
{
    char choice;
    while(1)
    {                                               /*以下代码显示功能菜单*/
        printf("\n\n");
        disp_str(' ',18);
        printf("通讯录程序\n");                      /*显示菜单标题*/
        disp_str('*',50);                           /*显示50个"*"字符*/
        putchar('\n');
        disp_str(' ',16);                           /*显示空格串*/
        printf("1. 输入通讯录信息\n");                /*显示菜单的第1个选项*/
        disp_str(' ',16);
        printf("2. 显示通讯录信息 \n");               /*显示菜单的第2个选项*/
        disp_str(' ',16);
        printf("3. 查询通讯录记录 \n");               /*显示菜单的第3个选项*/
        disp_str(' ',16);
        printf("4. 修改通讯录信息 \n");               /*显示菜单的第4个选项*/
        disp_str(' ',16);
        printf("5. 删除通讯录信息\n");                /*显示菜单的第5个选项*/
        disp_str(' ',16);
        printf("6. 建立通讯录文件 \n");               /*显示菜单的第6个选项*/
        disp_str(' ',16);
        printf("7. 退出通讯录程序 \n");               /*显示菜单的第7个选项*/
        disp_str('*',50);                           /*显示50个"*"字符*/
        putchar('\n');
        disp_str(' ',14);
        printf(" 请输入代码选择(1-7)");              /*以上代码显示功能菜单*/
        choice = getchar();
        getchar();
        switch(choice)
        {                                           /*以下代码实现各项主功能函数的调用*/
            case '1':
                append();                           /*调用通讯录数据输入函数*/
                break;
            case '2':
                display();                          /*调用显示通讯录信息主控函数*/
                break;
            case '3':
                locate();                           /*调用通讯录记录查询主控函数*/
                break;
```

```c
            case '4':
                modify();                    /* 调用修改通讯录信息主控函数 */
                break;
            case '5':
                dele();                      /* 调用通讯录记录删除主控函数 */
                break;
            case '6':
                create();                    /* 建立通讯录文件 */
                break;
            case '7':
                return;                      /* 退出通讯录程序 */
            default:
                continue;                    /* 输入在1~7之外时继续循环显示菜单 */
        }
    }
    return 0;
}
```

下面是被 main() 函数调用的各个主功能函数的初始代码,在相关函数设计完成之前 main() 函数的测试将使用下面的代码。

```c
void append()                                /* 输入函数的初始代码 */
{
    printf("append!\n");
}
void display()                               /* 显示函数的初始代码 */
{
    printf("display!\n");
}
void locate()                                /* 查询函数的初始代码 */
{
    printf("locate!\n");
}
void modify()                                /* 修改函数的初始代码 */
{
    printf("modify!\n");
}
void dele()                                  /* 删除函数的初始代码 */
{
    printf("delete!\n");
}
void create()                                /* 建立文件函数的初始代码 */
{
    printf("create!\n");
}
```

在 main() 函数中多次调用 disp_str() 函数,其功能是连续显示 n 个指定字符,例如空格符、"*"字符等。在之后的用户函数中该函数将会被频繁调用。其函数代码如下:

```
void disp_str(char ch,int n)
{
    int i;
    for(i = 1;i < = n;i++)
        printf(" %c",ch);
}
```

main()函数被执行后显示以下功能菜单。

通讯录程序  
\*\*\*\*\*\*\*\*\*\*\*\*\*\*\*\*\*\*\*\*\*\*\*\*\*\*\*\*\*\*\*\*\*\*\*\*\*\*\*\*\*\*\*\*\*\*\*\*\*\*\*\*\*\*  
1. 输入通讯录信息  
2. 显示通讯录信息  
3. 查询通讯录信息  
4. 修改通讯录信息  
5. 删除通讯录信息  
6. 建立通讯录文件  
7. 退出通讯录程序  
\*\*\*\*\*\*\*\*\*\*\*\*\*\*\*\*\*\*\*\*\*\*\*\*\*\*\*\*\*\*\*\*\*\*\*\*\*\*\*\*\*\*\*\*\*\*\*\*\*\*\*\*\*\*  
请输入代码选择(1-7)

2) main()函数的测试

main()函数的测试主要从两个方面进行,一是测试菜单的显示是否正常;二是测试当按照菜单项进行功能选择时,是否能正确地进行函数调用。当功能菜单正常显示时,以下 3 项测试必不可少:

(1) 在菜单状态下,分别输入 1、2、3、4、5、6,测试函数调用情况。程序正确的结果是分别调用 append()函数、display()函数、locate()函数、modify()函数、dele()函数和 create()函数,屏幕上应分别显示字符串"append!"、"display!"、"locate!"、"modify!"、"delete!"和"create!"。

(2) 输入 1~7 之外的任何信息,都将反复显示功能菜单。

(3) 输入 7 将退出当前程序。

若上述 3 种情况都获得了正确结果,则 main()函数的初步测试即告结束。

**3. create()函数编码及测试**

create()函数的功能是建立通讯录文件,该函数不调用其他的用户函数,编写完成后即可进行函数功能测试。create()函数被调用后,首先查看通讯录数据文件 address.txl 是否已经建立。当 address.txl 文件尚未建立或文件不可用时,将立即新建 address.txl 文件。当 address.txl 文件已经存在时,将询问是否重建该文件,若要求重建文件,则 address.txl 文件的原有内容被清除。

1) create()函数的代码

以下是 create()函数的代码:

```
void create()                                    /*建立通讯录文件*/
{
    char ask;
    int flag = 1;                                /*当需新建通讯录文件时 flag 值为 1*/
    FILE * fp;
```

```c
        if((fp = fopen("address.txl","rb"))!= NULL)   /*判断通讯录文件是否存在*/
        {
            fclose(fp);
            printf("\n\n 通讯录文件已存在,要清除重建吗(y/n)?");
            ask = getchar();
            getchar();
            if(ask!= 'y'&&ask!= 'Y')
                flag = 0;                              /*不清除已有文件*/
        }
        if(flag)                                       /*当 flag 为 1 时新建通讯录文件*/
        {
            fp = fopen("address.txl","wb");
            if(fp == NULL)
            {
                printf("can't open file!\n");
                exit(1);
            }
            fclose(fp);
            printf("\n\n 文件成功建立!按任意键继续……");
            getchar();
        }
    }
```

2) create()函数的测试

create()函数的测试有以下几个必不可少的方面:

(1) 测试文件创建功能。首次运行时,若显示"文件成功建立!按任意键继续……",则表明通讯录文件 address.txl 创建成功。

(2) 测试文件重建功能。当文件 address.txl 创建成功后测试文件重建功能,查看是否能够根据要求重建 address.txl 文件或保留已经存在的 address.txl 文件。

(3) 进行菜单功能测试。

**4. append()函数编码及测试**

通讯录的数据输入功能由 append()函数实现,该函数被调用后将在通讯录数据文件 address.txl 中追加通讯录记录。append()函数不调用其他的用户函数。

1) append()函数的代码

以下是 append()函数的代码:

```c
void append()                                          /*通讯录数据输入函数*/
{
    struct record info;                                /*定义通讯录类型的结构体变量*/
    FILE *fp;
    char ask;
    if((fp = fopen("address.txl","ab")) == NULL)       /*打开通讯录文件*/
    {
        printf("can't open file!\n");
        exit(1);
    }
    while(1)
    {                                                  /*输入通讯录信息*/
```

```
            printf("\n\n");
            fflush(stdin);                          /*清除输入缓冲区*/
            printf("输入通讯录记录\n");
            printf("姓名:");
            gets(info.name);                        /*输入姓名信息*/
            printf("年龄:");
            scanf("%d",&info.age);                  /*输入年龄信息*/
            getchar();
            printf("电话:");
            gets(info.tele);                        /*输入电话信息*/
            printf("所在城市:");
            gets(info.city);                        /*输入城市信息*/
            printf("所在单位:");
            gets(info.units);                       /*输入单位信息*/
            printf("备注:");
            gets(info.note);                        /*输入备注信息*/
            fwrite(&info,sizeof(struct record),1,fp); /*将记录信息写到磁盘文件*/
            printf("继续输入记录吗(y/n)");
            ask = getchar();
            getchar();
            if(ask!='y'&&ask!='Y')
                break;                              /*结束本次输入*/
        }
        fclose(fp);                                 /*关闭通讯录文件*/
    }
```

2) append()函数的测试

append()函数没有其他的函数调用,编写完成后即可进行函数功能测试。表10-5是测试用数据。

表10-5 append()函数测试用数据表

| 姓 名 | 年 龄 | 电 话 | 所在城市 | 所在单位 | 备 注 |
|---|---|---|---|---|---|
| wangxing | 26 | 888989899 | shanghai | huangpu | CEO |
| xiaomao | 19 | 877979799 | tianjin | fudan | student |
| liuxing | 21 | 878989899 | qingdao | professional | singer |
| zhangqian | 22 | 898787877 | beijing | dongfeng | violinist |
| lijianhua | 20 | 898898988 | qingdao | zhanqiao | cager |

按以下两个过程测试 append()函数:

(1) 测试 append()函数输入记录的功能。在主菜单下选择"1.输入通讯录信息"功能,输入表10-5中的前两个记录数据,然后返回主菜单。

(2) 测试 append()函数向磁盘文件继续添加记录的功能。再次选择"1.输入通讯录信息"功能,输入表10-5中的其余3个记录数据,然后返回主菜单。

若上述两个步骤都能正常实现输入,则本次测试即结束。录入结果的正确性检查要在显示功能完成后才能进行。

**5. 显示功能的函数编码及测试**

显示功能的主控函数是 display(),该函数直接调用 disp_arr()、sort_name()和 sort_

city()等函数,分别实现按自然顺序显示通讯录记录、按姓名排序显示通讯录记录以及按城市排序显示通讯录记录的功能。

1) display()函数

display()函数是显示功能的主控函数,由 main()函数直接调用。display()函数主要进行以下操作:

(1) 打开通讯录文件 address.txl,将其中的通讯录记录全部存储到 info 数组中。

(2) 进行显示功能主控菜单的显示控制。

(3) 根据不同的显示要求进行相应显示函数的调用。

下面是 display()函数的代码:

```c
void display()                              /* 显示通讯录信息的主控函数 */
{
    struct record temp,info[M];             /* 定义结构体数组,用于存储通讯录文件信息 */
    FILE * fp;
    char ask;
    int i = 0;
    if((fp = fopen("address.txl","rb")) == NULL)    /* 打开通讯录文件 */
    {
        printf("can't open file!\n");
        exit(1);
    }
    while(fread(&temp,sizeof(struct record),1,fp) == 1)/* 读通讯录文件 */
        info[i++] = temp;                   /* 将通讯录的所有记录存储到 info 数组中 */
    while(1)
    {                                       /* 以下代码显示通讯录程序的显示功能菜单 */
        printf("\n\n");
        disp_str(' ',10);
        printf("显示通讯录信息(共有 %d 条记录)\n",i); /* 显示已有的记录数 */
        disp_str('*',50);
        putchar('\n');
        disp_str(' ',17);
        printf("1. 按自然顺序显示 \n");
        disp_str(' ',17);
        printf("2. 按姓名排序显示 \n");
        disp_str(' ',17);
        printf("3. 按城市排序显示 \n");
        disp_str(' ',17);
        printf("4. 退出显示程序 \n");
        disp_str('*',50);
        putchar('\n');
        disp_str(' ',16);
        printf(" 请输入代码选择(1 - 4)");
        ask = getchar();                    /* 以上为菜单显示代码 */
        getchar();
        if(ask == '1')
            disp_arr(info,i);               /* 调用输出函数,按自然顺序显示记录 */
        else if(ask == '2')
            sort_name(info,i);              /* 调用按姓名排序函数 */
```

```
            else if(ask == '3')
                sort_city(info,i);              /* 调用按城市排序函数 */
            else
                break;
    }
    fclose(fp);
}
```

display()函数被调用后显示以下菜单信息。

```
                   显示通讯录信息(共有 5 条记录)
************************************************************
                   1. 按自然顺序显示
                   2. 按姓名排序显示
                   3. 按城市排序显示
                   4. 退出显示程序
************************************************************
                       请输入代码选择(1-4)
```

**2) disp_arr()函数**

disp_arr()函数是输出数组数据的通用函数,它按照数组中的元素顺序输出全部数据。该函数调用的实参是存储通讯录数据的数组名称和数组元素个数。在上面的菜单中,选择"1.按自然顺序显示"功能后,将立即调用该函数输出通讯录数据。以下是 disp_arr()函数的代码。

```c
void disp_arr(struct record info[],int n)
{
    char press;
    int i;
    for(i = 0;i < n;i++)
    {
        if(i % 20 == 0)                         /* 每显示 20 行数据记录后重新显示一次表头 */
        {
            printf("\n\n");
            disp_str(' ',25);
            printf("我的通讯录(共有 %d 条记录)\n",n);
            disp_str('*',78);
            printf("\n");
            printf("序号 ");
            disp_table();                       /* 调用显示表头函数显示表头 */
        }
        printf(" % - 5d",i + 1);                /* 显示序号 */
        disp_row(info[i]);                      /* 调用显示一个数组元素(记录)的函数 */
        if((i + 1) % 20 == 0)                   /* 满 20 行则显示下一屏 */
        {
            disp_str('*',78);
            printf("\n");
            printf("按回车键继续显示下一屏,按其他键结束显示!");
            press = getchar();
            if(press!= '\n')
```

```
            break;
        }
    }
    disp_str('*',78);
    printf("\n");
    printf("按任意键结束……");
    getchar();
}
```

在 disp_arr() 函数中,输出一个通讯录记录的操作由 disp_row() 函数完成。disp_row() 函数调用的实参是通讯录数组的一个元素,每次被调用即输出通讯录的一个记录。在通讯录程序中,该函数会被多个函数调用。以下是 disp_row() 函数的代码。

```
void disp_row(struct record row)
{
    printf("%-12s%-12s%-15s%-15s%-7d%-s\n",row.name,row.tele,row.city,
row.units,row.age,row.note);
}
```

另外,在 disp_arr() 函数中还调用了用户函数 disp_table(),该函数用于显示通讯录数据的表头。在其他用户函数中也会有该函数的调用。disp_table() 函数的代码如下:

```
void disp_table()
{
    printf("姓名");
    disp_str(' ',7);
    printf("电话");
    disp_str(' ',7);
    printf("城市");
    disp_str(' ',10);
    printf("单位");
    disp_str(' ',10);
    printf("年龄");
    disp_str(' ',2);
    printf("备注\n");
}
```

3) sort_name() 函数

sort_name() 函数由 display() 函数调用,该函数将通讯录数组的元素按 name(姓名)成员排序,排序结束后调用 disp_arr() 函数输出排序结果。sort_name() 函数的代码如下:

```
void sort_name(struct record info[],int n)
{
    int i,j;
    struct record info_t[M],temp;
    for(i=0;i<n;i++)                    /*将 info 数组读到 info_t 数组中*/
        info_t[i] = info[i];
    for(i=1;i<n;i++)                    /*对 info_t 数组按照 name 进行排序*/
        for(j=0;j<n-i;j++)
        {
            if(strcmp(info_t[j].name,info_t[j+1].name)>0)      /*使用字符串比较函数*/
```

```
            {
                temp = info_t[j];
                info_t[j] = info_t[j + 1];
                info_t[j + 1] = temp;
            }
        }
    disp_arr(info_t,n);                    /*调用显示数组函数对已排序数组列表显示*/
}
```

4) sort_city()函数

sort_city()函数由 display()函数调用,该函数对通讯录数组的元素按 city(所在城市)成员排序,排序结束后调用 disp_arr()函数输出排序结果。sort_city()函数的代码如下:

```
void sort_city(struct record info[ ],int n)
{
    int i,j;
    struct record info_t[M],temp;
    for(i = 0;i < n;i++)                   /*将 info 数组读到 info_t 数组中*/
        info_t[i] = info[i];
    for(i = 1;i < n;i++)                   /*对 info_t 数组按照 city 进行排序*/
        for(j = 0;j < n - i;j++)
        {
            if(strcmp(info_t[j].city,info_t[j + 1].city)> 0)  /*使用字符串比较函数*/
            {
                temp = info_t[j];
                info_t[j] = info_t[j + 1];
                info_t[j + 1] = temp;
            }
        }
    disp_arr(info_t,n);                    /*调用显示数组函数对已排序数组列表显示*/
}
```

5) 显示功能的函数测试

(1) 菜单功能测试。该步骤测试显示功能菜单的函数调用及上下级菜单连接情况。

(2) 显示功能测试。在显示菜单下逐项选择各显示功能,查看显示结果是否正确。图 10-2 所示为"1.按自然顺序显示"的执行结果,图 10-3 所示为"2.按姓名排序显示"的执行结果。

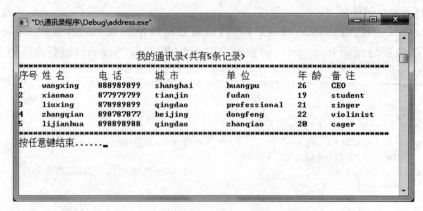

图 10-2 "1.按自然顺序显示"结果

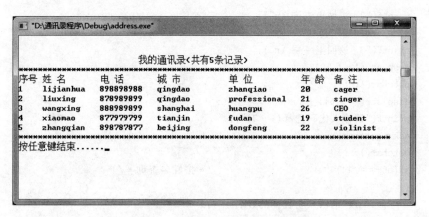

图 10-3 "2.按姓名排序显示"结果

当通讯录信息较多时实行分屏显示,每屏最多显示 20 条记录信息。

**6. locate()函数编码及测试**

locate()函数是查询功能的主控函数,它由 main()函数直接调用。locate()函数主要实现以下操作:

(1) 打开通讯录文件 address.txl,将其中的通讯录记录全部存储到 info 数组中。

(2) 显示查找功能主控菜单。

(3) 提供按姓名查询和按城市查询两种查询方式,查找成功后显示所有满足条件的记录,否则显示找不到记录的提示信息。

locate()函数的代码如下:

```
void locate()
{
    struct record temp,info[M];
    char ask,name[20],city[20];
    int n = 0,i,flag;
    FILE *fp;
    if((fp = fopen("address.txl","rb")) == NULL)      /*打开通讯录文件*/
    {
        printf("can't open file!\n");
        exit(1);
    }
    while(fread(&temp,sizeof(struct record),1,fp) == 1)    /*读通讯录文件*/
        info[n++] = temp;                /*将通讯录的所有记录存储到 info 数组中*/
    while(1)
    {
        flag = 0;                     /*查找标志,查找成功 flag = 1*/
        disp_str(' ',16);
        printf("查询通讯录信息\n");
        disp_str('*',50);
        putchar('\n');
        disp_str(' ',17);
        printf("1. 按姓名查询 \n");
        disp_str(' ',17);
```

```c
            printf("2. 按城市查询 \n");
            disp_str(' ',17);
            printf("3. 返回上一层 \n");
            disp_str('*',50);
            putchar('\n');
            disp_str(' ',16);
            printf("请输入代码选择(1-3)");
            ask = getchar();
            getchar();
            if(ask == '1')                    /*按姓名查询*/
            {
                printf("请输入要查询的姓名：");
                gets(name);
                disp_table();                 /*输出按姓名查询结果的表头*/
                for(i = 0;i < n;i++)
                    if(strcmp(name,info[i].name) == 0)
                    {
                        flag = 1;
                        disp_row(info[i]);    /*输出查找结果*/
                    }
                if(!flag)
                    printf("没有找到符合条件的记录\n");
                printf("按任意键返回......");
                getchar();
            }
            else if(ask == '2')               /*按城市查询*/
            {
                printf("请输入要查询的城市：");
                gets(city);
                disp_table();                 /*输出按城市查询结果的表头*/
                for(i = 0;i < n;i++)
                    if(strcmp(city,info[i].city) == 0)
                    {
                        flag = 1;
                        disp_row(info[i]);    /*输出查找结果*/
                    }
                if(!flag)
                    printf("没有找到符合条件的记录\n");
                printf("按任意键返回......");
                getchar();
            }
            else if(ask == '3')
                break;
        }
        fclose(fp);
    }
```

locate()函数被调用后显示以下功能菜单。

                          查询通讯录信息
　　*******************************************
                            1. 按姓名查询
                            2. 按城市查询
                            3. 返回上一层
　　*******************************************
                          请输入代码选择(1－3)

locate()函数的测试主要有以下方面：

(1) 菜单功能测试。该步骤测试查询功能菜单的相关功能连接情况。

(2) 查询功能测试。在进行查询功能测试时，无论是按姓名查询还是按所在城市查询，都要对以下两种情况进行测试：

① 要查询的记录存在于通讯录中。

② 要查询的记录在通讯录中并不存在。

以下是按姓名查询的执行结果：

请输入要查询的姓名：xiaomao(第1次查询，输入的姓名值在通讯录中存在)
姓名　　　　电话　　　　城市　　　　单位　　　　年龄　　　　备注
xiaomao　　877979799　　tianjin　　fudan　　　19　　　　student
按任意键返回……
请输入要查询的姓名：huangxing(第2次查询，输入的姓名值在通讯录中不存在)
姓名　　　　电话　　　　城市　　　　单位　　　　年龄　　　　备注
没有找到符合条件的记录
按任意键返回……

以下是按城市查询的执行结果：

请输入要查询的城市：qingdao
姓名　　　　电话　　　　城市　　　　单位　　　　　　年龄　　　　备注
liuxing　　878989899　　qingdao　　professional　　21　　　　singer
lijianhua　898898988　　qingdao　　zhanqiao　　　　20　　　　cager
按任意键返回……

由于在设计程序时往往会忽略对边缘数据的管理，所以，在进行查询功能测试时，还应分别对第1个记录和最后一个记录进行查询测试。例如，当通讯录文件中只有表10-5中的数据时，如果要测试"按姓名查询"功能，就要对"wangxing"(第1个记录的姓名值)和"lijianhua"(最后一个记录的姓名值)进行查询。

**7. 修改功能的函数编码及测试**

修改通讯录功能的主控函数是modify()，它由main()函数直接调用。modify()函数提供按序号修改指定记录的功能，并且为了方便获得记录序号，该函数同时提供浏览通讯录功能。modify()直接调用modi_seq()函数实现修改记录操作。

1) modify()函数

modify()函数主要实现以下3个方面的操作：

(1) 将通讯录文件address.txl中的数据读出来，存储到struct record型的结构体数组info中。

(2) 显示修改通讯录功能菜单，并根据要求进行相应的函数调用，以实现程序的修改功能。modify()函数通过调用 disp_arr()函数实现通讯录的浏览显示,通过调用 modi_seq()函数对记录数据进行修改。

(3) 将修改后的通讯录数据回写到通讯录文件 address.txl 中。

modify()函数的代码如下:

```
void modify()
{
    char ask;
    struct record temp,info[M];            /*定义通讯录文件的存储数组*/
    FILE * fp;
    int i = 0,flag = 0;
    if((fp = fopen("address.txl","rb")) == NULL)
    {
        printf("can't open file!\n");
        exit(1);
    }
    while(fread(&temp,sizeof(struct record),1,fp) == 1)     /*读通讯录文件*/
        info[i++] = temp;                   /*将通讯录的所有记录存储到 info 数组中*/
    fclose(fp);
    while(1)
    {
        disp_str(' ',18);
        printf("修改通讯录信息\n");
        disp_str('*',50);
        putchar('\n');
        disp_str(' ',17);
        printf("1. 浏览显示通讯录 \n");
        disp_str(' ',17);
        printf("2. 编辑修改通讯录 \n");
        disp_str(' ',17);
        printf("3. 返回上一层 \n");
        disp_str('*',50);
        putchar('\n');
        disp_str(' ',16);
        printf(" 请输入代码选择(1 - 3)");
        ask = getchar();
        getchar();
        if(ask == '3')
            break;
        else if(ask == '1')
            disp_arr(info,i);               /*调用显示数组函数*/
        else if(ask == '2')
        {
            modi_seq(info,i);               /*调用按序号编辑修改函数*/
            flag = 1;                       /*修改操作标记*/
        }
    }
    if(flag)                                /*若进行过修改操作,则向文件回写修改后的数据*/
    {
        fp = fopen("address.txl","wb");
```

```
        fwrite(info,sizeof(struct record),i,fp);    /*将修改后的数据回写到通讯录文件*/
        fclose(fp);
    }
}
```

modify()函数被调用后显示的功能菜单如下:

```
              修改通讯录信息
*******************************************
              1. 浏览显示通讯录
              2. 编辑修改通讯录
              3. 返回上一层
*******************************************
              请输入代码选择(1-3)
```

2) modi_seq()函数

modi_seq()函数的功能,是在具有 n 个元素的结构体数组中对指定的记录进行修改。该函数被调用后,即要求提供要修改的记录的序号值,当该序号值在有效范围内时,便将该记录完整地显示在屏幕上,然后通过重新输入数据的方式修改其数据。modi_seq()函数允许连续修改多个记录的数据。modi_seq()函数由 modify()函数调用,当函数被调用时,第 1 个实参是 modify()函数中的通讯录数组名称,第 2 个实参是数组的元素个数。函数的代码如下:

```
void modi_seq(struct record info[ ], int n)
{
    int sequence;
    char ask;
    while(1)
    {
        printf("请输入序号: ");
        scanf(" %d",&sequence);
        getchar();
        if(sequence < 1 || sequence > n)
        {
            printf("序号超出范围,请重新输入!\n");
            getchar();
            continue;
        }
        printf("当前要修改的记录信息: \n");
        disp_table();
        disp_row(info[sequence - 1]);           /*元素下标 = 显示的序号值 - 1*/
        printf("请重新输入以下信息: \n");
        printf("姓名: ");
        gets(info[sequence - 1].name);
        printf("电话: ");
        gets(info[sequence - 1].tele);
        printf("所在城市: ");
        gets(info[sequence - 1].city);
        printf("所在单位: ");
        gets(info[sequence - 1].units);
```

```c
            printf("年龄:");
            scanf(" %d",&info[sequence-1].age);
            getchar();
            printf("备注:");
            gets(info[sequence-1].note);
            printf("继续修改请按 y,否则按其他键......");
            ask = getchar();
            getchar();
            if(ask!= 'y'&&ask!= 'Y')
            break;
        }
    }
```

3) 函数测试

(1) 菜单功能测试。该步骤测试修改通讯录功能菜单的函数调用情况和上下级菜单连接情况。

(2) 修改功能测试。在进行修改功能测试时,要分别对有效序号值和无效序号值进行测试,并且,要特别对第 1 个记录和最后一个记录进行修改测试。每一次修改完成后,都要通过浏览功能查看修改结果。

以下是修改 5 号记录的执行结果:

```
请输入序号: 5
当前要修改的记录信息:
姓名          电话              城市          单位          年龄          备注
lijianhua     898898988         qingdao       zhanqiao      20            cager
请重新输入以下信息:
姓名: li jianhua
电话: 898898988
所在城市: qingdao
所在单位: zhanqiao
年龄: 20
备注: cager
继续修改请按 y,否则按其他键......
```

**8. 删除功能的函数编码及测试**

删除功能的主控函数是 dele()函数,它由 main()函数直接调用。dele()函数提供按姓名删除和按序号删除两种删除功能。

1) dele()函数

dele()函数主要实现以下 3 个方面的操作:

(1) 将通讯录文件 address.txl 中的数据读出来,存储到 struct record 型的结构体数组 info 中。

(2) 显示删除通讯录信息的功能菜单,并根据要求进行相应的函数调用,以实现程序的删除信息功能。dele()函数通过调用 del_name()函数实现按姓名删除功能,通过调用 del_seq()函数实现按序号删除功能。

(3) 将经过删除操作的通讯录数据回写到通讯录文件 address.txl 中。

下面是 dele()函数的代码:

```c
void dele()
{
    struct record temp,info[M];          /*假设通讯录最多能保存M条记录*/
    char ask;
    int i = 0,flag = 0;
    FILE *fp;
    if((fp = fopen("address.txl","rb")) == NULL)    /*以读方式打开文件*/
    {
        printf("can't open file!\n");
        exit(1);
    }
    while(fread(&temp,sizeof(struct record),1,fp) == 1)    /*读通讯录文件*/
        info[i++] = temp;
    fclose(fp);
    while(1)
    {
        disp_str(' ',16);
        printf("删除通讯录信息\n");
        disp_str('*',50);
        putchar('\n');
        disp_str(' ',17);
        printf("1. 按姓名删除 \n");
        disp_str(' ',17);
        printf("2. 按序号删除 \n");
        disp_str(' ',17);
        printf("3. 返回上一层 \n");
        disp_str('*',50);
        putchar('\n');
        disp_str(' ',14);
        printf(" 请输入代码选择(1-3)");
        ask = getchar();
        getchar();
        if(ask == '3')
            break;
        else if(ask == '1')
        {
            del_name(info,&i);           /*按姓名删除记录,i存储info数组元素个数*/
            flag = 1;                    /*删除操作标记*/
        }
        else if(ask == '2')
        {
            del_sequ(info,&i);           /*按序号删除记录,i存储info数组元素个数*/
            flag = 1;                    /*删除操作标记*/
        }
    }
    if(flag)                             /*若执行过删除操作,则向文件回写数据*/
    {
```

```
            fp = fopen("address.txl","wb");      /* 以写方式打开文件 */
            fwrite(info,sizeof(struct record),i,fp);/* 将删除记录后的 info 数组写到文件中 */
            fclose(fp);
        }
    }
```

dele()函数被调用后显示以下功能菜单。

```
                    删除通讯录信息
    ******************************************
                1. 按姓名删除
                2. 按序号删除
                3. 返回上一层
    ******************************************
                请输入代码选择(1-3)
```

2) del_name()函数

del_name()函数由 dele()函数调用,其功能是在结构体数组中按姓名删除一个数组元素,即删除一个通讯录记录。del_name()函数被调用时,第 1 个实参是 dele()函数中存储通讯录数据的数组名 info,第 2 个实参是存储数组长度的变量 i 的地址。当指定姓名的记录(数组元素)存在且确认要删除时,则从数组中将其删除,同时数组长度减 1,否则显示找不到信息。下面是 del_name()函数的代码:

```
void del_name(struct record info[], int * p)
{
    char d_name[20], sure;
    int i;
    printf("请输入姓名:");
    gets(d_name);
    for(i = 0;i < * p;i++)                  /* 按姓名查找要删除的记录 */
        if(strcmp(info[i].name,d_name) == 0)
            break;                          /* 找到要删除的记录 */
    if(i!= * p)
    {
        printf("要删除的记录如下:\n");
        disp_table();
        disp_row(info[i]);                  /* 显示要删除的记录 */
        printf("确定删除按 y,否则按其他键……");
        sure = getchar();
        getchar();
        if(sure == 'y' || sure == 'Y')
        {
            for(;i < * p - 1;i++)           /* 自删除位置开始其后的记录依次前移 */
                info[i] = info[i + 1];
            * p = * p - 1;                  /* 数组总记录数减 1 */
        }
    }
    else
```

```
        {
            printf("要删除的记录没有找到,请按任意键返回......");
            getchar();
        }
    }
```

3) del_sequ()函数

del_sequ()函数由 dele()函数调用,在结构体数组中按序号删除一个数组元素,即删除一个通讯录记录。del_sequ()函数被调用时,第 1 个实参是 dele()函数中存储通讯录数据的结构体数组名 info,第 2 个实参是存储结构体数组长度的变量 i 的地址。若指定序号在数组的有效范围内,且确认要删除,则从数组中删除相应元素,同时数组长度减 1,否则显示找不到信息。下面是 del_sequ()函数的代码:

```
void del_sequ(struct record info[ ],int * p)
{
    int del_sequence,i;                    /* del_sequence 存储要删除的记录序号 */
    char sure;
    printf("请输入序号: ");
    scanf(" %d",&del_sequence);
    getchar();
    if(del_sequence<1||del_sequence> * p)  /* 判断输入的序号是否为有效值 */
    {
        printf("序号超出有效范围,按任意键返回.....");
        getchar();
    }
    else
    {
        printf("要删除的记录如下: \n");
        disp_table();
        disp_row(info[del_sequence-1]);    /* 显示该记录 */
        printf("确定删除按 y,否则按其他键......");
        sure = getchar();
        getchar();
        if(sure == 'y'|| sure == 'Y')
        {
            for(i = del_sequence-1;i< * p-1;i++)
                                            /* 自删除位置开始其后的记录依次前移 */
                info[i] = info[i+1];
            * p = * p-1;                    /* 数组总记录数减 1 */
        }
    }
}
```

4) 函数测试

(1) 菜单功能测试。该步骤测试删除功能菜单的函数调用情况和上下级菜单的连接情况。

(2) 删除功能测试。在进行删除功能测试时,无论是按姓名删除,还是按序号删除,都要对存在记录和不存在记录进行删除测试,并且,要特别对第 1 个记录和最后一个记录进行删除测试。每一次删除完成后都要查看删除结果。

### 9. 系统测试

在上述编码及测试完成之后,按照通讯录程序的设计要求,对通讯录程序进行系统测试。

(1) 按照表 10-5 所示的数据,设计一组不少于 30 个记录的测试数据集,用作系统测试的基本数据。

(2) 测试各项功能菜单的连接情况,测试各项、各级菜单能否正常进入和返回。

(3) 测试各项功能的执行结果是否正确。

(4) 根据测试结果分析问题原因,修改完善程序。

# 附录 A  C 语言经典保留字

C 语言经典保留字如表 A-1 所示。

表 A-1  C 语言经典保留字

| 保留字分类 | 保留字 | 说明 |
| --- | --- | --- |
| 数据类型类 | int | 声明整数型变量或函数 |
| | char | 声明字符型变量或函数 |
| | float | 声明浮点型变量或函数 |
| | double | 声明双精度变量或函数 |
| | long | 声明长整数型变量或函数 |
| | short | 声明短整数型变量或函数 |
| | signed | 声明有符号类型变量或函数 |
| | unsigned | 声明无符号类型变量或函数 |
| | struct | 结构体标识符 |
| | union | 共用体标识符 |
| | enum | 枚举标识符 |
| | void | 声明函数无返回值或无参数，声明无类型指针 |
| 控制命令类 | if | 条件语句控制 |
| | else | 条件语句的否定分支（与 if 连用） |
| | switch | 多分支控制（开关语句） |
| | case | switch 语句分支 |
| | default | 开关语句中的"其他"分支 |
| | for | for 循环控制 |
| | while | while 循环控制 |
| | do | do-while 循环控制关键字 |
| | break | 循环体与 switch 中的终止控制命令 |
| | continue | 循环体中的控制命令 |
| | return | 函数中的返回命令 |
| | goto | 无条件跳转 |
| 存储类型类 | auto | 声明自动变量 |
| | static | 声明静态变量 |
| | extern | 声明外部变量 |
| | register | 声明寄存器变量 |
| 其他类 | sizeof | 计算数据类型长度 |
| | const | 声明只读变量 |
| | typedef | 为数据类型取别名 |
| | volatile | 声明变量，在使用 volatile 声明的变量值时系统总是重新从它所在的内存读取数据 |

# 附录 B  常用 C 语言库函数

常用的 C 语言库函数如表 B-1～表 B-7 所示。

表 B-1  数学函数

| 名称 | 格式 | 功能 |
|---|---|---|
| fabs | double fabs(double x) | 求 x 的绝对值 |
| sqrt | double sqrt(double x) | 计算 x 的平方根（x≥0） |
| exp | double exp(double x) | 计算 $e^x$ |
| pow | double pow(double x,double y) | 计算 $x^y$ |
| log | double log(double x) | 计算自然对数 lnx |
| log10 | double log10(double x) | 计算 $\log_{10} x$ |
| ceil | double ceil(double x) | 求不小于 x 的最小整数 |
| fllor | double fllor(double x) | 求小于 x 的最大整数 |
| fmod | double fmod(double x,double y) | 求 x/y 的余数 |
| sin | double sin(double x) | 计算 sin(x) |
| cos | double cos(double x) | 计算 cos(x) |
| tan | double tan(double x) | 计算 tan(x) |
| asin | double asin( double x) | 计算 $\sin^{-1}(x)$ |
| acos | double acos( double x) | 计算 $\cos^{-1}(x)$ |
| atan | double atan(double x) | 计算 $\tan^{-1}(x)$ |

注：数学函数对应的头文件为 math.h。

表 B-2  字符串操作函数

| 名称 | 格式 | 功能 |
|---|---|---|
| strcat | char * strcat(char * s,char * t) | 把字符串 t 连接到 s,使 s 成为包含 s 和 t 的结果串 |
| strcmp | int strcmp(char * s,char * t) | 逐个比较字符串 s 和 t 中的对应字符,直到对应字符不等或比较到串尾(值相等为 0,否则为非 0) |
| strcpy | chr * strcpy(char * s,char * t) | 把字符串 t 复制到 s 中 |
| strlen | unsigned int strlen(char * s) | 计算字符串 s 的长度（不包括'\0'） |
| strchr | char * strchr(chr * s,char ch) | 在字符串 s 中查找字符 ch 首次出现的地址 |
| strstr | char * strstr(char * s,char * t) | 在字符串 s 中查找字符串 t 首次出现的地址 |

注：字符串操作函数对应的头文件为 string.h。

表 B-3 数值转换函数

| 名称 | 格式 | 功能 |
| --- | --- | --- |
| atof | double atof(char * s) | 把字符串 s 转换成双精度浮点数 |
| atoi | int atoi(char * s) | 把字符串 s 转换成整型数 |
| atol | long atol(char * s) | 把字符串 s 转换成长整型数 |
| rand | int rand() | 产生一个伪随机的无符号整数 |
| srand | void srand(unsigned int seed) | 随机数发生器的初始化函数,seed 为种子,使用该函数能避免其后的 rand()产生固定随机数序列 |

注:数值转换函数对应的头文件为 stdlib.h。

表 B-4 输入与输出函数

| 名称 | 格式 | 功能 |
| --- | --- | --- |
| scanf | int scanf(char * format,输入项地址列表) | 按字符串 format 给定输入格式,从标准输入设备读入数据,存储到输入项地址列表指定的各个存储单元中 |
| printf | int printf(char * format,输出表) | 按字符串 format 给定输出格式,将输出表中各表达式的值输出 |
| getchar | int getcharc() | 从标准输入文件读入一个字符 |
| putchar | int putchar(char ch) | 向标准输出文件输出字符 ch |
| gets | char * gets(char * s) | 从标准输入文件读入一个字符串到字符数组 s,输入字符串以回车结束 |
| puts | int puts(char * s) | 把字符串 s 输出到标准输出文件 |
| fscanf | int fscanf(FILE * fp,char * format,输入项地址列表) | 按字符串 format 给定输入格式,从 fp 指定的文件读入数据,存储到输入项地址列表指定的各个存储单元中 |
| fprintf | int fprintf(FILE * fp,char * format,输出表) | 按字符串 format 给定输出格式将输出表中各表达式的值输出到 fp 指定的文件中 |
| sscanf | int sscanf(char * s,char * format,输入项地址表) | 其功能类似 scanf()函数,但输入源为字符串 s |
| sprintf | int sprintf(char * s,char * format,输出表) | 其功能类似 printf()函数,但输出目标为字符串 s |

注:格式化输入与输出函数对应的头文件为 stdio.h。

表 B-5 文件操作函数

| 名称 | 格式 | 功能 |
| --- | --- | --- |
| fgetc | int fgetc(FILE * fp) | 从 fp 所指文件中读取一个字符 |
| fputc | int fputc(char ch,FILE * fp) | 将字符 ch 输出到 fp 所指向的文件 |
| fgets | char * fgets(char * s,int n, FILE * fp) | 从 fp 所指文件读 n-1 个字符到字符串 s 中(遇'\n'时终止) |
| fputs | int * fputs(char * s,FILE * fp) | 将字符串 s 输出到 fp 所指文件 |
| fopen | FILE * fopen(char * fname,char * mode) | 以 mode 方式打开文件 fname |
| fclose | int fclose(FILE * fp) | 关闭 fp 所指文件 |
| feof | int feof(FILE * fp) | 检查 fp 所指文件是否结束 |

续表

| 名称 | 格式 | 功能 |
|---|---|---|
| fread | int fread（T * a，long sizeof(T)，unsigned int n，FILE * fp） | 从 fp 所指文件复制 n * sizeof(T)个字节到 T 类型指针变量 a 所指内存区域 |
| fwrite | int fwrite（T * a，long sizeof(T)，unsigned int n，FILE * fp） | 从 T 类型指针变量 a 所指处起复制 n * sizeof(T)个字节的数据到 fp 所指文件 |
| rewind | void rewind(FILE * fp) | 移动 fp 所指文件读写位置到文件头 |
| fseek | int fseek(FILE * fp，long n，unsigned int p) | 移动 fp 所指文件读写位置，n 为位移量，p 决定起点位置 |
| ftell | long ftell(FILE * fp) | 求当前读写位置到文件头的字节数 |

注：文件操作函数对应的头文件为 stdio.h。

表 B-6　字符判别函数

| 名称 | 格式 | 功能 |
|---|---|---|
| isalpha | int isalpha(char ch) | 判别 ch 是否为字母字符(是,返回非 0 值；否,返回 0) |
| islower | int islower(char ch) | 判别 ch 是否为小写字母(是,返回非 0 值；否,返回 0) |
| isupper | int isupper(char ch) | 判别 ch 是否为大写字母(是,返回非 0 值；否,返回 0) |
| isdigit | int isdigit(char ch) | 判别 ch 是否为数字字符(是,返回非 0 值；否,返回 0) |
| isalnum | int isalnum(char ch) | 判别 ch 是否为字母、数字字符(是,返回非 0 值；否,返回 0) |
| isspace | int isspace(char ch) | 判别 ch 是否为空格字符(是,返回非 0 值；否,返回 0) |
| iscntrl | int iscntrl(char ch) | 判别 ch 是否为控制字符(是,返回非 0 值；否,返回 0) |
| isprint | int isprint(char ch) | 判别 ch 是否为可打印字符(是,返回非 0 值；否,返回 0) |
| ispunct | int ispunct(char ch) | 判别 ch 是否为标点符号(是,返回非 0 值；否,返回 0) |
| isgraph | int isgraph(char ch) | 判别 ch 是否为除字母、数字、空格以外的可打印字符(是,返回非 0 值；否,返回 0) |
| tolower | char tolower(char ch) | 将大写字母 ch 转换为小写字母 |
| toupper | char toupper(char ch) | 将小写字母 ch 转换为大写字母 |

注：字符判别函数对应的头文件为 ctype.h。

表 B-7　动态内存分配函数

| 名称 | 格式 | 功能 |
|---|---|---|
| calloc | void * calloc(unsigned int n,unsigned int size) | 分配 n 个连续存储单元块,每个单元块包含的字节数为 size |
| malloc | void malloc(unsigned int size) | 分配 size 字节的连续存储单元块 |
| free | void free(void * p) | 释放 p 所指存储单元块(必须是由动态内存分配函数一次性分配的全部单元) |
| realloc | void * realloc(void * p,unsigned int size) | 将 p 所指的已分配存储单元块的大小改为 size |

注：动态内存分配函数对应的头文件为 stdlib.h。

# 附录 C 字符与 ASCII 码对照表

字符与 ASCII 码对照表如表 C-1 所示。

表 C-1 字符与 ASCII 码对照表

| ASCII 码 | 字符 | ASCII 码 | 字符 | ASCII 码 | 字符 | ASCII 码 | 字符 |
| --- | --- | --- | --- | --- | --- | --- | --- |
| 0 | (空) | 32 | 空格 | 64 | @ | 96 | ` |
| 1 |  | 33 | ! | 65 | A | 97 | a |
| 2 |  | 34 | " | 66 | B | 98 | b |
| 3 |  | 35 | # | 67 | C | 99 | c |
| 4 |  | 36 | $ | 68 | D | 100 | d |
| 5 |  | 37 | % | 69 | E | 101 | e |
| 6 |  | 38 | & | 70 | F | 102 | f |
| 7 | (嘟声) | 39 | ' | 71 | G | 103 | g |
| 8 |  | 40 | ( | 72 | H | 104 | h |
| 9 |  | 41 | ) | 73 | I | 105 | i |
| 10 | (换行) | 42 | * | 74 | J | 106 | j |
| 11 |  | 43 | + | 75 | K | 107 | k |
| 12 | (换页) | 44 | , | 76 | L | 108 | l |
| 13 | (回车) | 45 | - | 77 | M | 109 | m |
| 14 |  | 46 | . | 78 | N | 110 | n |
| 15 |  | 47 | / | 79 | O | 111 | o |
| 16 |  | 48 | 0 | 80 | P | 112 | p |
| 17 |  | 49 | 1 | 81 | Q | 113 | q |
| 18 |  | 50 | 2 | 82 | R | 114 | r |
| 19 |  | 51 | 3 | 83 | S | 115 | s |
| 20 |  | 52 | 4 | 84 | T | 116 | t |
| 21 |  | 53 | 5 | 85 | U | 117 | u |
| 22 |  | 54 | 6 | 86 | V | 118 | v |
| 23 |  | 55 | 7 | 87 | W | 119 | w |
| 24 | ↑ | 56 | 8 | 88 | X | 120 | x |
| 25 | ↓ | 57 | 9 | 89 | Y | 121 | y |
| 26 | → | 58 | : | 90 | Z | 122 | z |
| 27 | ← | 59 | ; | 91 | [ | 123 | { |
| 28 | 光标向左 | 60 | < | 92 | \ | 124 | | |
| 29 | 光标向右 | 61 | = | 93 | ] | 125 | } |
| 30 | 光标向上 | 62 | > | 94 | ^ | 126 | ~ |
| 31 | 光标向下 | 63 | ? | 95 | _ | 127 |  |

# 附录 D  C语言的运算符

C语言的运算符如表 D-1 所示。

表 D-1  C语言的运算符

| 优先级 | 运算符 | 含义 | 结合方向 |
|---|---|---|---|
| 1 | ( ) | 圆括号 | 左结合 |
|   | [ ] | 下标运算符 |  |
|   | -> | 指向结构体成员运算符 |  |
|   | . | 结构体成员运算符 |  |
| 2 | ! | 逻辑非运算符 | 右结合 |
|   | ~ | 按位取反运算符 |  |
|   | ++ | 自增运算符 |  |
|   | -- | 自减运算符 |  |
|   | - | 负号运算符 |  |
|   | （类型） | 类型转换运算符 |  |
|   | * | 指向运算符 |  |
|   | & | 地址运算符 |  |
|   | sizeof | 长度运算符 |  |
| 3 | * | 乘法运算符 | 左结合 |
|   | / | 除法运算符 |  |
|   | % | 求余运算符 |  |
| 4 | + | 加法运算符 | 左结合 |
|   | - | 减法运算符 |  |
| 5 | << | 左移运算符 | 左结合 |
|   | >> | 右移运算符 |  |
| 6 | < | 关系运算符 | 左结合 |
|   | <= |  |  |
|   | > |  |  |
|   | >= |  |  |
| 7 | == | 等于运算符 | 左结合 |
|   | != | 不等于运算符 |  |
| 8 | & | 按位与运算符 | 左结合 |
| 9 | ^ | 按位异或运算符 | 左结合 |
| 10 | \| | 按位或运算符 | 左结合 |
| 11 | && | 逻辑与运算符 | 左结合 |
| 12 | \|\| | 逻辑或运算符 | 左结合 |

续表

| 优 先 级 | 运 算 符 | 含 义 | 结 合 方 向 |
|---|---|---|---|
| 13 | ?: | 条件运算符 | |
| 14 | = | 赋值运算符 | 右结合 |
| | += | | |
| | −= | | |
| | *= | | |
| | /= | | |
| | %= | | |
| | >>= | | |
| | <<= | | |
| | &= | | |
| | ^= | | |
| | \|= | | |
| 15 | , | 逗号运算符 | 左结合 |

# 附录 E "学生数据处理"系列例题(习题)简表

| 系列主题 | 系列例题(习题) | 知识点 |
| --- | --- | --- |
| 系列之一:算法的逻辑结构 | 顺序结构:输入一个学生两门课程的成绩,计算并输出平均成绩(图 1-3)。<br>选择结构:输入一个学生两门课程的成绩,若平均成绩不低于 90 分,则输出"优等生",否则输出"加油!"(图 1-5) | 算法的逻辑结构:<br>顺序结构算法;<br>选择结构算法 |
| 系列之二:数据输入/输出 | 第 2 章习题:某学生有两门考试课程,实行百分制考核。编写程序,输入这两门课程的成绩,计算其平均成绩 | 顺序结构程序设计;<br>scanf()函数、printf()函数用法 |
| 系列之三:选择控制 | 【例 3-1】 输入一个学生两门课程的成绩,若平均成绩不低于 90,则显示"优等生",否则显示"加油!" | if 命令一般结构:<br>双分支结构 if-else 命令用法;<br>关系表达式 |
| | 【例 3-4】 输入一个学生两门课程的成绩,若每门课程的成绩都不低于 90,则显示"优等生",否则显示"加油!" | 复合条件的表示方法:<br>逻辑表达式 |
| | 【例 3-6】 输入一个学生两门课程的成绩,若平均成绩不低于 90,则显示"优等生" | if 命令的简单结构:<br>单分支 if 命令用法 |
| | 【例 3-7】 输入一个学生两门课程的成绩,若平均成绩小于 0,则显示"数据错误!";否则,若平均成绩不低于 90,则显示"优等生",低于 90 则显示"加油!" | if 命令嵌套结构:<br>if-else 嵌套结构 |
| | 【例 3-8】 用 if-else if 结构改写例 3-7 的程序 | if 命令嵌套结构:<br>if-else if 嵌套结构 |
| | 【例 3-14】 学生成绩分等级显示。某班学生有两门课程,按百分制成绩(无小数位)进行考核。要求输入一个学生两门课程的成绩,然后按平均成绩分等级显示考核结果。考核结果的等级标准如下:<br>优秀(excellence):平均成绩≥90;<br>良好(all right):80≤平均成绩<90;<br>中等(middling):70≤平均成绩<80;<br>及格(pass):60≤平均成绩<70;<br>不及格(fail):平均成绩<60 | 多分支结构:<br>用 if-else if 命令实现多分支控制;<br>该例题设置对应实验:使用 switch 结构改写程序 |

续表

| 系列主题 | 系列例题(习题) | 知识点 |
|---|---|---|
| 系列之四：循环控制 | 【例4-1】 while命令示例。输入N个学生的某课程成绩，计算平均成绩 | 用while命令实现循环控制 |
| | 【例4-2】 do-while命令示例。输入N个学生的某课程成绩，计算平均成绩 | 用do-while命令实现循环控制 |
| | 【例4-3】 for命令示例。输入N个学生的某课程成绩，计算平均成绩 | 用for命令实现循环控制 |
| | 【例4-4】 统计一个班级中某门课程的平均成绩。各个学生的课程成绩由键盘输入，当输入-1后，数据录入过程结束 | while(1){…}结构特点；break命令 |
| | 【例4-7】 统计一个班级中某门课程的平均成绩。课程成绩由键盘输入，当输入-1后，数据录入过程结束 | goto命令 |
| | 【例4-9】 学生成绩分等级统计。一个班级有N名学生，每个学生有两门课程，实行百分制考核，要求分别统计各个等级的人数。分等级标准与例3-14相同 | 循环结构应用程序设计；for命令、while命令应用 |
| 系列之五：数组应用 | 【例5-14】 一个班级有N名学生，每个学生有两门课程，实行百分制考核，要求分别统计各个等级的人数，并将分等级统计的结果保存到一维数组中。分等级标准与第4章例4-9相同 | 一维数组应用：用一维数组r存储统计结果 |
| | 【例5-15】 某年级共有3个班级，每班有N名学生，开设两门课程，要求分别对每个班级按照学习成绩进行分类统计，并将统计结果保存在一个二维数组中 | 二维数组应用：用二维数组r存储统计结果 |
| 系列之六：函数设计与应用 | 【例6-16】 "学生成绩分等级统计"函数化。改写第5章例5-14的"学生成绩分等级统计"程序，将判断等级的过程改为由用户函数实现 | 简单变量作函数参数：判断等级函数flag() |
| 系列之七：指针应用 | 【例7-15】 将例6-16的"学生成绩分等级统计"程序进一步函数化，把输出统计结果的过程改为由用户函数实现 | 一维数组指针作函数参数：输出结果函数output() |
| 系列之八：结构体应用 | 【例8-10】 某班级学生数据如表8-4所示，将这批数据存储在结构体数组中，并分别统计各等级人数，统计标准与第4章"学生成绩分等级统计"例题的标准相同 | 结构体数组定义及使用、结构体数组作函数参数：结构体数组输入函数input()；分等级统计函数count() |
| | 【例8-11】 学生数据排序。按照表8-4所示的学生数据结构编写程序，对一个班级的学生数据按"课程1成绩"进行降序排序，并输出结果 | 结构体数据排序：排序函数sort_s1()；输出结果函数output_s() |
| 系列之九：数据文件建立和使用 | 【例9-4】 通过键盘输入表8-4所示的学生数据，然后存储到文件名为stu_list的磁盘文件中 | 建立数据文件方法：数组数据存储到文件中（向文件写数据）、fwrite()函数使用 |
| | 【例9-5】 编写程序，将上述stu_list文件的内容显示在屏幕上 | 使用数据文件：读文件中的数据、fread()函数使用 |
| | 【例9-6】 在例9-4中建立了学生数据文件stu_list，编写程序修改其中第3个学生的"课程1成绩"的值，修改用数据通过键盘输入 | 文件的随机读写、文件位置指针定位；文件数据修改 |
| | 【例9-12】 文件数据排序。在例9-4中建立了存储学生数据的stu_list文件，要求编写程序，将该文件的内容按"课程1成绩"降序排序后显示出来 | 综合使用数据文件 |

# 参 考 文 献

[1] 张磊. C语言程序设计——理论、方法与实践[M]. 2版. 北京：清华大学出版社，2017.
[2] 张磊. C语言程序设计[M]. 3版. 北京：清华大学出版社，2012.
[3] 张磊. C语言程序设计[M]. 2版. 北京：高等教育出版社，2009.
[4] 谭浩强. C语言程序设计[M]. 4版. 北京：清华大学出版社，2010.
[5] H M Deitel，P J Deitel. C程序设计教程[M]. 薛万鹏，等译. 北京：机械工业出版社，2004.
[6] Stephen G Kochan. C语言编程[M]. 3版. 张小潘，译. 北京：电子工业出版社，2006.
[7] H M Deitel，P J Deitel. C++程序设计教程[M]. 4版. 施平安，译. 北京：清华大学出版社，2004.
[8] Leen Ammerall. C++程序设计教程[M]. 3版. 刘瑞挺，等译. 北京：中国铁道出版社，2003.
[9] Samuel P Harbison III，Guy L. Steele Jr. C语言参考手册[M]. 5版. 北京：人民邮电出版社，2003.
[10] 严蔚敏，吴伟民. 数据结构[M]. 2版. 北京：清华大学出版社，2012.

# 图书资源支持

感谢您一直以来对清华版图书的支持和爱护。为了配合本书的使用,本书提供配套的资源,有需求的读者请扫描下方的"书圈"微信公众号二维码,在图书专区下载,也可以拨打电话或发送电子邮件咨询。

如果您在使用本书的过程中遇到了什么问题,或者有相关图书出版计划,也请您发邮件告诉我们,以便我们更好地为您服务。

**我们的联系方式:**

地　　址:北京市海淀区双清路学研大厦 A 座 714

邮　　编:100084

电　　话:010-83470236　010-83470237

客服邮箱:2301891038@qq.com

QQ:2301891038(请写明您的单位和姓名)

**资源下载:** 关注公众号"书圈"下载配套资源。

资源下载、样书申请

书　圈

图书案例

清华计算机学堂

观看课程直播